玉帛之路文化考察丛书

叶舒宪　主编

叶舒宪　著

玉石之路踏查三续记

陕西师范大学出版总社

图书代号：SK20N0983

图书在版编目（CIP）数据

玉石之路踏查三续记/叶舒宪著. —西安：陕西师范大学
出版总社有限公司，2020.8
（玉帛之路文化考察丛书/叶舒宪主编）
ISBN 978-7-5695-1614-2

Ⅰ.①玉… Ⅱ.①叶… Ⅲ.①玉石—文化—中国—古代
②丝绸之路—文化史 Ⅳ.①TS933.21 ②K203

中国版本图书馆CIP数据核字（2020）第078019号

玉石之路踏查三续记
YUSHI ZHI LU TACHA SAN XU JI

叶舒宪　著

责任编辑	刘存龙
责任校对	张旭升　雷亚妮
装帧设计	锦　册
出版发行	陕西师范大学出版总社
	（西安市长安南路199号　邮编710062）
网　　址	http：//www.snupg.com
印　　刷	中煤地西安地图制印有限公司
开　　本	889mm×1194mm　1/32
印　　张	11.625
插　　页	4
字　　数	270千
版　　次	2020年8月第1版
印　　次	2020年8月第1次印刷
审 图 号	GS（2020）3995
书　　号	ISBN 978-7-5695-1614-2
定　　价	88.00元

读者购书、书店添货或发现印刷装订问题，请与本公司营销部联系、调换。
电话：（029）85307864　85303629　传真：（029）85303879

黑水西河惟雍州。弱水既西，泾属渭汭，漆沮既从，沣水攸同。荆岐既旅，终南惇物，至于鸟鼠，原隰底绩，至于猪野。三危既宅，三苗丕叙。厥土惟黄壤，厥田惟上上，厥赋中下，厥贡惟球琳琅玕。

——《尚书·禹贡》

（峚山）丹水出焉，西流注于稷泽，其中多白玉，是有玉膏，其原沸沸汤汤，黄帝是食是飨。是生玄玉。玉膏所出，以灌丹木。丹木五岁，五色乃清，五味乃馨。黄帝乃取峚山之玉荣，而投之钟山之阳（郭璞注："以为玉种"）。瑾瑜之玉为良，坚粟精密，浊泽有而光，五色发作，以和柔刚。天地鬼神，是食是飨；君子服之，以御不祥。

——《山海经·西山经》

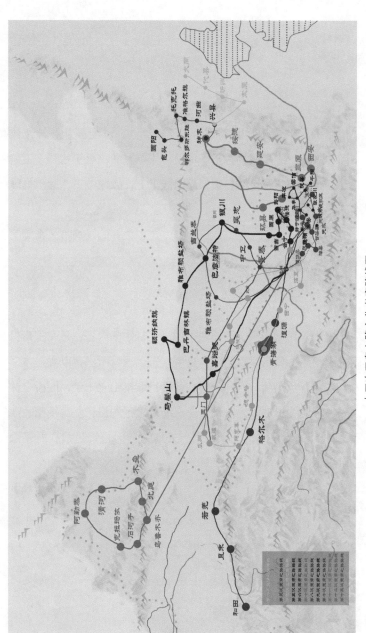

十三次玉帛之路文化考察路线图

自　序

　　中国的上古历史和地理是怎样的？解答此问题，一般人都知道有两部书可以参考，那就是《禹贡》和《山海经》。前者属于《尚书》即书经的一篇，被看成真实的历史著述；后者则被归入小说文学一类，所讲内容显得虚无缥缈，可看成是神话虚构与历史地理内容虚实参半，难以考证。顾颉刚先生1934年著有《五藏山经试探》一文，认为《山经》所记内容较为详细者，在"周秦河汉之间"，与《禹贡》大体相似。《山经》之作者在春秋末年至战国初年，《禹贡》作者在战国末年。①在讨论禹和九州问题时，顾颉刚又指出，《山海经》成书在前，《禹贡》在后，而且对《山海经》的内容有所演绎。②后来，复旦大学著名历史地理学家谭其骧反驳顾颉刚的观点，认为这两部书的出现次序是：《禹贡》在先，《山海经》在后。他的理由是，"因为《山经》的地域既比《禹贡》大，记载也比《禹贡》详密，人的知识是逐渐进步的，地域大而详密的

----

　　① 顾颉刚：《五藏山经试探》，载《史学论丛》第一册，北京大学潜社1934年版。

　　② 顾颉刚：《九州之戎与戎禹》，见吕思勉、童书业编著：《古史辨》七（下），上海古籍出版社1982年版，第117页。

《山经》自应在地域小而简略的《禹贡》之后"①。在此之前，著名地理学家王成组在撰写《中国地理学史》时，就认为《禹贡》所在《尚书》，是孔子编订时就有的一篇，成书年代为春秋时期。《山海经》则为战国末年之书。"即使以《五藏山经》而论，……共有一万五千余字，篇幅之长相当于《禹贡》的十四倍。但是在儒家经典和春秋战国时代的一般作品中，都没有见到任何方式的引用。"②王成组依据篇幅的长短，谭其骧依据记载的详略程度，都认为《山海经》晚于《禹贡》。但是他们的理由还不能说很充分，道理在于，先写出长文章，再从中提炼出一个简本或摘要，也不是没有可能的。

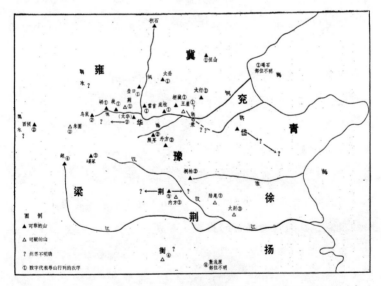

图1 《禹贡》九州导山导水示意图（采自王成组：《中国地理学史》上册，商务印书馆1982年版，第7页）

---

① 谭其骧：《〈山经〉的地域范围、写作地点和年代》，见谭其骧著，葛剑雄编：《求索时空》，百花文艺出版社2000年版，第165页。
② 王成组：《中国地理学史》上册，商务印书馆1982年版，第17页。

不过，以上所述争论的两方面观点针锋相对，却都忽略了这两部性质不同的书有一个明显的共同处，那就是两书都要在地理空间的陈述之后，特意说明玉石的出产情况，尤其是要点明玉石的种类特色，甚至大加赞赏。这究竟是为什么？

上古的历史和文学为什么都要强调玉石相关知识？而且作为我们民族国家最重要物产，还要把特殊的玉石种类和我们的人文共祖黄帝联系在一起呢？

讲到昆仑山瑶池西王母，必然有美玉的联想，讲到昆仑东侧的峚山黄帝食玉和播种玉，也自然有神秘的美玉联想，这究竟是出于何种原因呢？文学人类学一派在2010年以来倡导的"文化大传统"理论，植根于中国考古学近百年的大发现和新知识，为此类前人没有提出过的问题给出了很好的发问和答疑的思考线索：早在甲骨文汉字产生以前，东亚的史前先民就发展出一整套有关玉石神话的信仰体系，并在这个观念体系支配下逐步演变出玉礼器的生产和使用礼俗。玉文化和玉礼器在今日国境范围以内的出现时间，距今约10000年。在发展了5000多年之后，即在距今4000年前后，玉文化已经覆盖大部分东亚地区的版图。我们据此斗胆提出"玉文化先统一中国"的命题。在"文化大传统"理论和"玉文化先统一中国论"的引导之下，我们再看《禹贡》和《山海经》的叙事共同要点，往昔的一团雾水或困惑难解之状态，就此终于迎来云消雾散的一天。

非常可惜的是，尽管《山海经》对瑾瑜之玉的颂赞之词已经到了无以复加的地步，可是几千年来的中国知识界，居然没有什么好奇之人站出来，到《禹贡》和《山海经》所述的地方，去做一番实地验证式的调查采样和研究，以至于其中所述内容的虚实真伪，一直没有判断的确切依据。下列的问题至今也还说不出个所以然：

雍州的三危山是否就是今日敦煌的三危山？

那一带所产的璆（球）琳琅玕是什么玉？

崶山在何方？

其所特产的瑾瑜之玉又是什么玉呢？

像《禹贡》所述之雍州，属于中国九州之最靠西部的一州，早在张骞带领的汉人使团抵达这里之前，先后为大月氏人和匈奴人盘踞和游牧。究竟是谁，在什么时间，走的什么路线到这里考察并用汉字记下有关璆琳琅玕的特殊物产呢？

一切都处在未知之中。一个事实是，先秦时代的华夏人很少有穿越甘肃省向西部进发的记录。有关敦煌一带的知识，基本上属于张骞通西域和汉武帝设立河西四郡以后才得以出现在国家官方记录中。在此之前的叙事，除了射日的大英雄后羿来过昆仑山找西王母求索不死药，还有就剩下一位周穆王驾八骏到过昆仑山拜见西王母。这两位在中国历史上留下早期"西游记"的当事人，也都属于神话人物加传说人物，自古以来就没有多少人当真。就此而言，上古时代中原人有关河西的认知，可谓一鳞半爪或凤毛麟角，而且无从对证。

以上的知识欠缺情况，正可以看作是我们在2016年夏至2017年秋举行的第十至第十三次玉帛之路文化考察的求证重点吧。13，一定是个不一般的神奇数字。我和大学时的同班同学田大宪曾合著一部《中国古代神秘数字》，当时从数字1写到数字12就终止了，居然漏掉没有写13这个数。该书已经在北京和西安出过三四种版本，看来日后再有增订新版的机会，需要特意补加上对13这个数字意义的研究吧。

记得赫然印在《世界美术史》前页的著名史前女神雕像，距今约30000年，她以"持牛角的维纳斯"之名著称于世。人们大都忽略的一个数字细节是：女神手中的牛角上，以阴刻线划出13道！由此可以推测，30000年前古欧洲的先民艺术家心目中的数字13，有着怎样一种非比寻常的意义。无独有偶，1986年在四川广汉县三星堆遗址祭祀坑发掘出的青铜人像，头顶上也铸有

图2　三星堆出土铜人像

13道旋转排列的发辫！更让人惊讶的是，1979年起陆续发掘的安徽潜山薛家岗遗址，其第三层文化距今5000多年，出土一批多孔大石刀。其钻孔的数量多为奇数，以3孔至7孔为多见。其中一座大墓中同时出土四件石刀，以一把13孔刀为最高级别。如今就常年陈列在合肥的安徽省博物馆中。

图3　安徽潜山薛家岗遗址出土13孔大石刀

距今30000年的古欧洲人，距今5000年的中国安徽人和距今3000年的古蜀人，由于都没有文字记录，堪称处在文学人类学所重新定义的文化大传统之中，他们为什么都会不约而同地用造型艺术表达的形象方式，把13这个数字凸显出来呢？

功夫不负有心人，玉帛之路文化考察自2013年启动以来，连续5年的辛苦跋涉之旅，积累下难得的探索经验、人文地理线索和相关的玉石玉器标本资料。这也是2017年的第十三次考察，最终能够在三危山旱峡找到古代玉矿资源，取得对西部历史的突破性认识的天赐契机吧。

《禹贡》被认为是中国最早的国家地理和物产之书。古人始终认为它是开辟夏王朝的圣王大禹时代留下来的，而当代学者一般认为其是战国时代写定的，《山海经》的成书年代也大体相当。2017年岁末，在中国社会科学院文学研究所举办的"神话中国工作坊"，来自山东大学的刘宗迪兄，发言题目是《〈山海经〉何以成为怪物之书？》，其所强调的原因是，《禹贡》在独尊儒术的汉代被当作正宗的史书，《山海经》则被司马迁等人弃置不敢用，遂沦为怪物之书。其实《禹贡》的写作是参考和采用《山海经》为其素材的。其文章还公开为顾颉刚的观点提出辩护的理由。这样的旧案重提，一般若是没有自己去做考证的学人，还是不明真相，难以置喙的。

就让我们用系列式的长期实地探查功夫和新发现的文化材料，为以上疑难问题的求解提供一些新的可能吧。求解的关键在于，如何能够找出前无古人的物证和无文字时代的文化线索。相信这正是我们尝试运用"四重证据法"的用武之地。

目录

上编　第十次考察

中编　第十一次考察

下编　第十二、十三次考察

附　录

上编

第十次考察

• ❀ •

　　上编以2016年7月第十次玉帛之路（渭河道）文化考察笔记为主，即时刊发在中国甘肃网2016年7月18日至26日。基本上按照一日一记的顺序，唯最后的学术总结是31日回到北京后补写的，《石岭下村"红"与"绿"》一篇也是事后补记。各篇考察笔记在收入本书时文字略有修订。

第十次玉帛之路（渭河道）考察缘起

2014年6月至2016年2月完成的九次玉帛之路田野考察，始于玉石之路黄河道假说的求证，两年来基本上围绕着河西走廊及其两端的古道做拉网式的实地调研，大体上摸清了从新疆喀什到甘肃马衔山一带总面积约200万平方公里的中国西部玉矿资源区。

图上-1 第十次玉帛之路（渭河道）文化考察计划路线图

从历史演进上看，这200万平方公里的版图，在西汉之前，不属于华夏国家的控制范围。除了后羿和周穆王，中原的居民根本没有多少人去过那里。秦始皇那么厉害，其西巡的边界也不过陇西，连兰州都不曾到过。战国时代的秦长城，就是秦帝国的边界。在西汉武帝和张骞的时代，西击匈奴，设立河西四郡，中国版图的西部边界才得以以玉门关为最新标志。汉唐以后的边塞诗，让这个以玉为名的边塞关口名扬四海。"玉门关"这个名称意味深长，若没有几千年来持久的"西玉东输"的运动，就不会有这个名称。如今看来，玉门关位于200万平方公里西部玉矿资源区的中间位置。新发现的马衔山和马鬃山玉矿，都在玉门关的东面。先秦时代的"西玉东输"运动，一定还有其他的道路支线和关口。特别是早于秦汉时代的运输路网，由于缺少官方记录，大都掩埋在了历史的尘埃之下。在这方面，黄河及其主要的上游支流水系，扮演着主要的交通作用。

从距今4000年以上的龙山文化、常山下层文化和齐家文化，直到秦汉时期，西部的玉石始终是国家最重要的战略资源。正是顺着黄河及其支流渭河泾河的流向，夏、商、周、秦四大王朝中的三个，先后入主中原，建立了国家政权。渭河流域孕育文明的重要意义，从夏人、周人和秦人先后入主中原的运动方向看，十分耐人寻味。《尚书·禹贡》讲大禹治水，导河积石，至于龙门，是顺着河流方向的。周人崛起于陇东，秦人崛起于礼县，也是顺着泾渭两河的方向先入住关中，再入主中原的。从渭河的发源地渭源县鸟鼠山，到渭河汇入黄河的华山之下，不知深藏着上古文明的多少奥秘。一直到宋代，渭河还发挥着重要的交通运输功能，将六盘山一带的森林木材，一直沿着渭河黄河流向，漕运到开封府。那么在远古的西玉东输过程中，渭河的作用如何呢？第四次玉帛之路考察的马衔山玉矿，距离渭河源头不过几十公里。希望通过第十次考察，给问题的解答寻觅线索，也对常山下层文化和齐家文化以来的西北玉文化分布，有更加细致的地域资料。这就是第十次考察的缘起吧。

图上-2　甘肃渭源县渭河源一景

鸟瞰"河渭"与"华大山"

　　为参加第十次玉帛之路考察活动，2016年7月17日下午我搭乘MU2354航班从上海浦东机场飞往兰州，恰好坐在第二排窗口位置，得以饱览两千多公里的大地河山。特别难忘的是从空中俯瞰到渭河与黄河交汇的壮美景致，无形中等于给我们这一次渭河道的实地考察，揭开了一个始料不及的神奇序幕。

图上-3　被夹持在秦岭和陇山之间的渭河，陕西宝鸡以西段的环流景观

今年南方多雨，长江流域自上游到中下游，到处"水漫金山"，多已成泽国景象。飞机从上海出发后，大约飞行了两小时，飞越一大片郁郁葱葱的高山峻岭，无疑这就是将中国大地分割为南北方的秦岭山脉东段。只见山脉的北面，绿色顿时变为黄色，南方的泽国景观不复存在，关中的黄土平原露出它的底色。只见秦岭东端呈现出黄白色的巨石山峰五座，那正是西岳华山的"五瓣莲花"形状，张开着"花瓣"伸向蓝天。难怪古人给它起名叫华山，华者，花也。"华夏"国家的得名，"华人"和"中华"的得名，原来都是源于这类似五瓣莲花的华山主峰。只有从

万米高空向下方鸟瞰，才能真正体会华山本为玉花之山的全部奥秘。过去我还纳闷，为什么华山的寺庙叫"玉泉寺"。汉代以来一直流行华山玉女的传奇和饮华山玉露可以延年长生的信念。就连秦惠文王生病，也要通过祈祷华山大神的方式消灾治病。其事见新出土的《秦惠文王祷祠华山玉版》（又称《秦骃祷病玉版》）。其中把华山尊称为"华大山"，因为患病而向华大山（神）祈祷，以求能够祓除病魔，度过生命的危机，并最终转危为安。

玉石之路的考察，看起来好像是地理调研，其实有一个根本的初衷，是要深度理解和解释华夏文明的由来。"神话中国"说和"玉成中国"说的理论命题皆为此而提出。玉，是中国人最古老的神话对象，写在玉版上"书"，更是体会"神话中国"理论命题的最好教材。《秦骃祷病玉版》文字不多，分为四个段落，我采用侯乃峰先生整理的版本①，引述如下。

其第一段是：

> 又（有）秦曾孙小子骃曰：孟冬十月，厥气癙（？癛？）周（凋）。余身曹（遭）病，为我戚忧。忡忡反辰（侧），无间无瘳。众人弗智（知），余亦弗智（知），而靡有鼎（？息？）休。吾穷而无奈之可（何），永懻忧盩（愁）。

大意是：秦惠文王谦卑地自称为"秦曾孙小子骃"，在孟冬十月寒气肃杀的季节，遭遇病患，大家都不知道是什么病。秦骃自己也弄不明白病因，无可奈何之下，难以摆脱愁惨的境遇。

---

① 侯乃峰：《秦骃祷病玉版铭文集解》，载《文博》2005年第6期。

玉版书第二段是：

> 周世既没，典瀍（法）薛（散）亡，惴惴小子，欲事天
> 地、四亟（极）、三光、山川、神示（祇），五祀、先祖，而
> 不得厥方。羲（牺）腶既美，玉帛（？）既精，余毓子厥惑，
> 西东若惹。

这一段话非常典型地反映出先秦时期人们的宗教观念，在
西周王权覆灭的情况下，许多国家礼法的正宗知识已濒临失
传，人们所要祭祀的基本对象还是明确的，包括四极（即四方
神明和四方风神），三光（日、月、星，又被神话类比为天上
的三种白玉体），山川之神，五行之神，先祖之灵等。秦骃认
为自己已经备好祭祀的牺牲和玉帛，但不知道究竟该如何祭祀
才好，所以需要请教方家。这种以动物牺牲加玉帛的祭祀方
法，与《山海经》所记的山川祭典最为吻合。至于为什么要用
"玉帛"两种物质去礼神敬祖的问题，笔者已经写有两篇专论
《"玉帛为二精"神话考论》《玉帛为二精神话续论》，于此
不赘。

玉版书的第三段讲秦骃请教一位来自东方的方士，自己究竟
犯下什么样的罪过，才招致天意的惩罚而患病。请转告神明他是
无辜的，看神明能否赦免他，让他痊愈。其原文是：

> 东方有士姓，为刑（形）瀍（法）氏，其名曰陉。洁
> 可以为瀍（法），净（？）可以为正。吾敢告之：余无皋
> （罪）也，使明神智（知）吾情；若明神不□其行，而无皋
> （罪）□友（宥？）刑（？），蟹蟹柔（烝）民之事明神，
> 孰敢不精？

这段话大意是：东方有个方士名叫士陉，因为他在精神洁

净①方面堪称人间楷模，所以能够充当人神沟通对话的中介者。我请他代为转告神，即华大山，我没有亵渎神明的罪过，请神明察，让我免罪痊愈。这样一来，广大人民在侍奉神明方面，谁还敢不虔诚呢？

第四部分讲秦骃用玉礼器祭神祛病的具体细节：

> 小子骃敢以芥（介、玠）圭、吉璧、吉叉（瑶）以告于崋（华）大山。大山又（有）赐，八月（？）□已吾（？）匋（腹）心以下至于足髀之病能自復如故。请又（？有？）祠（？司？）用牛義（牺）贰，亓（其）齿七，洁（？）□□及羊、豕，路车四马，三人壹家，壹璧先之；□□用贰義（牺）、羊、豕，壹璧先之，而匋（覆）崋（华）大山之阴阳，以遂（通？）悠（？）咎，悠（？）咎既□，其□□里，枼（世）万子孙，以此为尚（常）。句（苟）令小子骃之病日（？自？）复故，告太一（大令？）、大将军，人壹家（？），王室相如。

秦王为什么选用玉版文书的方式祷祠华山？自史前时代以来，所有的大山都被视为大神。从地质学看华山，其构造是一块绵延二十多公里的花岗岩。很可能古人心目中的华山就是一座玉石巨山，或是一位玉体大神。从地面上看华山，无论从什么角度都只能是高山仰止的。可是从空中向下看华山，玉石之花的五瓣开放状态，历历在目，其视觉感受能够给人带来某种顿悟。

---

① 宗教上的"洁净"观念，与"罪孽"造成的"污染"观念相对应。参看玛丽·道格拉斯：《洁净与危险》，黄剑波、卢忱、柳博赟译，民族出版社2008年版，第二章"世俗的污染"；叶舒宪：《文学人类学教程》，中国社会科学出版社2010年版，第七章"文学治疗"，第八章"文学禳灾"。

如果有心的访问者，除了像一般游客那样登山看日出以外，专程去山下渭河岸上的西岳庙中体会一番，特别是看看清代的最高统治者如何像秦惠文王一样虔诚地面对华山大神，如何调动国库的巨资去修缮这座山神庙，我们所说的"神话中国"究竟何指的问题，就可以顿然冰释。

玉书，是中国文化的特有奇观。先有大传统的玉，后有小传统的青铜。玉书铭文一定先于青铜器上的铭文，后者如今被称为"金文"。新出土的金文篇目，已经成千上万；玉器上的铭文，则相对较为少见，但也不是没有先例。著名的侯马盟书，都是祭神用的玉版书，与秦骃玉版年代相当，是东周文物。更早的出土文物有商代的养侯玉佩，那是一件雕刻精美的鸟形玉佩，上面的铭文类似甲骨文，就是"养侯"两个字。据李学勤先生考证，"养侯鸟形玉佩是已知属于商朝诸侯的罕见玉器，十分珍贵。玉佩出自何地，无法知道。由于养侯应系王朝分封，这件玉器原出殷墟，是不无可能的，不过从近年的发掘来看，商代玉器有些在周代墓中发现，其间便有带有文字的"[①]。从商周到东周，玉器铭文的字数，目前以秦骃玉版为最多。关于鸟形玉佩，也还需要解释两句。如果以为3000年前的商代人心目中的鸟类似今日养鸟人的笼中鸟，那就大错特错了。首先需要转换到古人的"鸟形灵"观念和"鸟占"礼俗的视角，将鸟作为神灵的化身来看。这样的视角转换，可知玉佩的意义就在于天人合一和神人合一，从而让佩玉者获取保佑的正能量。不信，就去看曹雪芹写的贾宝玉之通灵宝玉上的说明文字吧。

---

① 李学勤：《论养侯玉佩》，见《比较考古学随笔》，广西师范大学出版社1997年版，第165—170页。

远眺过去，只见华山脚下有一大一小两条黄黄的水流汇合为一体。我猜想那条大河应该是黄河，自北而南，那条小一些的河流自然就是渭河，自西而东。这一交汇不要紧，完成了中国北方地理上最大的河及其最大的支流的交汇，夏、商、周、秦四大朝代中的三个朝代，都是顺着河渭的流向而孕育出来的！

几分钟后，华山和黄河都隐去不见了，只剩下滔滔渭水在关中平原上奔流不息。只见一处地貌阻隔，让这条河水形成"3"字形的巨大弯曲状。我开始纳闷，渭河流向黄河的过程中，好像并没有如此剧烈的曲折弯道吧？心里没有把握，对自己看到的如梦如幻的山河景观，也就产生了一些疑虑：那究竟是不是秦岭和河渭呢？

当晚到达兰州金牛宾馆，遇到从西安赶来的作家朱鸿兄。早就听说他自己背包独行，走遍渭河陕西段的全程。于是向他求教：渭河快流经华山前是否有一个"3"字形的大弯曲？他说印象中没有。我心中的疑虑更加重了，自己在飞机上偶然看到的究竟是什么样的山河呢？

7月18日中午，在天降甘霖的细雨中抵达渭源县，下榻在渭水源大酒店，主人的热情接待让人有宾至如归的感觉。下午先参观县博物馆，并在县图书馆举办考察活动启动仪式。当晚去领略清源河上霸陵桥的建筑奇观。19日中午，在渭源县考察渭河源景区。新建成的一座渭河历史文化展览馆中，给出一幅巨大的渭河流域全图，我们顺着地图上的渭河流向，朝右侧看去，只见在渭南至华阴一带的河道果然出现"3"字形的弯曲。自己两天前飞机上偶然看到的二河交汇，果然就是河渭之会！

图上-4　在渭源县举行第十次玉帛之路考察启动仪式

就个人记忆而言，"河渭"连称，给人印象最深刻的古汉语叙事，来自夸父逐日神话。《山海经》和《列子》两书，讲到夸父接近太阳后被烤得干渴万分，有"饮于河渭"的壮举。结果黄河、渭河的水加起来还不够他饮，夸父最终"道渴而死"。神话的讲述者居高临下，好像面前摆着一幅谷歌地图，其口气之宏大，不是哪个个人能够模仿的。古汉语中虽没有"神话"这个词，可是我们中国人自古就习惯于生活在神话想象中。大门上有门神，下厨房有灶神，上厕所都有厕神。由于近代以来受到西学东渐的启示，在过去100年时间我们寻找类似希腊神话的"中国神话"。

如今更需要认识的，是"神话中国"，而不再是"中国神话"。

饮水思源，当我们来到渭水源头，遥望鸟鼠山，再对照地图上的"鸟鼠山"这样的奇幻性地名，对"神话中国"的感受，会越发深切。

几天之后我们考察团又要去天水，这当然也是个耐人寻味的想象之地名，难道不是"神话中国"说的又一个典型例证吗？

鸟鼠山之谜

凡是读《山海经》的人都会对《西山经》结尾处的鸟鼠同穴山感到好奇，其对鸟鼠同穴山的记录是这样的：

> 又西二百二十里，曰鸟鼠同穴之山，其上多白虎、白玉。渭水出焉，而东流注于河，其中多鳋鱼，其状如鳣鱼，动则其邑有大兵。

紧接着鸟鼠同穴山，还有一条河在西边，叫滥水，西流注于汉水，其中出产一种𩵦鱼，"其状如覆铫，鸟首而鱼翼鱼尾，音如磬石之声，是生珠玉"。

可见古人心目中的鸟鼠山除了是渭河源头以外，还出产两种奇

图上-5 清代名将左宗棠题字"渭河源"碑

物：白虎和白玉。鸟鼠山西面的滥水中，出产奇特的𩵦鱼，它不仅形状特殊——鸟头鱼身，而且声音特殊——如磬石之声，还能生出珠玉。按照《山海经》如此描述，渭水发源地的鸟鼠山简直就是一座宝山。这和黄河的源头昆仑山出产著名的和田玉一样，大大增加了河流的神圣性和神秘性。

白玉是各种颜色玉料中最为贵重的。《山海经》记述的140座产玉之山中，仅有十分之一多一点是白玉，其他都是非白玉。其作者或记录者的这种选

择性写法，体现的正是周代以来玉石信仰的一次根本性变革，从广泛崇拜各种颜色的玉石，到集中崇拜和田玉中的白玉。我把这种现象称为"玉石宗教"的一场新教革命。随后就有《礼记·玉藻》中"天子佩白玉"的等级制规定。如今第十次玉帛之路考察团来到鸟鼠山下的渭源县举行启动仪式，当地学者提供的回应是，渭河北岸多有出土玉器的地点，还有一处叫王贡坪的地方，多年前以出玉而闻名。这自然引起考察团很大的兴趣，需要一探究竟。

渭河与玉河

2016年7月20日上午自渭源抵达陇西，先考察梁家坪遗址，渭河与西河交汇处的西河滩西周文化遗址和暖泉山遗址，对这里的前仰韶文化到仰韶文化、马家窑文化和齐家文化的完整系列留下深刻印象。渭河成为连接中原地区与陇右地区史前文化的一个重要交流纽带。

图上-6　从陇海线列车上看甘陕交界处的渭河道

下午先参观陇西博物馆，随后举办与当地学者的座谈会。我介绍了十次玉帛之路渭河考察活动的来龙去脉，之后听到陇西教育局的薛老师发表关于渭河的高见，受益匪浅。薛老师是陕西华阴人，父辈时移居陇西，从渭河尾来到渭河头。薛老师说从渭源县到陇西县的方言里，都把渭河叫yu河。至于yu河的具体解说，目前有三种说法：玉河，禹河，虞河。玉河的解释或许与马衔山玉矿资源的东输路线有关。马衔山下的河流，当地人叫大璧河。古汉语中称玉为璧，璧玉互通。先周玉器和西周玉器中如果部分地使用马衔山玉料，沿着渭河的运输线最为便捷。西河滩遗址两面临河，从地理位置看或与码头作用有关，是目前已知西周人势力抵达的最西端的遗址。周人自陇东迁居陕西后，为什么会溯渭河而上，来到这里建立起类似桥头堡或漕运物资中转站的西河滩据点？十分耐人寻味。

陇西博物馆中展出的齐家文化玉器不多，一件玉琮和一件小玉环，却显示出优质的透闪石玉料。晚上从当地收藏家那里看到类似陕西神木石峁遗址出土的黑色大玉璋，据说是在陇西县旁边的漳县所出。要把陇中的齐家文化和陕北及山西的龙山文化联系起来，黄河、渭河、泾河都是需要考虑的天然水路通道。

图上-7　陇西博物馆藏齐家文化圆形玉琮

渭河为禹河的解说，与渭源当地有关大禹治水和大禹导渭传说有关，不过属于难以求证的公案。虞河说为陇西学者王某提出的，认为与虎图腾崇拜有关。这也是难以求证的一说。今天明确以虎为图腾的人群以湘鄂地区的土家族为主，有江汉平原出土的4000年前石家河文化玉雕虎头为史前渊源的物证。不过江汉平原与渭河流域相距较远。

图上-8　渭源县博物馆《大禹导渭图》

考察团成员张天恩老师是陕西宝鸡人，他说宝鸡一带方言也把渭河叫yu河。宝鸡的渭河岸边出土西汉瓦当上有"羽阳临渭"四字。古人称山南为阳，水北为阳。西汉有羽阳宫，就在渭河北岸。由此看，yu河称谓的第四种解释就是"羽河"。

凡此种种，有待方言学家细致辨析考证。现在有一点是明确的：800公里的渭河，从渭源到宝鸡一带近600公里的方言区都称yu河，只有关中中部至东部的200公里地区称wei河。方言中保留的历史信息，意味深长。

渭河与大小秦岭

渭河全长818公里，流经甘陕两省。从穿流陕西宝鸡，到潼关汇入黄河，这一段流域，国人号称"八百里秦川"。有华夏文明历史上的周、秦、汉、唐等13个朝代定都于此，举世闻名。周原，太白山，咸阳，终南山，长安，骊山，渭南，华阴，华山，见证过数千年历史沧桑，可谓山河依旧在。要问八百里秦川是怎样形成的，原来就是拜渭河之赐。整个的关中平原，可以视为渭河下游的冲积平原。正如黄河下游的三门峡到郑州、开封的中原大平地，可以视为黄河下游的冲积平原一样。汉初文豪贾谊的《过秦论》，加上司马迁的《史记》，都对关中平原得天独厚的地理优势有过画龙点睛般的描述。历代骚人墨客踵事增华，更是渲染夸张到无以复加的程度。相比而言，渭水在甘肃段的八百里，由于稍远于秦川中央的汉唐都城，从知名度上看，就远逊于八百里秦川了。

追溯秦川的得名，离不开在这里发迹并最后统一中国的秦人，也离不开分割中国地理为南北方的天然屏障秦岭。在我们一生的经历中，说到秦岭就像是陕西关中的代名词一般。来到甘肃渭源县，方才真切感受到西秦岭的存在。进一步明白一个书本中没有学到的道理：是滚滚东流、日夜不息的渭水，将西秦岭和秦岭紧紧联系为一个整体的！现代人生活在省市的空间界线里，跨省的认知自然受到本地视野的局限。古人从石器时代起就生活在山河之间，没有户口和籍贯的羁绊，更能够从整体上认识山脉和河流。所谓饮水思源，顺着河流的方向游动和迁移，也是自然而然的事情。

7月19日上午，考察团从渭源县城出发的第一站是隐藏在西秦岭崇山峻岭之间的五竹寺。雨过天晴，万里无云，视野极为开阔，远处的鸟鼠山、露骨山、三危山大体上呈现为一字排开的形势。满

图上-9　在渭源县五竹寺眺望西秦岭山脉

眼苍翠之色，居然看不到一点黄土的颜色。五竹寺背后的山岭间，全部覆盖着原始森林，郁郁葱葱，一望无际。这就是秦岭作为天然屏障，分割生态景观与气候的关键作用吧。考察团内有年长的专家，陕西省考古研究院张天恩研究员感慨地说，作为西秦岭的主峰，露骨山海拔3900米，要比秦岭主峰3700米的太白山还高出200米，谁才堪称是大秦岭呢？我想，单称的秦岭，都是指位于陕西的秦岭，如今从渭水的全程看，只是小秦岭。只有把陕西的秦岭和甘肃的西秦岭连起来看，才是真正的大秦岭吧。

　　大秦岭西接河西走廊的祁连山的余脉，东连俯瞰中原的熊耳山，是把中国西部与中原紧密连接的巨大山脉。难怪《尚书·禹贡》讲述九州之中最西面的一州时要这样说："黑水西河惟雍州。弱水既西，泾属渭汭……终南惇物，至于鸟鼠。"原来在《禹贡》作者的心目中，没有甘肃和陕西的分省观念，甚至也没有表现出"秦"与"陇"的划分和对应的观念，鸟鼠山与惇物山（位于陕西武功县）和终南山本来就是龙脉连绵为一体的！

正像渭河，在西部高原与中原平地之间，永远只有这一条自西向东奔流不息的大河。

戴手镯的仰韶人

——漳县晋家坪遗址印象

自玉帛之路考察活动以来，围绕距今4000年前后的齐家文化分布范围，已经踏查过西部多省区一百多个县。从相关文物普查资料提供的情况看，著录齐家文化遗址最多的两个县是甘肃省的庄浪县和漳县，均在渭河的两侧。本来这次渭河道考察的计划路线中没有漳县，看到陇西距离漳县仅有几十公里，便建议增加了自陇西到漳县的一站，希望能够对该县的齐家文化遗存情况有个初步印象。

2016年7月21日晨，考察团从陇西的华盛国际大酒店出发，直奔漳县。汽车穿越两个隧道后便进入漳县地界，只见那是一个被小山和黄土塬环抱的一方封闭世界。抵达县城后，先在当地干部引导下考察县城旁边的两个史前文化遗址——学田坪遗址、徐家坪-岳家坪遗址，二者都属于甘肃省文物保护单位，有仰韶文化至齐家文化的遗存序列。随后又驱车30多公里，到新寺镇走访晋家坪遗址。不料当日恰逢新寺镇赶集的日子，街道上摆满各种商品，从各类农产品，到服装鞋帽日用品，应有尽有，人群摩肩接踵，熙熙攘攘。我们的商务车费了好大工夫才穿过新寺镇，来到一处非常开阔的河边台地，这里靠近漳县两大河流（龙川河、榜沙河）的汇流处，自然环境优越，是史前先民首选的栖息地。只见一座碑上写着"晋家坪遗址"五个大字，也属于省级文物保护单位。

图上-10　漳县晋家坪遗址碑

　　烈日当午，大家急忙奔入地里，低头寻找陶片之类的古代遗物。和昨日在陇西县文峰镇的暖泉山遗址所看到的情况类似，这里的文化堆积层较为丰厚。从地表上散落的陶片看，有仰韶文化半坡类型，到石岭下类型，再到马家窑文化、齐家文化和汉代文化，大体上从距今6000年断断续续地延展到距今2000年。不过半小时的观察采样，时间仓促，我们没有看到寺洼文化、半山类型和马厂类型的陶片，商周时期文物和秦国文物也似乎没有见到。最先捡到的是一件黑色石凿，约为马家窑文化或齐家文化遗物。随后在河边的土崖下看到一个灰陶纺轮。考古学界有一种观点认为玉璧起源于纺轮，即象征性的玉礼器来源于实用性的纺织工具。从圆片形加中孔的相似外形上看，这种说法不无道理。快要离开时，在田间看到一只黑陶环的残件，属于仰韶文化时期的陶制手镯，也可视为玉镯子的原型。不一会，张天恩兄在另一块地里看到又一件陶环残件。大家一阵感慨，似乎6000年前的漳县先民喜欢装饰，能够有闲暇和雅兴批量地生产这种陶质的饰品。当然，那时的手镯虽然十分古朴，却很可能寄托着驱邪消灾，防御鬼怪魑魅的功能。15人中，唯有来自渭源县的作家寇倏茜兄采集到一片玉镯的残片，推测为齐家文化遗物。

图上-11　漳县晋家坪遗址采集的陶器：纺轮和手镯残件

　　返回漳县县城时，为回避新寺镇的集市拥挤人群，我们改道走河对岸的武山县马力镇。以"马力"为名的这个乡镇，第一次进入我的个人记忆。谁知道当日下午马不停蹄地赶到武山县博物馆参观，看到几件国家一级文物，其出处竟然都是这个马力镇，如最著名的仰韶文化石岭下类型变体鲵鱼纹彩陶瓶。还有一件长22厘米的齐家文化白色大玉铲，是国家二级文物，也出自马力镇。可惜的是，漳县博物馆因为内部搬迁而不能接待，没能看到来自晋家坪遗址的完整文物系列。这或许是天意，让我们还要再找机会来漳县，补上这一课。

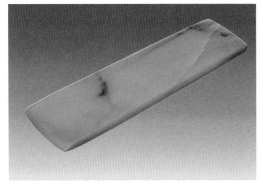

图上-12 仰韶文化石岭下类型变体鲵鱼纹彩陶瓶，武山县马力镇种谷台遗址出土

图上-13 齐家文化白色大玉铲，国家二级文物，武山县马力镇傅家门村征集品

如今这里依然是一个西部国家级贫困县。可是，在四五千年以前显然并不是那么贫穷，至少和大地湾时期的仰韶人不相上下吧。试想：若是在食不果腹的情况下，仰韶文化和齐家文化的居民会去批量地生产和佩戴陶镯子或玉镯子吗？

一方水土养一方人。在黄土山峁包围下的漳县，何以能承载那样持久厚重的大传统文化系列？午后一点回到县城午餐时，前来陪同的县武装部干部一语道破天机："渭河流域因为干旱少雨，常有河水断流的情况发生。我们漳县的几条河从来也没有发生过断流！"他指的是榜沙河为主的渭河支流水系。榜沙河发源于岷县闾井乡黄山梁，途经漳县两个乡27公里，在新寺镇与龙川河汇入武山县，又途经马力镇，在鸳鸯镇汇入渭河。当地人的说法是，榜沙河水量极大，远远大过渭河。"当它们在鸳鸯镇之东交汇时，很难说是榜沙河汇入了渭河，还是渭河汇入了榜沙河。"这种支流和主流的难分解情况，在渭河汇入黄河的华山脚下也同样。这倒不是因为东流的渭河水比南流的黄河水大，而是因为黄河从晋陕大峡谷一路南下，受阻于秦岭山脉后向东拐弯九十度；而渭河则几乎是笔直地向东汇入东流黄河，看上去更像主流而不像支流。

"断流"一词，直接表达的是河水的干涸现象，属于自然现象；间接地也可用来比喻文化的中断现象，即通常所说的"文化断层"。著名的史前考古遗址如秦安大地湾遗址，自大地湾文化一期（距今7800—7300年）至二期（距今6500—5900年）之间，即仰韶文化兴起之前的"前仰韶文化"，就有长达800年的文化断流现象。该遗址第五期（距今4900—4800年）①，即常山下层文化之后，也没有发现齐家文化（距今4100—3600年）、辛店文化和寺洼文化的遗存，这是让人比较费解的现象。既然一个史前遗址因为当地生态优越，能够养育数千年延续不断的农业文化共同体，为什么会有数百年断档的文化空白期呢？除非当地发生过巨大的天灾人祸，如持续的水旱之灾，让葫芦河、清水河都断流，导致农业社会的空前饥荒，人去楼空，这也就是为文化断层现象提供一种合理的注脚。

几千年前的气候和生态条件，会发生那么严重的旱情吗？当代考古学者的亲身经历，或许能提供一点旁敲侧击的暗示吧。在武山参加过傅家门遗址发掘工作的赵信所写《傅家门考古发掘拾零》，讲述的是在武山艰苦的考古发掘生活。估计这是一般学术研究中很少有人引用的，我在这篇考察随笔中却需要大引特引，希望能够启发（也可能是误导）读者去体会：为什么干旱导致的文化断层在史前时期是非常可能发生的？

---

① 以上年代数据出处，参见甘肃省文物考古研究所编著：《秦安大地湾——新石器时代遗址发掘报告》上册，文物出版社2006年版，第706—707页。

1991年春，赵信和考古队两位队友乘坐天水市至马力镇的长途客运汽车，来傅家门村考古工地。没想到，汽车从武山县城到傅家门村仅有20多公里的路程，居然颠颠簸簸地走了两个多小时。据他回忆：

> 傅家门工地的生活是非常艰苦的，尤其是在吃水和用水问题上。曾记得，我在宁夏海源搞考古调查时，曾见到过几十只麻雀在车上面喝水，我们跑到车边用衣服连甩带轰都赶不走。载货汽车跑到公路的中间，车厢里缺水了，到路旁的老乡家要一桶水，但是，他宁可给你一桶油，也不愿意给你一桶水。可见水的宝贵价值是何等重要啊！

> 这次我们在傅家门工作，更真实地体会到了，这里吃水和用水之难与宁夏海源吃水用水之难无殊。在傅家门村，我们吃水、用水要跑到很远很远的沟渠旁或水窖里挑回来。由于吃水用水非常困难，使用一盆水洗完脸后才擦身，之后再洗衣服，刷陶片，几种用法容于一体。用毕后，我们还要把这一盆水泼在黄土地面上，使大地享受着"舒服和滋润"。

> 渠水、窖水当然是不干净的。为了全体考古队员的身体健康，我们也采取了土办法进行消毒，如把缸里放一定数量的明矾，喝水时，还要在大铁锅里煮沸一段时间，这样吃用大家才放心。①

我自己在陕西生活过20多年，也随家长下放在陕北安塞县住过窑洞。对于黄土高坡上吃窖水的古老而艰苦的生活方式早就司空见惯。缺水对于今人尚且如此严重，对于数千载之前的古人，

---

① 赵信主编：《考古追踪》，北京，2007年自印本，第269—271页。

造成灭顶之灾也就不是什么稀罕事。好在黄土地上的人类文化的血脉是此消彼长的。野火烧不尽，春风吹又生。仰韶文化在关中至中原一带最为繁荣，持续时间达到两千年之久。虽说天下没有不散的筵席，可是这一个史前文化的时间长度，足以让文明史上的任何一个朝代的统治者都艳羡不已。谁知发展到距今4000多年的龙山文化时期，大批的农业人口不再逗留于平坦的渭河冲积平原，却偏偏移居到陕北黄土高坡去了。只要看看陕西历史博物馆展厅里的一幅龙山文化分布图，就顿时会感受到这一点。史前文化和人口分布的大变迁背后，是不是有巨大的生态变化呢？为什么4000年前中国最大的一座城市的出现，居然不是在生态优越的关中和中原地区，却在毛乌素沙漠边缘一带的陕北神木县石峁遗址？

近几十年国际上兴起的环境史写作潮流，给传统历史学写作范式带来翻天覆地的变化。环境因素、生态因素和物质文化因素对历史演进的作用日益受到重视，一些专门研究文化断裂和文明崩溃现象的学术名著也先后问世。2009年我在台湾中兴大学教书时撰写的研究生课程教材《文学人类学教程》，曾在第九章讲四重证据法的总结一段中，特别提到环境史学潮流的全球引领者贾雷德·戴蒙德的《枪炮、病菌与钢铁》一书的方法创新意义。2012年问世的全球畅销的大历史新书，"70后"的以色列教授尤瓦尔·赫拉利《人类简史》一书最后的谢词，有如下的真心话：是贾雷德·戴蒙德，这一位学者教会他如何做整体性的思考。

原来正是戴蒙德的环境史大思路，让赫拉利学会从自然史与人类史相互对接和整合的总体视角考虑历史的兴衰规律，让《人类简史》以更通俗的文风获得轰动一时的火爆级传播效应。《人类简史》认为，七万年以来的人类总共经历过三次革命，第一次叫认知革命，指的是现代人类的诞生。第二次指农业革命，发生在大约一万年前。它彻底改变了地球上人口演化的曲线，使之出现从平缓前行到上升，再到加速上升的变化轨迹。话说白了，有了人工种植的大量粮食，人口的爆炸式增长才有可能。没有农业革命，人类至今可能还处在狩猎采集的小部落状态，哪里会有城市和工业呢？第三次革命即工业革命，是如今地球上七十亿人能够享受汽车、飞机、高铁的生活之基础，仅有二三百年而已，大家都很熟悉。但是这第三次革命带来的核子武器和生物武器、化学武器等，首次给人类和人类赖以存活的这个星球带来灭顶之灾的巨大风险。

　　面对大地湾文化一期至二期之间的800年断层，以及该文化在4800年之后的再度断层现象，我们可以适当地对照欧亚大陆上的古老文明之兴衰经验。例如，4000多年前在南亚的印度河流域兴盛一时的史前城市文化，如摩亨佐达罗遗址和哈拉帕遗址，其城市修建得十分奢华，街道下面修筑有下水道，富人的房屋中还专门修建有澡堂子，在用水方面尤其显得毫不吝啬！这些早期的都市文化却为什么突然间遭到毁灭性打击，从此就在地平线上消失了呢？要是没有当代考古发掘，世人将永远地把它们彻底遗忘掉。探讨印度河文明毁灭之谜，学者们有如下的分析和争论："按照一些数据，印度河流域在公元前3000至前1800年间的降水量约为500毫米，大于今天，而在此之后则出现了更为干燥的阶段。有些学者认为这种气候变化对哈拉帕文明的崩溃产生了决定性的作用，当然，也有人对此观点持保留态度。必须指出的是，许多学者认为，亚洲中部的干燥和干热气候在公元前三千纪后期和（公元前）二千纪早期达到顶峰，这似乎被对于克孜尔库姆沙漠的研究所证实，那里的狩猎和渔捕营地在这一时期内变得空无人烟。"①可见持续的干旱少雨和土地沙漠化，正是文化的最大劲敌之一。

从城池林立、车水马龙，到空无人烟、遍地荒凉，人类文明断裂现象引起的学术关注目前正在以几何级数增长。为什么4000年前的我国新疆地区及河西走廊西部一带基本没有发现多少古老文化遗迹？沙漠化当是一个重要因素。而相邻南亚地区却有史前文化的长期延续，相信地缘生态视角的关照能够给出合理解释。以毕业于剑桥大学的生物学博士贾雷德·戴蒙德教授为首著作的如下四部大著值得我们考察团成员借鉴和参考：

1. 贾雷德·戴蒙德《昨日之前的世界：我们能从传统社会学到什么》（廖月娟译，中信出版社2014年版），这是生物学博士向人类学和原始文化取经的一个最佳成果。

2. 贾雷德·戴蒙德《崩溃：社会如何选择成败兴亡》（江滢、叶臻译，上海译文出版社2018年版），古往今来探讨文明崩溃灭绝的首屈一指之作。

3. 约瑟夫·泰恩特《复杂社会的崩溃》（邵旭东译，海南出版社2010年版），作者希望说明人类自有文明史以来所发生过的所有的社会崩溃现象，并从中得出警示。这是继戴蒙德之后，给赫拉利《人类简史》以创作灵感的书。

4. 斯宾塞·韦尔斯《潘多拉的种子：人类文明进步的代价》（潘震泽译，广西师范大学出版社2013年版），我在学术写作中已经多次引用这位人类学家的深思成果，愿考察团能够集体分享其智慧和警世忠言。

---

① A. H. 丹尼、V. M. 马松主编：《中亚文明史》第一卷，芮传明译，中国对外翻译出版公司2002年版，第19页。

5500年前开发西北的人

——石岭下类型之谜

2016年7月22日早上，因为前夜下大雨，道路泥泞，不便考察位于武山城关的石岭下遗址，考察团离开武山县之前，在文化局干部王辉的带领下参观渭河边的石岭下彩陶博物馆。这是一家私人博物馆，是由武山籍画家王琦荣先生为保护和弘扬本土文化而创立的，2015年12月23日开馆，至今刚满7个月。

图上-14 考察团走访武山县城的石岭下彩陶博物馆

学界一般认为，石岭下类型距今5500—5200年，先于马家窑文化而兴起在渭河上游地区。石岭下类型彩陶是仰韶文化彩陶在关中地区衰落后，独立在天水武山的渭河流域发展起来的，其源头是仰韶文化庙底沟类型。与西北的其他著名史前文化如马家窑文化、齐家文化、辛店文化等不同，石岭下类型不是由给中国考古学开先河的瑞典地质学家安特生发现的，而是中国考古学者裴文中教授于1947年来渭河流域进行调查时发现的。谢端琚先生1981年在《文物》杂志上发表《论石岭下类型的文化性质》，论证该类型文化作为仰韶文化和马家窑文化中介的性质。看来，要弄清楚西北彩陶文化的源流，石岭下类型是一个绕不过去的对象。

根据多次来西部地区从事考古发掘的中国社会科学院考古研究所赵信先生主编的《考古追踪》一书的描述，石岭下类型（相当于师赵村四期文化）的陶器特征为："陶器质地一般以泥质红陶为主，夹砂红陶次之，泥质灰陶占少数。陶色有橙黄色和砖红色，也有少数陶器外表施一层白色陶衣。纹饰除彩绘外，还有绳纹、划纹、弦纹、附加堆纹等。彩绘花纹可分几何形和动物形两种，前者有平行条纹、波浪纹、连弧纹、弧线三角勾叶纹、椭圆点纹、草叶纹等，后者主要是鲵鱼纹和变体鸟纹。鲵鱼纹叫娃娃鱼纹，形象非常逼真。变体鸟纹主要表现鸟的头部和颈部。"[1]

我向考察团的张天恩兄询问，陕西地区有没有发现石岭下类型的文物呢？他回答说，在他主持发掘的宝鸡福临堡仰韶晚期遗址中有零星的石岭下类型陶片存在。在福临堡类型之后，关中地区的彩陶就基本上消失不见了。而此后的马家窑文化彩陶却在陇中大地勃然兴起，又一直延续了近千年的时光。我们推测，是距今5500年之际的一批仰韶文化先民沿着渭水西进，抵达武山的渭河岸边定居。

那么，他们是谁？他们背井离乡跑到渭水上游来做什么？

距离石岭下遗址不远就是鸳鸯镇，那里是仰韶文化时期就开始

---

① 赵信主编：《考古追踪》，北京，2007年自印本，第232页。

采用的鸳鸯玉的主产地。这样一想，正是中原地区仰韶文化晚期，出现逐渐增多的鸳鸯玉制品。很可能，原来就是在这一批最早"开发大西北"的先民作用下，鸳鸯玉得以东进中原。果真如此，石岭下遗址应该就相当于仰韶文化晚期的"玉门关"吧？而常年流淌不息的渭水，可能充当着西玉东输的最初渠道。

玉石是青铜时代到来之前，新石器时代后期最重要战略资源。只有从玉文化资源调配的意义上，才能充分理解自齐家文化以来持续四千年的西玉东输现象，也包括今日的西气东输之类文化现象。西部的玉石原料，至少可视为五千年前西部大开发之原型物质。武山县渭河边上盛产的蛇纹石玉，过去怎么一直没有得到应有的关注呢？

图上-15　渭源县博物馆藏齐家文化玉璧，以墨绿色蛇纹石为原料，或为武山鸳鸯玉

梦断关桃园：玉器和彩陶起源之谜

第十次玉帛之路（渭河道）文化考察活动从甘肃省渭源县启动，沿着渭河东流的方向一路走来，第六天，我们走访甘陕交界的天水市麦积区与宝鸡市陈仓区。7月23日，从天水市的地质宾馆出发，在麦积区博物馆馆长裴志超等带领下，先考察渭河边的史前遗址柴家坪遗址，如今是天水特产花牛苹果的种植基地。在岸边田地里，不经意就看到仰韶文化时期的陶片。天气酷热，大家吃过两

个当地产的西瓜，随后告别裴馆长等，沿着渭河南岸的公路一路东进，走走停停，拍摄渭河边的沿河公路之险象。

图上-16　渭河边上的柴家坪遗址石碑

约两小时后，来到陕西宝鸡陈仓区（原宝鸡县）拓石镇，越过渭河，来到北岸的一处风水宝地，只见四面环山的美妙景致，如同进入环形影院一般。环形山岭的中央处是一块伸向渭河的黄土台地，只见陇海铁路的老单线在台地南侧穿越而过，21世纪新修的陇海铁路宝鸡至天水段复线，从北侧穿越。就是因为要修筑这条复线铁路，施工前需要做文物清理，考察团的张天恩兄在2002年带领陕西省考古研究院的考古队来到这里做清理发掘。14年后故地重游，张兄自有无限感慨。他在2016年7月24日凌晨4点起床，挥笔写下《重回关桃园》一文，以为永久的回忆加纪念。

关桃园遗址在20世纪80年代文物普查中发现有史前文物遗迹。新铁路的桥梁已经架起，他带着10个队员来到这里，只有10000元经费，起初是打算试着发掘一下就完事的，没料到探方打

图上-17 关桃园遗址石碑

下去，就出土了前仰韶文化的陶片，引起业界的重视。后增加经费，一直发掘了1年时间。出土前仰韶文化一期、二期、三期的完整系列陶器或陶片，举世罕见（甘肃秦安大地湾彩陶只有前仰韶文化一期文物，缺二期和三期的文物）。此外还有仰韶早期和晚期的遗物（缺仰韶文化中期），客省庄文化（相当于陕西龙山文化），西周、春秋战国、汉代的文物。关桃园考古成果在2003年申报全国十大考古发现，评审汇报时因为有1件出自前仰韶文化灰坑的小小白玉环，遇到评审专家的质疑，认为7000多年前不可能有玉器，以3票之差而落选（18票即可当选，得15票）。

中午时分，烈日高照，考察团在关桃园遗址旁的拓石镇小饭馆用餐，15人一下子涌入小餐馆，坐得满满当当。12人选油泼面，3人选浆水面。店家忙得不可开交，一碗一碗的手工面费时多多，先吃完的队员就步行到遗址上观察。

只见随处有散落田地的史前陶片，我们从众多的碎陶片中筛选出前仰韶文化三期的陶片2件。其特征是加沙陶，外表有交错绳纹，外红内黑。就在关桃园遗址石碑集体合影时，我一低头，看到一片较大的瓶颈处陶片，据张老师鉴别后说属于前仰韶文化的二期，年代大约是距今7600—7500年。这是十次玉帛之路考察迄今所见最早的文化遗迹。如果从关桃园遗址前仰韶文化灰坑出土的白玉环看，这里也是迄今所知中原和西部地区最早发现玉器的地方，其重要意义不言而喻。

图上-18　前仰韶文化的陶片，这是此次考察接触到的年代最早之文物　图上-19　宝鸡关桃园遗址出土前仰韶文化白玉环

中原仰韶文化彩陶和西北的马家窑文化彩陶名闻天下。关于彩陶的起源地，目前还是未解之谜，需要获得前仰韶文化的完整系列及其地理分布资料，才能理出确实可靠的研究线索。目前考古发掘的情况显示，自天水到宝鸡的渭河中游一带，是前仰韶文化发现最集中的地区。天水师赵村遗址只有前仰韶文化二期陶器，天水西山坪遗址只有前仰韶文化三期陶器，而宝鸡高家村有前仰韶文化一期陶器，宝鸡北首岭遗址有前仰韶文化二期、三期陶器。我们期待在后天要考察的秦安大地湾遗址能找到更多的线索。

关山冬夏观马

2016年7月24日星期二，考察团一早7点半从下榻的陇县天逸酒店，赶到陇州宾馆用早餐，因为这里的羊肉泡馍别具特色，远近闻名。餐后驱车到汽车站，送别张天恩、朱鸿、李永平三位"老陕"回西安。剩下的12人继续翻越关山的旅程，着重考察关陇古道必经的关山牧场，当晚赶到关山北麓的甘肃张家川县歇息。如今陕西陇县开发旅游，主打两个地方特色品牌——关山草原和秋菊庄园。前者的文化资源雄厚，源于2500年前秦人的牧马草场，后者则以当代电影——张艺谋的《秋菊打官司》为符号原型。

2016年的2月1日，第九次玉帛之路（关陇道）考察曾经来过关山，那时看到的是极寒天气下冰雪覆盖的银白色关山，与当下满眼苍翠的关山完全像两个世界，反差之强烈，非亲历其境者莫能体会。中午时分抵达关山南麓的驿站，张家川县马鹿镇文化站干部王成科等已经在长宁驿等候多时。一块大饼外加两块西瓜作为午餐，随后开始从南面攀登关山主峰老爷岭的徒步行程。

下午4时，登上老爷庙上方的老爷岭，极目四忘，风光无限。南面群山之后，远远的山脉是秦岭。东面不远处有更高的山峰耸立，是小关山张绵驿的方向。北面望去，光线从阴云中穿过，一片亮色，山后就是张家川县，这里曾是屏卫西周王权的秦人与西戎人展开持久的拉锯战之地，以新出土的马家塬西戎大墓精美金银器而知名当下。西面下方是小小的老爷庙，供奉关老爷作为山神。一排高压线铁架，经过山顶自南向北穿越而过。

图上-20　关山主峰老爷岭下的老爷庙

　　这一天留在脑海的最深印象是关山草原的马匹。不论冬夏，居然一样徜徉在山间草地，其悠闲之状，很难让人联想到古代的征战和硝烟。下山时遇到当地牧马人，询问到如今马匹的市场价格，和大个的牛一样，大约10000元一匹。当今人养马的用途只在经济收入。遥想2000多年前的关山牧场，马匹一定比现在要多得多吧。

图上-21　陇县关山牧场

在举行第十次考察前两个月之际，笔者应陕西的《人文杂志》之邀，撰写了一篇论文《玉、马、佛、丝——丝路中国段文化传播多米诺效应》，其基本观点是：从历史程序看，"丝路"中国段之所以成为"路"，是先有西玉和田玉东输中原国家的长期需求及实践活动，其运输活动最初的主体是活跃在新疆至河西走廊一带的大月氏人。由于运送玉石的需要，拉动西域良马向东输送，"玉路"同时成为"马路"，玉帛交换和绢马贸易均持续时间长达数千年，并且越走越宽广，奠定西佛东输的"佛路"。这是如今可以辨识到的丝路中国段所发生的文化传播多米诺效应。从其上下纵横4000年，东西互动数千公里的现实情况看，世界上能够与之相比的道路唯有中亚阿富汗至西亚和地中海的青金石之路。据考证，丝绸对于打开西域与中原国家的交通，并不是决定性的物质，它和布匹一样，是中原国家与西来的物质进行交换的等价物或筹码。

自2014年以来我们组织的十次玉帛之路考察活动，踏查西部七省区近百个市县，闯沙漠戈壁，穿越高山大河，总行程近30000公里。为的是摸清由华夏民族特有的玉石崇拜与玉石神话观念所驱动的西玉东输的数千年运动，以及由此持久的物质传播运动所催生的玉石之路，如何造成玉帛交换（华夏民族早在先秦时代就习惯"玉帛"并称，二者经常作为贵重物品交换的标的）、马帛交换（唐宋以降称为"绢马"贸易）的物质交会过程。丝路中国段的商品交换现象基本上以西域的玉石和马匹为原动力，以内地产的布匹丝绸为交换筹码，以河西走廊及其周边的少数民族为运输中介，持久地展开互动，波及金属、香料、玛瑙、琥珀、玻璃、苜蓿、葡萄等多种西来的物质。而产生于南亚的印度佛教则作为后来继起的文化传播对象，沿着玉石之路的原有路径，由非华夏的

图上-22 天水市甘谷县博物馆的汉代铜"天马"

少数民族（如古代于阗、龟兹等地的居民）及少数民族政权（如北魏拓跋氏）所拉动。佛教的信仰因素，给原有的中国文化带来巨大的新神话性想象成分（如三千大千世界，天堂和地狱等），并与本土的玉石信仰和天马（龙马）神话相互融合，沿着玉石东来与丝绸西去之路径，造就出华夏文明有关"西天"与"西游"的想象世界。

如今，特定的神话观念对华夏文明形成的特殊作用问题，已经非常尖锐地摆在我们面前。两天前在天水麦积区文化馆举办的座谈会上，我再次重申中国文明起源的神话观念驱动问题，引起天水师范学院苏海洋教授的认真回应。外国人在19世纪命名的"丝路"，如果回归到华夏本土视角去看，原来也是华夏特有的玉石神话观念驱动的结果。换言之，"玉路"是"丝路"的前身，离开对玉与帛、马与帛的交换现象的本土理解，丝路的由来和延续问题是难以得到阐明的。这也就是神话学研究范式从文明起源研究转向丝路起源研究的内在学理逻辑吧。

从西玉东输的现象到西马东输的现象，二者之间似乎是有因果关联的，至少也有程序上的先后关系。有关二者在西汉时期的关联，最好的参考资料还是司马迁《史记》中的《大宛列传》。从中可以看到中原国家的最高统治者汉武帝将西域良马神话化的生动证据，他亲为汗血马作歌的歌词赫然保留下来——《天马歌》。要不是汉朝统治者全面继承发扬秦人的军马养育制度，培育出当时世界上屈指可数的庞大骑兵军团，哪里会有卫青、霍去病西逐匈奴之伟业？没有全面掌控玉路和马路的河西四郡及玉门关，又何来后世中国的巨大版图？中亚起源的家马和马车两大技术发明，一个属于畜牧业，一个属于交通工具，自二者在商代几乎同时传播到中原国家之后，逐渐普及开来，并在西部养马区域获得成功的本土化植根，以至于后人很难分清马是外来文化的还是自己的文化传统。

从下山途中的攀谈得知，张家川县负责接待的文化馆干部王成科也属马，和本人同一属相，而且他也是中国民间文艺家协会的资深会员。"两匹老马"在关山马场奇妙相遇，借用王兄的吉言来说，真是"三生有幸"。

从"重开丝路"说到"玉帛之路"说

——秦安总结会

2016年7月25日下午在参观大地湾遗址之后，第十次玉帛之路考察团在秦安县举办总结会。会后想，更能说明问题的较全面总结，需回溯到二三十年前。

1989年6月，我在陕西师范大学中外文化研究交流中心所举办的"长安·东亚·环太平洋文化国际学术研讨会"上，提交了一篇论文，题目是《文化研究中的模式构拟方法——以传统思维定向模式为例》。这篇文章是1988年到山西大学演讲内容的修订稿，与该校中文系姚宝瑄教授切磋合作写成，批判传统文化孕育成的一种思维定向模式，可以借用刘勰《文心雕龙》的话语"东向而望，不见西墙"来概括的这种思维偏向，它一直到改革开放初期都在暗中起到观念支配作用。为什么伴随改革而新设立的5个经济特区都在东南沿海地区呢？中西部为什么一个也没有？为什么国人习惯于认为中国的对外开放，只是对海的开放？文章强调中国文化的开放需要尊重历史经验，关注重新向西开放的问题，这是需要及时加以调整的国家发展战略问题；并且明确提出"重开丝绸之路"的宏大构想，甚至简单地估算出通过重开丝绸之路进行中西贸易比走海路贸易的效益优越性。

早在20世纪初，英国皇家地理学会的会长麦金德先生就从欧洲的立场出发，对东西方文化的沟通提出战略设想：中亚，包括我国新疆、内蒙古一带，曾经是世界历史的枢纽地区，也将再度成为世界政治、经济的新的枢纽区，其关键是修筑一条横贯欧亚腹地的钢铁大动脉，它的机动性和效益将远远超过海洋的力量。如果说麦金德的战略设想在美苏冷战、中苏关系恶化的过去年代里有其不现实的一面，那么，在国际政治趋于缓和与互谅，中苏关系、中印关系相继改善的现实条件下，从中国和世界的利益出发，提出重振丝绸之路的战略方案已经刻不容缓、迫在眉睫了。①

那时笔者长期在陕西的高校里任教，基于西部大开发的国家战略思考，斗胆建议把重开丝绸之路作为国策："从中国经济文化的宏观布局上看，欧亚贯通的陆路大动脉给我们输入新的血液，给全国发展的总体布局带来有益的变化，从根本上扭转重东轻西的文化偏至，实现资源、交通、人才等多重因素的优化配置与良性循环，

---

① 叶舒宪：《文化研究中的模式构拟方法——以传统思维定向模式为例》，见陕西师范大学中外文化研究交流中心编：《文化研究方法论》，陕西师范大学出版社1992年版，第228页。

搞活全国一盘棋，从宏观上带动地方，彻底解决中西部闭塞、贫困和落后局面，促进其经济文化的腾飞，从而大大加速中国现代化的进程。"①不过，当年对重开丝绸之路给西部大开发带来的巨大利益，还主要是从自然资源开发着眼的，如今看来显然高度不够，需要从文化资源高度重新审视问题。

26年过去，我们终于可以不再盲目附和西方话语，转向玉石之路即丝路中国段的实地踏查之旅。在多年的调研基础上，意识到重新面对现实、塑造本土话语的重要意义："因为要研究4000年前的西北史前玉文化分布，理所当然地要关注西玉东输这样一种中国特有的资源调配之文化现象，由此便进入到玉石之路的调查课题。这才逐渐地意识到：在鸦片战争之后由来华的德国人李希霍芬提出的'丝绸之路'说，虽然如今已经流行于世界，却不符合国人对这条文化传播通道的认知习惯。早年我们追随西方话语提出的重开丝绸之路主张，现在看来大方向没有错，但在话语选择上却难逃西方中心的模式窠臼。近几十年来，国内的考古文博学界把这条路称为'昆山玉路'或'玉石之路'。若是兼顾中西方的视角，折中一下，还是像唐代诗人常建所咏的那样（'玉帛朝回望帝乡'），采用先秦以来的古汉语习语'玉帛'一词来命名，较为妥当。从跟着洋人叫丝路，到回归本土称谓叫玉路或玉帛之路，这不仅是叫猫还是叫咪的名字问题，其中隐含着从西学东渐以来的本土文化自卑感，到恢复文化自觉和文化自信后的话语策略大问题。所以，我们

---

① 叶舒宪：《文化研究中的模式构拟方法——以传统思维定向模式为例》，见陕西师范大学中外文化研究交流中心编：《文化研究方法论》，陕西师范大学出版社1992年版，第228页。

不得不较真。"①

2008年问世的英文书《丝绸之路史前史》，其著作者为俄罗斯专家库兹米娜。书中认为："旧世界历史中的主要现象之一就是伟大的丝绸之路，在古代和中世纪，这条连通中国、欧亚草原、中亚、印度、西亚以及欧洲的贸易路线，那时还延续到拜占庭帝国、威尼斯甚至更远的地方。丝绸之路过去用来从中国输出丝绸，而反过来，商人从罗马和其他国家向天朝大国（中国）输入玻璃器、珠宝以及其他高艺术价值的商品。"②库兹米娜是从国际视角对这条路的贸易情况进行说明的，其中并没有顾及中国本土的视角。如果我们能够分析丝路中国段形成过程中的物质传播及其多米诺效应的因果链条，尝试论说丝路中国段的贸易整体构成；再从比较文化和比较文学方面的形象学角度，具体解析四类主要的传播物品的每一种，在文化接受方所激起的精神回应，就能清楚地看出对每一种西来的物质要素的神话化的文化再编码过程。我将此过程初步概括为四种主要物质的互动，即"玉、马、佛、丝"，称之为"丝路形成的多米诺效应"。

以往对丝路形成史的研究，海外视角注重的是对西域的科考探险和外文语种文献的发现与解读，国内视角侧重在中西交通的历史、地理和贸易对象的认识方面。无论是外部视角和内部视角，都侧重于现象层面的研究，而缺乏一种因果关系的整体把握，未能进入揭示丝路文化现象所以然的理论层面，即关注和诠释如下的深度

---

① 叶舒宪：《玉石之路踏查续记》，上海科学技术文献出版社2017年版，第66—67页。

② E. E. Kuzmina, *The Prehistory of the Silk Road.* Philadelphia：University of Pennsylvania Press, 2008, p. 4.

问题：在什么时候，为什么会出现这样一条文化传播路线？在这条古老的经济贸易与文化交流的国际大通道上，是什么物质要素率先登场，并发挥着依次催生或拉动其他物质要素的作用？

笔者不揣浅陋，尝试提出一种有关丝路（中国段）发生史的文化传播多米诺效应的理论解释，认为是华夏文明起源期对新疆和田玉石的发现和持久需求，拉动中原国家与西域之间的物资贸易之路的构成，即先出现一条运送玉石的路线，从而奠定丝路中国段的早期历史（公元前20世纪—前10世纪）。随之而来的是西域和中亚的马匹大量进口（公元前10世纪—公元19世纪），更进一步拉动丝绸作为交换玉石和马匹的筹码（张骞，公元前2世纪—公元10世纪），开始陆续出口或转口贸易，并强化这条路线上双向物资流动交换的过程，在此基础上引发公元1世纪前后西佛东输的过程，特别是佛教石窟寺从喀什到于阗、龟兹（克孜尔石窟），再到敦煌（莫高窟）、张掖（马蹄寺）、武威（天梯山）、永靖（炳灵寺）、天水（麦积山），最后到大同（云冈石窟）、洛阳（龙门石窟）。特别需要留意的是，公元3世纪后佛教石窟寺建筑与佛陀塑像的渐次向东传播，其路径居然和1000年以前周穆王西游昆仑的路线惊人的一致。

从历史上先后出现的商品流通之程序看，所谓的丝路，从自西向东运输的物品看，是玉在先，马紧随其后，佛教和佛像又在马匹之后。丝绸即帛，是作为交换玉和马的中原一方筹码，大量且持续地自东向西运动。要追问这四种物质要素彼此之间的关联，应是一种原生和派生的逻辑关联，即因果链的关联：没有西玉东输的需求，就不会有作为运输工具的马和骆驼伴随玉石一起向东的旅程，也不会有大规模的东帛西输；同样的，没有玉石东进中原的黄河河套路线，也就不会有佛教石窟寺东向传播，沿着河西走廊直到晋北的大同盆地的线路轨迹（从敦煌莫高窟到云冈石窟）。

"多米诺"特指一种骨牌的名称，18世纪时出现在欧洲。全副牌原为28张，后发展为不限张数。把骨牌按一定距离竖立成行，只要碰倒第一张，便会一张张跟着倒下。后人把连锁反应称作多米诺骨牌效应。就构成丝路中国段的各种物质要素而言，丝不是决定性要素，而是次生的或派生的物质。真正的原生性物质是西域的玉料。过去只知道新疆和田玉，九次考察重新确认甘肃玉矿多处，即"玉出二马岗"（马鬃山和马衔山），以及渭源县碧玉乡。如今第十次考察又聚焦到武山鸳鸯玉。

没有比周穆王更早的确实材料，能说明中原与西域关联的这条路早期的物质交换情况。《穆天子传》所反映的穆王西游之路线问题以及玉帛交换问题，都超出文学想象范畴，成为值得做出历史考证的真实对象。把《穆天子传》讲述的西域"群玉之山"和穆王团队"载玉万只"带回中原国家的行为，和《史记·大宛列传》记载的有关昆仑山"多玉石"的内容对照起来看，神话历史的真实性，就显山露水了。

以上大致说明，从"重开丝路"说到"玉帛之路"说，20多年学术发展中的文化自觉过程。就算是总结会后的总结吧。

武山鸳鸯玉矿踏查

——总结会后有惊喜

陕西人爱说一句古话，叫作"老鼠拖锨把，大头在后面"。类似的说法还有"后来居上""锅底有肉"之类。

石岭下村"红"与"绿"

2016年7月26日，星期二，小雨转晴。这一天是第十次考察结束的日子，我自秦安县出发，再访武山县。下午去鸳鸯玉矿探查之前，先在王琦荣馆长带领下考察石岭下遗址。这一天的行程都属于计划外的收获，对渭水畔武山县的古老文化渊源情况有更加真切的体会。

王琦荣兄酷爱家乡文化，平时在兰州作画，一有空就回家乡经营自己的石岭下彩陶博物馆。当地山川的每一道沟沟坎坎，早都被他跑遍了。对于了解本地文化知识，没有比他更合适的向导了。王兄先带我到城关的石岭下村，看村民用红褐色赭石修建的墙基和用墨绿色的鸳鸯玉修筑的墙基。当地建筑物基础部位的这两种颜色，较为暗淡柔和，都不是那种十分鲜艳和惹眼的。一红一绿，恰好形成鲜明对照。用赭石作为原料来盖房子，外人听起来好像是极为奢侈。这其实只验证"靠山吃山"的古老经验，见证着就地取材的资源便利，大体上类似于新疆和田地区和喀什地区先民就用白玉做工具、秤砣之

图上-23　石岭下村的"红"：墙基用的红褐色石块，就是染料石即赭石，5000年前用作绘制彩陶图案

图上-24　石岭下村的
"绿"：用鸳鸯玉修筑的房基

类的情形。没有崇拜和神话观念的注入，不管是什么玉料都只是石料而已。

上天就是这样公平，不仅恩赐给武山的渭河北岸山谷以墨绿色鸳鸯玉，还恩赐给渭河南岸的石岭下大量的红褐色赭石。按照宝石学的说法，这不是大渭河本身的披红戴绿吗？！

为什么在仰韶文化庙底沟期以后，中原彩陶文化全面衰退，而甘肃的彩陶却在石岭下类型的激发之下，后来居上地获得大发展和大繁荣呢？这种彩陶发展史上的时空错位现象、不均衡现象，可以参照外来文化传播和地方资源供给两方面契合的情况来做出深度解读。

彩陶本起源于天水地区的大地湾文化一期，距今约8000年。然后向东传播，翻越关山，影响到整个中原地区仰韶文化彩陶的发生和发展。而在5000多年前，当中原彩陶浪潮消歇之际，其余脉再度沿着渭河向西传播，重新进入陇原大地。接引它的一个必备物质条件，就是渭河上游一带的作为彩色原料的红褐色赭石，遍布山野，唾手可得。

我听王兄介绍后，采样一块红褐色赭石，在硬地面上就可以画出类似彩陶上的红彩线条。这真是可以看作"三重证据法"的一次实习课，民间的地方性知识就这样给我们带来对史前彩陶文化的物质条件认知。

什么是赭石呢？其实就是土状的赤铁矿。赤铁矿是氧化铁的主要矿物形式，通常呈片状、鳞片状、肾状、鲕状、块状或土状等。赤铁矿的英文学名叫Hematite，来源于希腊文"血"的意思。它是广泛分布在各种岩石成分之中的副矿物。栾秉敖编著的《宝石》一书把它归入第十五章"氧化物及氢氧化物矿物宝石"，其中常见的这一类赤铁矿，被称为"血石"。

> 血石（Bloodstone）亦称血铁石（Blood iron stone），深褐色者在日本旧有"黑钻石"（Black diamond）之称，均属赤铁矿矿物，血石也是古老的宝石之一。印第安人用其粉末染身，作染料时称"红丹石"，中国称"赭石粉"。

> 产状与产地：产在沉积岩、热液矿脉及变质铁矿中，分布广泛。将其用于宝石的国家有英国、德国、挪威、瑞典、美国、日本等。中国尚未利用。[①]

赭石和赤铁矿在我国算不上稀有物质，国人虽然没有开发其作为宝石的观赏作用，却早在旧石器时代就开始作为颜料使用了。1932年发现的北京山顶洞人遗址（距今约19000年）的下室中，在人骨周围撒上一些赤铁矿粉末，作为早期的葬礼仪式行为。此外还有用赤铁矿粉末染为红色的石珠和鱼骨。从文化连续性看，这表明旧石器时代后期人类对红颜色的特殊青睐，成为新石器时代彩陶起源的关键因子。

考古报告《秦安大地湾——新石器时代遗址发掘报告》中附录了一篇题为《大地湾遗址出土彩陶（彩绘陶）颜料以及块状颜料分析研究》的报告，其中明确认定，自大地湾文化一期开始就用于绘制彩陶的颜料，红色者主要为赤铁矿和朱砂两种，黑色者为磁铁

---

① 栾秉璈编著：《宝石》，冶金工业出版社1993年版，第105页。

矿、赤铁矿与磁铁矿的混合物、淡斜绿泥石3种，白色者为石英、方解石、石英加白云石或硬石膏等4种。[1]该报告还认为，大地湾一期彩陶的用色是以红色为主，二期则变为以黑色颜料为主。而三四期用石英矿物作为彩陶的白色颜料。在彩陶工艺出现之前，还有彩绘陶工艺作为铺垫。大地湾一期文化遗存中有一片内部用白彩绘成的陶罐残片，就是很好的证明。[2]

我手拿着刚刚采来的石岭下村赭石，再去对照着看石岭下彩陶博物馆中彩陶以红褐色和黑色为二元色的情况，基本上能够一目了然地实现红颜色与赭石色的对应、鉴别，同时也体会到精神方面的古今对接之惬意感。人类学家为什么大力提倡田野作业式的实地调研功夫，这是关闭在象牙塔中的书呆子们很难获得的一种开悟体验，国人俗称"接地气"者，莫过于此也。

图上-25　石岭下类型彩陶的红黑二色

① 甘肃省文物考古研究所编著：《秦安大地湾——新石器时代遗址发掘报告》下册，文物出版社2006年版，第920页。

② 甘肃省文物考古研究所编著：《秦安大地湾——新石器时代遗址发掘报告》下册，文物出版社2006年版，第926—927页。

　　由于渭河的纽带作用，中原与西部的史前彩陶文化可以视为一个延续性的整体。从早期的遍布中原大地的仰韶文化庙底沟类型，到唯有渭河上游一带才显得发达的石岭下类型，再到遍布甘肃和青海东部马家窑文化，乃至齐家文化，就地取材的红褐色赭石原料，成为和鸳鸯玉原料同样古老的一种特殊的地方性工艺资源。

　　王兄随后带着我们去村后的土崖断层上去看史前遗迹，陶片随处皆是。看到有一处灰坑，好像是当年的粮仓，或称谷仓，就地洒满一大片黑色的碳化谷粒。面对此情景，大家不免一阵唏嘘。看完遗址，走回村子，进入一户农家院子，主人是一个青年农民，名字叫贾君直，听说我们是调查古物的，就从家里窑洞中拿出几件石器和骨器。其中有一件骨笄（参见本书图下-65），包浆浑厚而光鲜，让人顿生怀古之忧思。他家里还有一大块出自渭河的奇石。他陪着我们聊了一会，终于发现我们根本不属于收藏界的，对于时下热炒的什么奇石之类根本没有一点兴趣。好古，便是这一批人的职业情结吧。

图上-26　石岭下村后土崖断层中的史前谷仓，黑色的碳化谷粒洒满地表

　　最后我们离开石岭下村之前，去找遗址石碑拍照。没有想到，居然在一片狼藉不堪的垃圾包围中，找到石岭下遗址的石碑。

图上-27　在村头的石岭下遗址石碑与王馆长合影

大坪头——隐藏5000年的遗迹

　　2016年7月27日，星期三，晴。今天考察团成员已经陆续到家。我在武山县政府招待所小住，订了11点25分去西安的火车票。上午这半天时间也不能虚度，就邀王琦荣馆长一起再去考察一个史前遗址。本县较为著名的已发掘的史前遗址有马力镇傅家门遗址，因为距离稍远来不及跑。便在他的引导下，搭乘路边的摩托车，来到武山火车站对面的渭河北岸，到一片河边台地上去走访。这个地方名叫大坪头，是一些重要文物的出土地点，号称"陇中面积最大的齐家文化遗址"，出土鸳鸯玉材质玉琮，即武山博物馆展出的那一件半成品齐家文化玉琮。玉琮不是一般居民家庭用具，而是重要的玉礼器。这里的齐家先民就地取材用渭河水冲过来的鸳鸯玉制作玉琮，这也许孕育了用更高等级的玉材即透闪石制作玉琮的礼俗雏形。如果能够在此看到仰韶文化、石岭下类型和马家窑文化、常山下层文化至齐家文化的完整地层系列，对于说明鸳鸯玉的开发使用和连续性的传承过程就比较有利了。

图上-28　齐家文化玉琮半成品，墨绿色蛇纹石玉料（摄于武山县博物馆）

国家文物局主编《中国文物地图集·甘肃分册》对大坪头遗址的描述是：

> （洛门镇大坪头村北200米，新石器时代—青铜时代，省文物保护单位）面积约10万平方米，文化层厚0.1—1米，暴露有灰层、灰坑，白灰面居住址等，采集有属于仰韶文化庙底沟类型黑彩弧线纹、圆点纹彩陶钵等，另有齐家文化蓝纹、绳纹、附加堆纹夹砂红陶单、双耳罐及石斧、石杵、骨刀柄。[①]

在大坪头的东侧不远处，有一个百泉遗址，面积为150000平方米，属于寺洼文化的遗址，稍晚于齐家文化，距今约3400—3100年。在马力镇的红沟门遗址，也是寺洼文化的遗存。有地方学者认为寺洼文化代表的是氐人的传统，其后裔为今日生活在甘南一带的白马藏人。

大坪头的正北面不远处有一个重要的旅游景点——水帘洞石窟，在鲁班山峡谷两侧分布着一批自北周到清代的佛教造像，属

---

① 国家文物局主编：《中国文物地图集·甘肃分册》下，测绘出版社2011年版，第163页。

于国家文物保护单位。按照我们的观点，5000年以来依次自西向东传播的文化对象主要是玉、马、佛（像），所形成的路径就是丝路中国段的雏形，唯有纺织物即丝和布，是迎着这3种外来物质自东向西传播的。地面上的水帘洞石窟佛造像和壁画，历经北周、唐、五代、宋、元、明、清，刚好能够说明约1500年来这条"西佛东输"路线的延续性。而鸳鸯玉的东输运动及其所拉动的交通路径，从仰韶文化庙底沟期算起约为5500年。马衔山、马鬃山玉的东输历史约为4000—3000年。不论怎样看，大传统的运输物资成为开辟小传统的佛教东传路线的原型。水帘洞石窟的精美造像，是沿着玉石之路的古老路径而衍生的佛像石窟寺传统的见证。

大坪头遗址四周的不远处，同属于洛门镇境内，已经著录的齐家文化遗址还有新观遗址、秦家地遗址、冯家庄遗址、东旱坪遗址、盐池下遗址等。这些遗址的齐家文化之后，出现1000多年的文化断层，叠压在齐家地层上的一般是汉代文化遗存。不过，洛门镇的另外几个地方都发现周代遗址，如孟家庄遗址、年坪遗址、下康遗址等。此后的汉代遗址分布就更多一些。

我和王馆长在一处黄土断崖下面搜索，一会就采集到一小堆陶片，其形制更是五花八门，甚至还有一片明青花瓷。从经验判断，这里的陶片有仰韶文化庙底沟类型的、石岭下类型的、马家窑文化的和齐家文化的。半小时的忙活之后，我竟然在地面草丛中发现一块粗糙形态的残玉璧，其材质和特征与武山博物馆展出的傅家门齐家文化生活坑里出土的玉璧几乎是一模一样的。这一行走下来十多天，所踏查的史前遗址有一二十个，采集的陶片也有一包了，唯独没有采到古玉。这件残璧，能够在我离开甘肃之前的最后一个半天的调研中采获，也算是一种圆满吧。就连大名鼎鼎的关中当下发掘的考古重镇杨官寨遗址，目前也仅仅发掘出石璧，尚未见到玉璧呢。

筛选之后，留下4件陶片，1件残玉璧，便是这半天考察的重要收获。且莫看轻这一堆很不起眼的残陶碎玉。对探查者来说，其意义是，让我们直接触摸到饮着大渭河之水而繁荣起来的史前文化在这里生生不息的气息。

图上-29　2016年7月28日在大坪头采集的陶片标本四件

图上-30　在大坪头采集的残玉璧和青花瓷片

踏查鸳鸯玉矿（略）

这部分文字单独成篇，即下面的《武山鸳鸯玉的前世今生》之第三节。这里保存标题，是为呈现与前后各篇笔记的时间顺序。

羌人尚白与夏人尚黑

在武山博物馆中专柜陈列的武山人头骨，属于旧石器时代的重要发现，其年代距今38000年。按照如今的人类遗传学和基因研究大数据，武山人也应该是自60000年前走出非洲来到亚洲的史前移民的后代。新近在大地湾遗址地层之下又新发现旧石器时代人类遗存，情况也是如此。这是最早走出非洲的人类后代，数万年前就生活在渭河上游这一地区的明证。发现武山人头骨的地方，原来就是出产鸳鸯玉的鸳鸯镇，一个被当地人称为"狼叫屲"的小山坳。

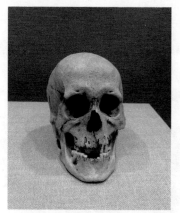

图上-31　旧石器时代的武山人头骨（摄于武山县博物馆）

有了旧石器时代文化的发展做前期铺垫，随后而来的新石器时代的文化，其源流脉络也就有了可参照的线索。对于西北地区远古氐羌人的族源问题，近年的基因研究给出很给力的新证据，说明汉藏语系民族的同源性，这就更加凸显出史前氐羌人的根源性意义。李辉、金立合著《Y

染色体与东亚族群演化》一书指出："西藏以东的地区很有可能是所有汉藏群体的起源地，在这个地区的羌族群体中发现了O3-M117最高的基因多样性。汉族的古老传说中有明确的叙述，汉族的祖先可以追溯到羌族。考古学的发现也指向大约7000年前的仰韶文化起源于羌族所在的区域。古书中也有记载，历史上藏缅语族下的大多数群体的名称都包含'羌'。遗传学证据支持历史学和考古学的研究结论，认为羌族群体是汉藏群体的祖先。"①在这个氐羌人转变为华夏人的过程中，石岭下人一定扮演着很重要的作用。

这里仅就考古发掘给出的第四重证据，略谈一下石岭下人的白石随葬礼俗。武山博物馆的展出设计者，特意将傅家门遗址墓葬的发掘实景移植陈列到馆里，让参观者能够感同身受地直观体验5000—4000年前的两种本地葬俗景观。

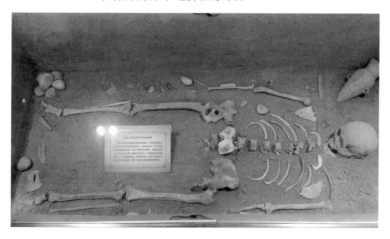

图上-32　石岭下类型墓葬所见白石崇拜（摄于武山县博物馆）

① 李辉、金立编著：《Y染色体与东亚族群演化》，上海科学技术出版社2015年版，第149页。

　　距今5000多年的石岭下类型的人是怎样给死者下葬的呢？据墓葬复原景观中放置的解说词介绍："墓坑皆为长方形竖穴土坑墓，在各墓室底部四周放置着大小不等的鹅卵石块，排列整齐有序，这种习俗延续至马家窑文化和齐家文化，属于一种白石崇拜的原始宗教信仰。"

　　看到这个判断，会让人眼前一亮。原来今日聚居在四川汶川羌族自治州等地的羌人族群，依然十分流行白石崇拜。羌族当代活态文化传承中的白石神话信仰，显然不光是源于西北的史前文化，而且迄今的考古材料所显示的最早信仰者，还应是沿着渭河从关中地区前来的最初开发大西北的石岭下文化人群。

　　礼俗是判断族属和文化归属的重要证据。几十年前就有川籍学者思考过羌族白石崇拜与西北史前文化的关联性问题。当时找到距今3000多年的寺洼文化葬俗。寺洼文化的族属一般都认为是羌人。出现在寺洼文化墓葬中的砾石，就这样很容易与后代羌人的白石崇拜建立因果联系。这方面早就引起考古界和民俗学界专家的注意。其实，崇拜石头是石器时代的古老遗留物，许多民族文化传承中都保留着这种异常久远的神话信仰观念。

　　比如，先以锡伯族的石头崇拜习俗为例。当代学者的调研认为："锡伯族老人现在仍认为，石头有镇兽、驱鬼、拦魔的作用。在渺无人烟的山地路上就可见多处石堆，锡伯族称鄂博。这是成年累月才形成的，无论谁经过此地，都要添上几块石头。锡伯族每家各户大门旁都置有一至两块大石头，意为镇守大门。"[①]这种石头

---

① 佟克力：《锡伯族历史与文化》，转引自吕大吉、何耀华总主编，满都尔图、周锡银、佟德富分册主编：《中国各民族原始宗教资料集成：鄂伦春族卷·鄂温克族卷·赫哲族卷·达斡尔族卷·锡伯族卷·满族卷·蒙古族卷·藏族卷》，中国社会科学出版社1999年版，第396页。

崇拜的根源和华夏人的玉石神话同类，均属一种源自史前期的拜物教神话，认为玉或石中蕴含着超自然力量、神秘力量或正能量。近期有一部翻译的书，是指引个人修行修炼的，书名就叫《晶石的能量》，一听就大致明白是什么意思了。

羌族的白石崇拜，自古就有记载。刘琳《华阳国志》校注本云："汶山郡，本蜀郡北部冉駹都尉，孝武元（封）〔鼎〕（四）〔六〕年置。……故夷人冬则避寒入蜀，庸赁自食，夏则避暑反落。岁以为常，故蜀人谓之作（五）〔氐〕、（白）〔百〕石子也（原文误为'百石子'）。"校注者还说："今茂汶境内羌人传说，在远古的时候，他们的祖先与强大的'戈基'人作战，因得到神的启示，用坚硬的白云石为武器，才得以战胜敌人。羌人为报答神恩，奉白云石为最高的天神。此种习俗一直相传至今。蜀中汉人因见汶山羌人奉白石为神，故称为'白石子'。"① 文学人类学一派把来自民族学和民俗学的调研资料称为第三重证据，把出土的资料称为第四重证据。如果这两类的新证据都指向一个方向，那么对古文献（即第一重证据）记录内容的考证就能够古今打通，获得系统而较完整的认识。国际上把这类研究叫作"民族考古学"，即专门关注用民族学资料与考古发现的材料相互印证。

20世纪70年代以来，四川考古工作者在茂汶羌族自治县进行过多次石棺葬的发掘工作，也发现在茂汶别立寨的早期石棺葬中用白石来随葬的情况。如四川省博物馆的沈仲常等人合写的《关于"石棺葬文化"的几个问题》《白石崇拜遗俗考》等文章认为：创造这种白石随葬礼俗的人乃是氐羌族，而这一民族是从甘青地区迁

---

① 常璩：《华阳国志校注》，刘琳校注，巴蜀书社1984年版，第295—296、299页。

入四川、云南等省的。要进一步认识白石随葬的礼俗起源，就应该在我国西北甘青等省去寻找它的根源。①

裴文中先生和夏鼐先生早年在甘肃寺洼的发掘中就看到当地史前人墓葬中使用大砾石随葬的情况。夏鼐在1945年4月21日至5月1日从临洮来寺洼山一带发掘，写有《临洮寺洼山发掘记》，其中提到：

> 第一号、第二号墓葬中，都曾发现大块的石砾。裴文中氏在寺洼山所掘的一墓，在人骨的旁边及下面，也都有排列的大砾石很多；裴氏以为"或与墓葬有关"。……但是排列凌乱无次，我们不知道放置这些砾石的意义是什么。②

这样的谦虚说法是遵循"知之为知之，不知为不知"的严谨原则。不过，夏鼐对古代的火葬习俗则没有停留在"不知道"的审慎保留状态，而是通过文献记载线索，提出对寺洼文化人群族源的推测论证。他认为，寺洼文化墓葬中存在骨灰罐的情况表明有火葬之俗，而火葬则是文献中所言的氐羌民族之葬俗。关键的证据线索来自史料记载的西部仪渠国火葬习俗。夏鼐引用《墨子·节葬下》云："秦之西有仪渠之国者，其亲戚死，聚柴薪而焚之，烟上谓之登遐，然后成为孝子。"③这里的"烟上"一词，孙诒让《墨子间诂》中写作"燻上"。孙氏特意加按语解释说：

> 《列子》亦作"燻则烟上，谓之登遐"。《新论》作"烟上燻天，谓之升霞"。《博物志》作"燻之即烟上，谓之登

---

① 沈仲常、黄家祥：《白石崇拜遗俗考》，载《文博》1985年第5期。

② 夏鼐：《考古学论文集（外一种）》，河北教育出版社2000年版，第53—54页。

③ 转引自夏鼐：《考古学论文集（外一种）》，河北教育出版社2000年版，第52页。

遐。"……义渠在秦西，亦氐羌之属。登遐者，《礼记·曲礼》云："天子崩，告丧曰：'天王登遐。'郑注云：'登，上也。遐，已也。上已者，若仙去云耳。'"①

可知古人的"登遐"说是对火葬行为的神话观念解释。登遐指升天或升仙，即获得永生。有关"登遐"或"升霞"的神话想象问题，笔者在《文学人类学教程》第六章"神圣言说——汉语文学发生考"中，已有数万字的论述。该章第四节"'格'的神话：登假与升天"，针对商周金文材料中表示上下沟通和神人沟通的动词"格"，加以较详细探讨，于此不赘。这里仅对白石神话的原型意义略加分析和诠释，希望能够找出支配火葬和白石崇拜的共同观念因素：人类升天的信仰和想象。同样的神话观念解读，在2017年针对中原仰韶文化灵宝西坡大墓脚坑中放置陶灶组合之象征意义的研究论文《引魂升天》中，也先做过一次。灶，无疑是点火用的器物，在墓主人脚下安排点火仪式的象征，其所意指的"爒则烟上"的观念更为明确，灶是为墓主人灵魂升天提供向上的动力！其信仰的观念道理就在于：地心引力让世界上一切有形的重物都潜含着自然向下坠落的动力，唯有火和烟，还有灶火上的锅釜被煮沸后的蒸汽才是唯一向上运动的，初民坚信其能够提供灵魂升天的动力。这样的解读不仅可以为人类的火葬行为起源之观念背景做出神话学的说明，也给白石崇拜所隐含的升天想象，带来理性诠释的线索。

白石崇拜现象，遍布祖国大西南的各地少数民族文化中。其原因就是远古时代氐羌人自西北向西南的长期迁徙过程，起到跨地

---

① 孙诒让：《墨子间诂》上，孙启治点校，中华书局1986年版，第172页。

域的传播作用。四川大学徐新建教授新著《横断走廊》，便是聚焦
这条连接西北与西南的文化走廊的专著，值得参考。此处先引用云
南师范大学的普米族学者奔厦·泽米的《普米族白石崇拜的文化解
读》一文观点：

> 白石崇拜是中国西南地区普米族宗教信仰的表征之一，
> 具有普米先民图腾崇拜、自然崇拜、祖先崇拜的多重文化内
> 涵。作为图腾象征物它具有保护部族成员的功能，西南各族
> 群供奉白石图腾象征物，是期望得到图腾神灵的有效保护。普
> 米族、羌族、藏族、纳西族先民在长达数千年的历史进程中，
> 在藏彝走廊迁徙、征战、交往、融合，作为氏羌族群共有的白
> 石崇拜也经历了长期的文化互渗，以致在藏彝走廊狭长的地域
> 范围内，形成诸族群大同小异的白石崇拜文化圈。诸族群对白
> 石的崇拜不仅是象征祖先神灵，也是古羌集团源远流长的尚白
> 心理的反映。①

从语系上看，普米族与羌族同属于汉藏语系的藏缅语族，
二者的白石信仰当属同根同源。在西南地区的羌语支各居民集团
中，大都显示出白石崇拜的情结。民族语言学家孙宏开的《试论
"邛笼"文化与羌语支语言》一文指出，西南地区岷江、大渡
河、雅砻江、金沙江流域的崇山峻岭中，居住着操普米语、加绒
语、木雅语、尔龚语、尔苏语、扎巴语等族群。这些语言几乎都
与羌语接近，属于藏缅语族羌语支。白石崇拜是羌语支民族的共
同特征。如雅安地区木雅人的白石崇拜，不仅在房顶供奉白石，
而且每家都保留了白石，供奉期间每早起床后都要焚香顶礼膜

---

① 奔厦·泽米：《普米族白石崇拜的文化解读》，载《云南民族大学学报》
（哲学社会科学版）2011年第3期。

拜，这种习俗在普米地区也曾见过。在岷江上游，在墓葬中发现有用白石作殉葬品的。①

在凉山彝族自治州冕宁县和爱乡的藏族纳木依人认为，"白石既是天神又是家庭的保护神，房顶上供奉的白石可以辟邪，家中少生是非，保一家人和睦安宁，人畜兴旺。人死以后，无论火葬或土葬的坟堆均供一至三块白石，据说白石还可以保佑死者的灵魂顺利到达阴间"②。白石既然能保佑死者灵魂去阴间，也就是保佑其上升天堂的意思。原因是，"羌人认为人死后不进入天堂即入地狱，相信由端公作法后，可免除入地狱之厄，或转生为人，或升入天堂"③。这里的白石作为天神象征，和灵宝的仰韶大墓中位于墓主人头顶上方的玄色玉钺，在宗教祈愿功能上完全对应一致了。难怪当地羌人或者干脆按照汉人的习惯把白石视为天上的玉皇大帝呢！

灵宝西坡的仰韶文化大墓距今5300年，再看甘肃武山县傅家门遗址的石岭下人墓葬，其年代时间也大体是同时对应的。石岭下墓中随葬的鹅卵石大体都为白色，而且数量也不止3块。我们在中原与西部的5000年前墓葬中看到的景象，居然有着同样的祈愿死者升天观念。

通过细心的调研还可看出，白石在羌人心目中不仅代表天

---

① 孙宏开：《试论"邛笼"文化与羌语支语言》，载《民族研究》1986年第2期。

② 陈明芳、王志良、刘世旭：《冕宁县和爱公社庙顶地区藏族社会历史调查》，见李绍明、童恩正主编：《雅砻江下游考察报告》，中国西南民族研究学会1983年印，第94页。

③ 教育部蒙藏教育司编：《川西调查记·羌人之部、羌人之信仰》，1943年3月，转引自和志武、钱安靖、蔡家麒主编：《中国原始宗教资料丛编·纳西族卷　羌族卷　独龙族卷　傈僳族卷　怒族卷》，上海人民出版社1993年版，第495页。

或神，而且能够代表火或火种。这样看，白石能够和史前陶灶一样，隐喻着升天的向上运动之动力因素。茂县文化馆编的《羌族民间故事》中有一则羌族神话，题为《燃比娃取火》。故事中主人公燃比娃犹如希腊神话中的盗天火英雄普罗米修斯。他长大后受母亲的嘱托，为人类的利益而到天庭去取火，朝着太阳的方向长途跋涉（这个神话情节类似巴比伦史诗《吉尔伽美什》的主人公和汉族神话中去昆仑山的后羿），走了三年三月，翻过了三十三道峻岭，飞过三十三条大河。最后历尽千辛万苦，终于找到他的生父——天上的火神蒙格西，蒙格西带他来到天上取天火，不料燃比娃被天火烧死。经历两次取火失败后，蒙格西教他把火种藏在白石头里，这才躲过了恶神喝都，将天火带回人间。在这个羌人神话里，白石头是蕴藏天火的神秘圣器。母亲见儿子归来，急忙问道，你总算回来了，你取的火呢？燃比娃兴奋地取出白石，两石相碰，发火星，点燃干草和树枝，燃起了一堆熊熊的篝火。这是人类第一堆火啊！从此给人类带来温暖和光明，人们以惊奇的目光，围着篝火欢乐地跳啊！唱啊！这大概就是跳锅庄的起源。是白石给人类带来幸福与进步的火，所以羌族人民把白石尊为至高无上的神灵，把它供在最高的地方。现在，羌族民间仍保留着用白石和火镰撞击生火的习惯。[1]

　　羌人现实中的白石取火实践，催生出白石为神圣天火下凡人间的神话想象，白石和天神相认同的观念由此而铸就。5000多年前用白石随葬到墓穴中的石岭下人是怎样看待白石的？民族学与考古学的对接，成为三重证据解读四重证据的契机，从而

---

① 和志武、钱安靖、蔡家麒主编：《中国原始宗教资料丛编·纳西族卷　羌族卷　独龙族卷　傈僳族卷　怒族卷》，上海人民出版社1993年版，第578—581页。

复原这一段跨越5000年的氐羌族群的文化文本，地域上则是横贯大西北和大西南。文学性的天火下凡神话，给这段被复活的文化文本带来生机，甚至也顺便解答了藏族或加绒人等的跳锅庄礼俗由来之谜。

白石代表天和天火，这就隐约指向天上发出光和热的太阳。四川阿坝师专的彭代明撰文指出，在羌族中的任何一个家族的碉楼建成以后，在房顶最高处都要举行"勒色（白石神台）"安放仪式，围绕神台要做一系列法事，这是白石崇拜中火、太阳崇拜观念的体现。在这个仪式中，"勒色"上面要安放三至五颗白石，再在房顶的每个角上（碉楼分四角碉、五角碉、八角碉等）按东南西北的顺序，安放较大并呈锥状、貌似雪山顶的白石，这四周白石安放完后，就喝咂酒、跳锅庄，赞美自己的碉房与家园的美好。这周围角上安放的白石拱卫着安放在最高处的"勒色"，这样的排列最具强烈的装饰效果，又包含着对火与太阳的崇拜，宗教与美术在这里达到了最完美的统一。

从神话信仰到美学的转换，还体现在羌族建筑中装饰线的运用。碉楼修到最高处，墙体将结尾时，在墙的周边要安放一圈白石，白石铺平后压上一圈情石垒高，到了最后高再盖上较大的石板，石板是屋檐，能在上面晾晒五谷杂粮和其他东西。建筑完全完工后，碉楼整体的美感就完美地显示在高原的阳光下。碉楼垂直向高处耸立，顶部的四方连续纹样与顶上白石的锥形角点，把碉楼装点得犹如皇冠。除此之外，窗孔上方、门框上方都要安放一溜白石。①

---

① 彭代明：《羌族的牛崇拜与美术特征》，载《贵州大学学报》（艺术版）2001年第1期。

通过以上对羌人文化的深度透视，我们可以进一步认识到，火葬也好，白石崇拜也好，看似两种原本不大相干的观念习俗，其实二者同为死后升天的神话想象的不同象征媒介。何以见得？关键在于找到白石表象背后的神话隐义，那就是白石与天、天火（即太阳）的类比联想。

下面再列举用来参照求证的个案，约有十个实例。从中不难看出，白石代表的意思虽然很多，但其核心信仰则是较为集中地体现在有关天、天神、天火之神即太阳神的联想方面。

例一，羌族的宗教观念，已把神、鬼分开，不单是精灵崇拜。诸神中也有了主神的观念，天和太阳最大。天神之下有自然和人的神，尊为"上坛"。神之外有鬼，有邪气，有精灵，属"下坛"。认为神是善的和净的，用白石代表它们。神能降福人，能保佑人，能控制恶兽和灾难。①

例二，白石在汶川县龙溪乡羌人建筑上放置的特殊位置。羌民各家屋顶的小石塔上中间一块大的白石为主神，另外周围有十二个小的白石块代表十二神。这样的位置标明一种众星拱月的态势，突出天神至尊的意思。

最高的主宰是天神，也有按照汉语称为"玉皇大帝"的，把它视为最纯洁，最有权威，主宰万物，保护人畜的神。其周围有十二神，其中第二位即太阳神。

例三，理县桃坪乡增头寨的白石崇拜，分为公祭和私祭两类。公祭类有七神：天神，又称太阳神（阿不确克）；山神，主管人畜

---

① 西南民族学院研究室编：《羌（尔玛）族情况》，1954年版，转引自和志武、钱安靖、蔡家麒主编：《中国原始宗教资料丛编·纳西族卷 羌族卷 独龙族卷 傈僳族卷 怒族卷》，上海人民出版社1993年版，第458页。

安全；树神……

例四，私祭类的神，即家神。计有十尊：天神，祖宗神，羊神，姜子牙，火神……

例五，汶川县龙溪乡龙溪寨的白石崇拜，最重要的是木爸士，是最崇高最神圣的天神等5个神。另外还有12个次要的神。

例六，汶川县锦池乡簇头、沟头寨的白石崇拜，祖先神二位：木吉卓（天仙女）和热比娃（野人）。传说木吉卓为天王（天神）三公主，故羌人尊她为开天辟地神。房顶神七尊：天神，树神，雪山神，白山神，黑山神，地盘业主神，房屋神。此外还有门神二尊及火神。

例七，汶川县龙溪乡阿尔大队的白石崇拜，前二位皆为天神：马必且，羌人崇奉的最大天神，汉话称"玉皇"；木比踏，亦为羌人崇奉的天神，汉话称"川祖"。

例八，汶川县雁门乡萝卜寨的房顶神五位，前二位为天神马比士和地神儒补士。

例九，茂县渭门乡纳普大队的白石崇拜，每家屋顶的石碉上供白石代表三神：祖神，碉碉神即家神，天神迪莫爸。

例十，茂县三龙乡凋花寨的白石崇拜：神林中石碉（纳克西）上供白石，代表天神、山神、地神、树神，每年由村寨集体祭祀。每家房屋顶小石碉上所供白石代表的神，与神林中相同。①

以上10个案例表明，人类学、民族学提供的当代民间白石崇拜礼俗，如何系统复原出羌人相关的神话信念，再将这种活态传承的

---

① 以上民俗调查资料，均见和志武、钱安靖、蔡家麒主编：《中国原始宗教资料丛编·纳西族卷　羌族卷　独龙族卷　傈僳族卷　怒族卷》，上海人民出版社1993年版，第466—475页。

文化文本意义生产，回溯到石岭下人和寺洼人的丧葬仪式行为的解读方面。在石岭下文化的时代和寺洼文化的时代之间，还有马家窑文化、齐家文化和四坝文化等作为中介阶段。如果能在这些文化间找到一个共同的突出方面，照例能体现其族群文化上的延续性，而且一直在西北史前时期延续近两千年之久。

这究竟是什么文化特性呢？简单地说，就是其烧制陶器所用材料的一致性。

甘肃省文物考古研究所与北京大学考古文博学院编著的四坝文化考古报告《酒泉干骨崖》一书在2016年问世，该书附录三《四坝文化彩陶及其颜料成分的科学检测分析》提供了非常有趣的信息：从彩陶成分分析结果看，从甘肃出现石岭下文化以来，一种新的烧陶方式就出现在西北大地，那就是钙质黏土烧陶技术，一直延续到四坝文化时期。而在彩陶文化特别发达的仰韶文化时期，并没有发现类似质地的黏土被用来烧陶的现象。这说明在早于石岭下阶段的时候，甘青地区彩陶生产的技术传统和中原地区是相同的。但是在该阶段以后，可能某种外来的使用钙质黏土烧陶的技术传统影响了该地区的制陶工艺。这正是西亚、中亚及欧洲等地的烧陶技术传统。[①]甘青地区的地理位置就介于中亚、新疆与中原之间，当地的史前先民能够率先接受西来的烧陶技术，正如能接受西来的小麦种植技术一样，是理所当然的。令人惊讶的是这种西来文化影响出现的时间之早，比我们熟悉的丝绸之路还要多出整整3000年。那时一定不会有丝绸的外销，可是中西交通的路线早已存在了！也就是说，5000多年前的石岭下文化和马家窑文化分别率先接受了来自

---

① 甘肃省文物考古研究所、北京大学考古文博学院编著：《酒泉干骨崖》，文物出版社2016年版，第360—361页。

中亚的钙质黏土烧陶技术和小麦播种技术①，使得这两项外来的文化要素率先扎根于我国的渭河上游地区。这就是考古资料给出的新信息，足以说明氏羌人先祖的开放心态与学习业绩，曾给华夏文明的发生发展带来重大贡献。

是石岭下阶段的氏羌人，在渭河上游一带破天荒地充当起沟通西亚中亚文化与东亚文化的二传手作用；是石岭下之后的马家窑文化的氏羌人，成为第一批学会吃小麦和面食的东亚人。如今我们总算知道了一个文化根源上的奥秘：中国人的北方面食与南方米食二元格局的由来，原来要拜5000年前的陇上氏羌人之赐，是他们接过西来文化传播的小麦之种。至于小麦传播的路线，目前看可能不是经过新疆，或者不仅仅是通过新疆，而是还有来自北方的草原地带的重要传播情况。②

炎黄子孙的祖先认同中，应有半数人口来自炎帝姜羌一支。费孝通认为古羌民族在中华民族多元一体格局中占有十分重要的地位，他写道："羌人在中华民族形成过程中……以供应为主，壮大了别的民族。很多民族包括汉族在内从羌人中得到血液。"③还有何光岳和萧兵的见解也大体类似。何光岳著《夏源流史》指出，夏族起源于岷山山脉一带，正是甘青川三省交界处。后来逐渐经汉水上游，渭水中下游东迁至豫西、豫中和晋南一带，形成了强大的夏

---

① 北京大学考古系年代测定实验室：《东灰山遗址碳化小麦年代测定报告》，见甘肃省文物考古研究所、吉林大学北方考古研究室编著：《民乐东灰山考古——四坝文化墓地的揭示与研究》附录七，科学出版社1998年版，第190页。

② 赵志军：《小麦传入中国的研究——植物考古资料》，载《南方文物》2015年第3期。

③ 费孝通：《中华民族的多元一体格局》，载《北京大学学报》（哲学社会科学版）1989年第4期。

朝。①萧兵则认为，炎帝族的姜羌文化为华夏族贡献巨大，入于渭河流域后就开始融入华夏。如果引申萧兵的见解，看来渭河对华夏起源贡献之巨大，是罕有其匹的。

原来崇拜白石的氐羌先民，在石岭下阶段接触到武山特产的深色蛇纹石玉料，一方面揭开西玉东输5000年运动的序幕，另一方面又发展出玄玉崇拜的新信仰和新观念，使之在仰韶文化庙底沟期获得大发展，也给龙山文化玉器的用料带来玄玉传统的影响，并延及夏代，出现"夏人尚黑"的礼俗风尚。一旦夏人在中原建立国家，"夏禹玄圭"的权力证明方式就此流传后世。对此的考古实物证明问题，通过四重证据的系统梳理，如今已基本完成。可以告慰先秦礼书的作者，其所记录的"夏人尚黑"风俗绝非空穴来风。尚黑，成为中原玉礼器起源期的千年定制，从距今5300—4000年，这已经完全不同于在西北西南地区保持原有尚白风俗的氐羌人也！

图上-33 玄璧：武山博物馆文物库房藏齐家文化三联璜玉璧，墨绿色蛇纹石玉质

① 何光岳：《夏源流史》，江西教育出版社1992年版，第1页。

图上-34 距今5300年的玄钺标本（M34：7）：河南灵宝西坡出土蛇纹石玉钺（采自《灵宝西坡墓地》，文物出版社2010年版，图版九四）

武山鸳鸯玉的前世今生

——第十次玉帛之路（渭河道）考察札记

一、初识鸳鸯玉

平生第一次接触鸳鸯玉，是1992年陪同澳大利亚友人去敦煌，在酒泉和嘉峪关参观时慕名购买的旅游纪念品——夜光杯。那时我是陕西师范大学中文系的外国文学教师，正在从比较文学视角撰写我的第六本书《高唐神女与维纳斯——中西文化中的爱与美主题》。当时还没有自学中国玉文化知识，有关玉石种类的一点点粗浅认识大都来自古代文学家的描写。可以形容那种贫乏状态为：道听途说，良莠不分。长久以来，制作夜光杯所用的玉料没有大的变化，那是在墨色中透露些许绿色的鸳鸯玉。其斑驳的暗色调，不知能够唤起多少来河西走廊旅行的游客对"葡萄美酒夜光杯"的边塞联想。

2005年夏，我开始受聘为兰州大学文学院的萃英讲席教授，此后连续5年，每年都会来甘肃跑田野，接触到甘青地区史前文化的两大瑰宝——马家窑的彩陶和齐家文化的玉器。在推广新学科文学人类学理念的过程中，也是在2005年，我在四川大学的一次讲座题为《四重证据法》，倡导在文献资料以外的人类学和考古学方面寻找第三和第四重证据，然后希望能够整合为深入研究和重建文

化文本的系统方法论，特别是针对无
文字时代的文化文本。①由于在民间
不断接触到齐家文化的玉器，于是不
得不自己努力去补习玉文化方面的学
问，也尝试写出一些有关齐家文化玉
器的文章，并一发而不可收。这些年
来几乎跑遍了各地的公私博物馆，过
目的齐家文化玉器数以千计。甚至在
2013年《丝绸之路》杂志第11期发表
《齐家文化玉器色谱浅说》这样题目
的文章，并在2015年为临夏的齐家玉
器收藏家马鸿儒的大书《齐家玉魂》
撰写序言。截至2015年，文学人类学
研究会组织实施的玉帛之路考察已经

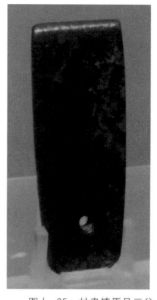

图上-35　甘肃镇原县三岔
镇大塬遗址出土常山下层文化玉
斧（摄于镇原县博物馆）

进行了8次，不过我们的注意力还没有聚焦到作为蛇纹石玉的武山
鸳鸯玉上来。

二、再来武山

如同命中注定一般，迎来这一次转机的时间就在2016年年
初。1月底至2月初，第九次玉帛之路（关山道）考察从兰州出发，
以陇东的平凉市和镇原县为最远端，绕道陕西的千阳和陇县，以天

---

① 这篇讲稿后来发表在《文学评论》2006年第5期，改题为《第四重证据：
比较图像学的视觉说服力——以猫头鹰象征的跨文化解读为例》。关于四重证据
法的较详细解说，见叶舒宪：《文学人类学教程》，中国社会科学出版社2010年
版，第343—408页；叶舒宪：《中华文明探源的神话学研究》，社会科学文献出
版社2015年版，第47—97页。

水为终点站。这一次从陕西陇县穿越关山，经甘肃张家川县和清水县，抵达天水。在镇原等地考察到的常山下层文化玉器，从颜色和质地看大多为蛇纹石类，很可能就是鸳鸯玉。

由于常山下层文化的年代早于齐家文化数百年之久，我们推测这就是齐家文化玉器乃至整个西部玉文化的开端。这样，数量不多的史前蛇纹石玉器就升格为揭开西部玉文化序幕的特殊材料，需要给予特别关注。2月2日在天水博物馆开完总结会，考察团回兰州，我和易华要去西安。行前我特意在天水伏羲庙前的鸳鸯玉商店买下一件精美的玉壶，留作随时观摩武山鸳鸯玉的标本，并嘱咐回兰州的考察团大队在路过武山的时候去玉矿采集一些原矿标本。当时也没有想到，时隔五个半月，我们的第十次考察就会再来武山县逗留。

2016年7月21日下午4时，在县委宣传部干部引领下，第十次考察团进入渭河边的武山县博物馆参观，所有展品中最吸引我的不是那些一级文物和二级文物，而是一件不起眼的三级文物——武山县洛门镇西旱坪遗址出土的齐家文化玉琮。

图上-36　武山县博物馆藏距今4000年的用武山鸳鸯玉制成齐家文化玉琮

　　严格说，这是一件加工未完成的玉琮半成品：四四方方的形状，还没有加工出八个角的射口，中央大圆孔也没有完全钻透。玉质干涩无光，更不温润，颜色墨中透出一丝丝豆绿，这显然是用武山当地特产的鸳鸯玉制作的！近水楼台先得月，数量巨大的齐家文化玉器中，有不少采用鸳鸯玉为原料的制品。鸳鸯玉在玉器收藏界不大被看好，就因为其属性为蛇纹石，而不是玉中上品透闪石。但是在中原玉文化史上率先登场的玉种，恰恰就是蛇纹石玉制作的玉斧。以21世纪以来新发掘的河南灵宝西坡仰韶文化墓地出土13件蛇纹石玉钺为早期代表，距今约5300年。随后的常山下层文化玉器（始于距今4900年），可以说先于齐家文化而拉开西北地区玉文化的序幕，也主要采用蛇纹石玉。

　　这样看来，接踵常山下层文化而来的齐家文化，在玉器生产的原料上大大推进一步，临洮马衔山透闪石玉的加入，或许还有随后的肃北马鬃山玉和新疆和田玉的加盟，终于使得透闪石玉后来居上，成为玉器生产的主流，蛇纹石玉则退居次要的配角地位。考察

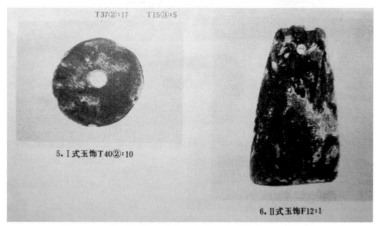

图上-37　宝鸡福临堡仰韶文化遗址出土蛇纹石玉器二件

团成员张天恩研究员来自陕西考古研究院,他回忆说在1984年带队发掘宝鸡福临堡仰韶文化晚期遗址,就出土过两件墨绿色蛇纹石玉饰,一个圆形,一个梯形,现在看来很可能就是采用沿着渭河而来的武山鸳鸯玉为原料的。福临堡遗址位于宝鸡西郊,渭河北岸,距今约5000年。

顺着渭河与黄河汇流的方向东看,是河南省灵宝市。从2010年出版的考古报告《灵宝西坡墓地》看,其文化类型属于仰韶文化庙底沟类型,所著录的西坡墓地出土玉石钺共16件,玉环1件,若除去其中3件石钺,还共有玉器14件,即13件玉钺和1件玉环。从玉质的说明看,14件玉器中13件为蛇纹石,1件为方解岩。从表面颜色看,14件玉器中10件为墨绿色或深绿色。[①]这样的数据表明,中原仰韶文化庙底沟类型时期的用玉,其大部分原料取自同一类型和色泽的蛇纹石玉,很可能是大体上产自同一地点的玉矿资源。

图上-38　灵宝西坡仰韶文化墓地M9出土蛇纹石玉钺(M9:2)(采自《灵宝西坡墓地》,文物出版社2010年版,图版二二)

---

① 中国社会科学院考古研究所、河南省文物考古研究所编著:《灵宝西坡墓地》,文物出版社2010年版,第32—113页。

图上-39　灵宝西坡仰韶文化墓地M34出土玉钺（M34:7）（采自《灵宝西坡墓地》，文物出版社2010年版，图版九四）

据中国社会科学院考古研究所编著的考古报告《师赵村与西山坪》，在第七期齐家文化层的下面，师赵村第五期遗存属于马家窑文化马家窑类型，其中发现一件蛇纹石玉锛，距今年代为公元前3492—前2782年。[①]这和出土蛇纹石玉钺的灵宝西坡仰韶文化墓地的年代大体相当。天水位于渭河上游向中游过渡的地带，这里发现的距今约5000年的蛇纹石玉器，表明渭河充当着武山蛇纹石玉料向东输送的水路主渠道。

从渭河上中游的甘肃地区到中下游的陕西关中地区，史前玉器的发现虽然不多，但也并非空白一片。相当于仰韶文化晚期至龙山文化的客省庄二期文化，就有零星的玉礼器出土。现存西安博物院之玉器展厅的若干客省庄文化玉器，又称龙山文化玉器，亦见于西安市文物保护考古所编著《西安文物精华》一书，收录仰韶文化至龙山文化的玉器7件。其中仰韶文化2件，1件玉璧和1件玉笄，

---

① 中国社会科学院考古研究所编著：《师赵村与西山坪》，中国大百科全书出版社1999年版，第253、306页。

皆为白色石英岩，严格说不算玉，只能算美石；龙山文化玉器5件，除了1件1983年西安市征集的透闪石玉的玉璧[1]以外，另外4件皆为蛇纹石玉，分别为长安区沣西乡出土的玉斧[2]，1963年长安县（现长安区）客省庄遗址出土的玉铲[3]，1978年铜川市征集的三孔玉刀[4]，西安市未央区米家崖村出土玉笄[5]。其中关中地区发现的3件，其玉质表面皆呈黑色或墨绿色，唯有铜川的1件龙山文化蛇纹石玉刀表面颜色为青灰色。若追溯这些墨色玉料的最初来源，以现有的知识看，还

图上-40　陕西长安沣西乡出土的客省庄二期文化蛇纹石玉斧（摄于西安博物院）

是顺着渭河流向而来的武山玉的可能性最大。

据此判断，如果说在华夏文明起源期有一个西玉东输的运动，那么渭河就是充当西玉东输先锋作用的运输线路。最初东进中原的不是和田玉，而恰恰是武山特产鸳鸯玉！

鸳鸯玉的物理特征比较明显，相比于五花八门的各地地方玉

---

① 西安市文物保护考古所编著：《西安文物精华·玉器》，世界图书出版公司2004年版，第4页。

② 西安市文物保护考古所编著：《西安文物精华·玉器》，世界图书出版公司2004年版，第19页。

③ 西安市文物保护考古所编著：《西安文物精华·玉器》，世界图书出版公司2004年版，第22页。

④ 西安市文物保护考古所编著：《西安文物精华·玉器》，世界图书出版公司2004年版，第21页。

⑤ 西安市文物保护考古所编著：《西安文物精华·玉器》，世界图书出版公司2004年版，第29页。

料，较容易辨识。在2012年调研甘肃静宁博物馆时，看到该馆展出的年代最早的两件玉器——齐家文化玉钺和玉斧①，表面呈现墨色，当属鸳鸯玉籽料中的深色调者。2015年夏第五次玉帛之路（草原玉石之路）考察在宁夏固原博物馆看到两件新石器时代的玉凿②，一件是1986年宁夏隆德县沙塘乡页河子遗址出土的，另一件是1987年在固原县征集而来的。二者的颜色非常类似，按照博物馆图册说明，都是"墨绿色玉质"，表现出典型的鸳鸯玉特色。此外，固原博物馆藏1988年隆德县凤岭乡胜利遗址出土的一件大玉璧（直径18.2厘米），从外表看也像是采用鸳鸯玉料加工的。博物馆说明词有"玉料较软"一句③，其物理特征也符合蛇纹石玉在硬度方面低于透闪石玉的事实。

在《齐家文化玉器色谱浅说》一文中，我把个人调研过的齐家文化玉器的色谱情况，划分为三个系列，分别称为：第一，墨-绿色系；第二，青-白色系；第三，黄-褐色系。配合这三个色谱系列的是26件玉器的采样标本，逐个加以说明。文章的说明是，做出这样的分析尝试是为了从总体上把握齐家玉器用料取材的色谱变化范围，但并非绝对的尺度；取样所限，难免有遗漏之处，有待于日后的增补和修正。在第一系墨-绿色系中，我采样的标本8件（套），按照颜色从深到浅排列。标本1，墨玉斧（私人藏品），通体墨黑色，其色彩接近新疆和田墨玉。此类用料在齐家文化发掘

---

① 图版见阎惠群主编：《静宁博物馆文物精品图集》，甘肃人民美术出版社2011年版，第30页。

② 图版见宁夏固原博物馆编：《固原文物精品图集》上册，宁夏人民出版社2011年版，第77页。

③ 宁夏固原博物馆编：《固原文物精品图集》上册，宁夏人民出版社2011年版，第72页。

品中较为少见，在民间收藏品中却不乏其例，新仿制的齐家玉器中则更多见。辨识起来需要仔细查看器形、钻孔、切割痕、包浆和打磨痕迹等。标本2，墨绿色玉璧（定西众甫博物馆藏品），虽有残缺，仍然显得大气磅礴。绿颜色中透露着斑驳的淡黄色和黑色斑纹。[1]如今看来，还需要对正式发掘出土的齐家文化玉器中属于蛇纹石玉料的所有器物展开全覆盖式的统计分析，才能较为彻底地解决色谱建构的问题。第十次玉帛之路考察在秦安县大地湾博物馆看到的玉笄，难以确认其玉质是蛇纹石还是透闪石。这有待于再次到现场，进行上手观摩，必要时还需做物理数据的仪器检测。

有人会有疑问，渭河水路在天水到宝鸡一段遭遇秦岭和陇山夹持，两岸全都是崇山峻岭，基本上没有路可走，古人的商队运输恐怕也难以通行。对此疑问的解答是，那一段沿河的栈道确实很难走，但是河水中的漕运却可以不受此限制。据《续资治通鉴长编》记载，宋代修造开封府所用木料，居然是取自六盘山一带的原始森林，其木材通过水路输入渭河，经过渭河转入黄河，直接漕运到开封的。日本学者前田正名依据《续资治通鉴长编》和《宋会要辑稿》，列出一张宋初河西诸国贡献品一览表，在70年间（公元961—1031年）史书记录的进贡次数有56年。进贡的物品数量最多者就是玉石和马。其中56次的贡中20次有玉石，46次有马。[2]看来从西周穆王时代直至宋元明清，中原国家与西域的物质交流关系始终集中在玉石和马两种进口物资方面。如果说宋代的渭河仍然能够起到漕运西部木材到中原的作用，那么史前期的渭河充当运输玉

① 叶舒宪：《玉石之路踏查记》，甘肃人民出版社2015年版，第26—35页。
② 前田正名：《河西历史地理学研究》，陈俊谋译，中国藏学出版社1993年版，第430—436页。

料的漕运作用就更不在话下了。

三、踏查鸳鸯玉矿

2016年6月26日，本是第十次玉帛之路考察团返程的日子，多数人要回兰州或从兰州乘飞机回家。但我没有预定返程票，原因是归期和返程路线都未定。之所以如此，是根据以往多次的考察经验，担心有重要的考察对象没有来得及调研，留下遗憾，需要在考察结束时选择继续追踪或深度探查的方向。24日再度翻越关山的那天，站在老爷岭的巅峰之上向陇山西南眺望的瞬间，我才决定在秦安总结会后，让倍感疲惫和归家心切的团员们先返家，自己单独增加一两天做延伸考察。选定的目的地便是武山，那里有两个目标让人魂牵梦绕：一个是紧扣考察主题的鸳鸯玉矿；另一个是"不看不知道"的重要史前文化遗址所在地——石岭下文化。

年初的冰天雪地中进行的第九次玉帛之路考察，2月2日在天水结束和分手时，我叮嘱返回兰州的团员们路经武山时到鸳鸯玉矿调研采样。但是由于临近春节，小年已过，大家无心"恋战"，采样的计划未能兑现。现在的第十次考察专门计划在武山有一站停留，要去探访玉矿的实情，结果因为那天遭逢夜间大雨，山路泥泞难行，踏查玉矿之

图上-41　武山鸳鸯玉的一个采矿点（摄于现场）

山的目标还是未能如愿。这次无论如何不能再留遗憾。25日从张家川县经张绵驿（张绵村）和川王乡、龙山镇抵达大地湾遗址和秦安县城的路上，我一直盘算着怎样返回武山去看玉矿和采样。后来临时打算搭乘县际的班车，独自从秦安去武山。并在下午的考察团总结会上说明，只有采样鸳鸯玉的代表性标本，经过和出土文物的实际比对，才能去初步验证仰韶文化、龙山文化、常山下层文化和齐家文化的出土玉器中，哪些可能是用渭河源地区的玉石制作的，从而对玉石之路渭河道先于黄河道的新假说，提供实物证明的线索。

科学研究原来就像侦探破案一样，不能光靠敏锐的感觉和想象力，必须有采样取证的自觉意识和执行力。当晚在秦安县晟瑞丰酒店用晚餐，秦安县委宣传部的徐部长热情洋溢地介绍本地情况，还表示在网上一直关注着考察团每一天的进展。听说我要再去武山，就马上安排次日的车辆送行。于是，6月27日上午考察团在晟瑞丰酒店后院里握手话别，兵分两路，大队人马取道通渭和定西，再访众甫博物馆之后，返回兰州；我和李迎新、寇倏茜二位搭乘秦安县电视台小李司机的五菱宏光专车，取道天水再直奔武山。

不料细雨之中我们的车行至连霍高速甘谷段的隧道时，又遇到大堵车。好在处处留心皆学问，一路攀谈，得知小李是回族，祖籍山西，清代时祖上迁居西安和宝鸡，再翻越关山（陇山）定居秦安。太爷爷习武出身，清朝时的武举人，远近闻名。如今家传三宝：清代名人手抄经文一部，清代和田玉雕子冈牌一件，清代牌匾一块。小李说得兴起，从手机照片中调出一张，原来是大清朝御赐的"武魁"牌匾。我问"文化大革命"时红卫兵是否来过秦安县，怎么你家能祖传宝物能够幸免？他答道：父亲把祖传的"武魁"牌匾翻过来当切菜的案板用，这才逃过红卫兵的一劫。近日有西安来的古董商贩看过，出价30000元要买牌匾，出价10000要买玉牌子，都没有出让。我又问有没有家谱，他说有，被三叔拿去了。同行的甘肃作家寇倏茜感叹说，如果小李能够从三叔那里找回秦安李氏家谱，一个大家族的近代西北移民史写作题材就好由此展开了。

午后驱车抵达武山，会合从陇西教育局赶来的热心粉丝薛先生，由石岭下彩陶博物馆王琦荣馆长和鸳鸯玉厂退休老工人做向导，驱车到渭河两岸的峡谷中寻访史前遗址和鸳鸯玉矿。下午5点多，来到距离渭河几公里的马河谷地一处玉矿，听说已经被封矿。只见路边零散地堆放着大块玉料，采来后还没有运走。山谷左侧的黄土层下，露出墨绿色的玉石。似乎整座山峰都是玉质的，崩落下来的玉石经过河水冲击，滚入渭河，在武山到甘谷以下的渭河河床中，沉积为鸳鸯玉的籽料或山流水料，其玉质的颜色和密度都要优于山料。面对玉山，来访的8个人一阵子激动，争先恐后地低头去采集鸳鸯玉标本。玉料颜色或偏黑墨之色，或偏深绿色，各有千秋。夕阳西下时分，大家在玉矿山留影后，驱车下山。

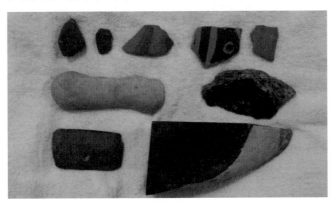

图上-42　2016年7月，作者在武山采集的墨绿色鸳鸯玉山料（中间右侧）和黑色鸳鸯玉籽料（右下）

我已经赶不上去西安的火车，便以君子随遇而安的心态留宿武山县城。皎月当空，这里的夜晚分外凉爽。听着渭水东流的水声，抚摸着鸳鸯玉籽料光滑润泽的表面，心想着玉帛之路渭河道考察至此总算功德圆满。《山海经》一书所透露的玉出渭河源的古老传说，原来和周穆王西游昆仑传说一样，都不是纯文学的虚构！这次考察没有能够采集到鸟鼠山的白玉料，却替代性地采集到武山的黑玉料。一部由玉石崇拜驱动的华夏文明的神话历史，可以就此展开新思考。西玉东输的历史或可上推2000年，从齐家文化时期的距今4000年，上推到仰韶文化时期的距今6000年。

假如在有生之年能建起一座"中国玉石之路博物馆"，让子孙万代永远铭记这一条早于丝绸西去的华夏文明的命脉之路，那么，渭河道的鸳鸯玉东输，应该是该博物馆所陈列的第一道景观吧。

仰韶文化是1921年由北洋政府雇用的瑞典地质学家安特生在河南渑池县仰韶村发现并命名的。它始于距今7000年，终于距今5000年，这个中原史前文化延续的时间达到创纪录的2000年，其时间之长，大致相当自秦始皇统一中国以来的全部中国史的长度！从仰韶文化玉器的玉料来源问题探索，给我们的研究工作带来意料之外的收获。希望在2021年，即仰韶文化发现100周年之际，文学人类学的研究团队能够拿出更加厚重的成果，用以纪念早在6000年前就创建出持久不衰的中原文化的仰韶先民。

（原载《百色学院学报》2016年第5期）

第十次玉帛之路（渭河道）考察的学术总结

　　第十次玉帛之路（渭河道）文化考察活动自2016年7月17日开始，7月27日结束，历时11天，总行程1000多公里，历经甘陕两省12个县市。考察团成员15人，以文学人类学一派的高校教授和作家、媒体工作者为主，形成科研探索、纪实写作与网络新媒体文化传播的有效结合，构成一加一大于二的有机互动效应，取得超预期的学术成果和传播效果。考察期间正值酷暑难耐的夏季，大家精诚团结，同舟共济，克服困难，不畏艰险，风雨无阻，一共通过中国甘肃网发文50多篇，总点击率达到千万篇次。为迎接即将召开的敦煌国际文化博览会，配合国家"一带一路"战略的实施，为甘肃、陕西两省探索发掘深厚的地方文化资源，做出我们脚踏实地的努力和实实在在的贡献。

图上-43　在甘肃省秦安县政府召开的考察总结会

本次考察的重点内容是：自渭源县渭河源地区至陕西宝鸡陈仓区的渭河上游广大地域及其支流葫芦河流域的史前文化分布情况，以及陇山两侧的道路情况。11天内共实地探察史前文化遗址十多处，参观公立和私人博物馆15个，拍摄文物照片近5000张，获取重要的文化信息。尤其是史前玉文化分布和古代道路交通的路线情况，它相当于从中国本土视角研究丝绸之路形成史的局部路网状况，聚焦出产玉石的武山县古代玉矿资源使用情况，及该种玉石资源向东输送的时空范围。

本次考察的学术认识上的突破有如下三点：

其一，中国西部玉矿资源区的扩大。

第一至第八次玉帛之路考察，绘制出一个面积达200万平方公里的中国西部玉矿资源区的示意图，其东南边缘为临洮和榆中交界处的马衔山玉矿。第九次考察发现的渭源县碧玉乡本地玉矿，这次考察的武山县鸳鸯山玉矿，都是齐家文化时代就已经开采使用的。所以西部玉矿资源区要向东扩展约100公里，从东经104°17′，扩展到东经105°30′；还要向南扩展约60公里，即从北纬35°40′，向南扩展到北纬34°70′。古代玉矿资源区面积的东扩，意味着给数千年的西玉东输运动相对确认出更加接近中原国家玉料消费区的玉源产地和玉料种类。

其二，西玉东输的历史需要提早一两千年。

根据齐家文化和先于齐家文化的常山下层文化、中原龙山文化（客省庄文化）乃至仰韶文化等均使用墨绿色蛇纹石玉料的情况，可以初步判定最早的西玉东输现象不是开始于新疆和田玉的东输，也不是开始于马衔山、马鬃山的透闪石玉料的东输，而是开始于武山鸳鸯玉的东输。西玉东输的历史由此可以提前大约2000年，

即从齐家文化时代的距今
4000年前后，提早到仰韶
文化的距今6000年前后。

　　其三，渭河道是开启
西玉东输文化现象的最早
路线。

　　通过追溯武山鸳鸯玉
东进中原的历史，我们找
出了史前中原地区的仰韶
文化与陇山以西史前文化
发展之间的关联，那就是
石岭下文化（或称石岭
下类型）。它是在仰韶
文化庙底沟类型的基础
上发展起来的，恰恰是渭
河道充当了仰韶文化西进

图上-44　甘陕两省间穿越秦岭的渭河一景

的主要路线。这样看，玉文化和中原彩陶文化向西传播，西部玉料
向东传播，在渭河道形成最早的物质交汇现象，其学术探索意义非
常深远。

　　综合以上三点认识，如果说前面九次考察将丝路中国段的形成
史开端，从德国人李希霍芬在1877年确认的张骞通西域时代，提早
到齐家文化时期的西玉东输现象，即提前约2000年；那么本次考
察又一次将西玉东输的历史提前一两千年。渭河源地区的地方玉料
顺着渭河向东传播的过程，应该始于仰韶文化时期，距今约6000
年。随后的西玉东输运动，催生出类似多米诺的现象，即从武山鸳

图上-45　陕西关中出土的客省庄二期文化蛇纹石玉钺，距今4300年，1965年陕西省长安县沣西公社客省庄遗址出土（采自《西安文物精华·玉器》，世界图书出版公司2004年版，第22页）

莴玉蛇纹石玉料，到马衔山、马鬃山透闪石玉料，再到新疆昆仑山透闪石玉料的依次派生，将中原文明与西域地区牢牢地联系为一个文化共同体，而且呈现为一个不断扩大的文化共同体。提出这样的学术观点，相当于在"中国何以为中国"的重要文化历史问题上取得超越前人的新认识线索。

2016年7月29日草于北京

关于齐家文化的起源

——十次玉石之路考察的新认识

　　自2012年完成中国社会科学院重大项目A类《中华文明探源的神话学研究》写作并结项，提示关注中国文明起源期特有文化现象——西玉东输，视之为金属资源使用以前唯一的神圣性资源依赖。其核心动力为逐步传播开来的玉石神话信仰，从龙山文化与齐家文化的关联着眼，再提出史前玉石之路的黄河道假说。自2014年至2016年，文学人类学研究会联合《丝绸之路》杂志等单位，在中国西部七省区组织了十次玉帛之路田野考察，关注新发现的古代玉矿资源的分布，划出总面积达200万平方公里的中国西部玉矿资源区，并采集各种玉料标本，以玉石资源依赖和西玉东输现象为新的研究基础，聚焦史前期中原与西部玉文化的源流关系，由此得出对齐家文化起源的若干新认识。

　　从中国玉文化的源流着眼，在齐家文化崛起距今4000年之际，已经有七个中原地区或靠近中原地区的史前文化先发展出玉礼文化的传统：

　　1.仰韶文化庙底沟类型（以灵宝西坡墓地出土的14件玉礼器为代表）；

　　2.庙底沟二期文化（以山西芮城清凉寺墓地出土玉器为代表）；

　　3.常山下层文化（以甘肃镇原县三岔镇大塬遗址出土玉礼器为代表）；

4.陶寺文化（以陶寺遗址墓葬出土玉礼器为代表）；

5.陕西龙山文化（以神木新华遗址和神木石峁遗址出土玉器为代表）；

6.客省庄二期文化（以陕西长安区客省庄遗址出土玉器为代表）；

7.商洛东龙山文化（以陕西商州东龙山遗址出土玉石器为代表）。

在以上七个先于齐家文化而存在的史前文化中，常山下层文化与齐家文化的源流关系最直接，而常山下层文化的源头则是仰韶文化庙底沟类型。二者的用玉皆以深色调的蛇纹石玉为主，比较缺少浅色的透闪石真玉。根据目前调研工作结果，已知我国西部蛇纹石玉料的主产地是渭河上游武山的鸳鸯玉，随后有河西走廊腹地的酒泉祁连山墨玉。前者从仰韶文化庙底沟期开始就逐渐得到开发和利用，有大地湾二期和四期出土的玉凿、玉锛，天水师赵村第五期的蛇纹石玉锛，宝鸡福临堡仰韶文化遗址出土的玉器，长安区客省庄遗址出土玉斧和灵宝西坡墓地出土的14件玉礼器，以及镇原县出土常山下层文化玉礼器为代表。将这些先于齐家文化而出土蛇纹石玉器的地点串联起来，玉石之路渭河道的传播路径就可以十分清楚地呈现出来。随后的齐家文化登场，将西部玉矿资源区逐渐向西拓展扩大，像多米诺一样逐渐将各地的透闪石玉资源纳入，形成西部玉文化发展的高峰，将洮河流域的马衔山玉、河西走廊的祁连山玉、马鬃山玉乃至新疆昆仑山的和田玉逐个发现，构成西起昆仑山，东至渭河上游的玉矿资源区。伴随玉石之路的路网日渐形成，西玉东输的多米诺运动，从仰韶文化时期的单一路线即渭河道，拓展到龙山文化时期的黄河道、泾河道等，为随后的商周秦汉用玉资源开启西玉东输的数千年历程。

　　中国境内的玉石之路，始于五六千年以前的武山蛇纹石玉的东输，后派生为马衔山玉、马鬃山玉至新疆昆仑山的和田玉东输，长达4000余公里，举世罕见。由于当代市场经济的拉动，玉石之路至今依然为经济利益而繁忙着。齐家文化在玉石之路的路网形成方面起到承前启后的中介和转换作用，非常具有学术研究价值。

　　研究和纪念玉石之路最好的方式是建立一座玉石之路博物馆，使其成为爱国主义教育和启发文化自觉的永久课堂，并将这条华夏文明的命脉之路申报世界文化遗产的线路遗产。

中编

第十一次考察

中编收录2017年4—5月间进行的第十一次玉帛之路（陇东陕北道）文化考察笔记共14则，原为出发后每日即时刊于中国甘肃网的专家手记，此次成书又有所增订。

第十一次玉帛之路（陇东陕北道）考察缘起感言

2017年4月25日，星期二，从15楼的酒店房间一觉醒来，朦胧的春雨之中南望，依稀又瞥见大雁塔。那是古代中国的知识人梦寐以求的金榜题名之地。我们今天的第十一次玉帛之路考察活动即将在这里启程。

这是甘陕两省学界紧密合作进行学术攻关的一次盛举。首先感谢陕西省考古研究院和文学人类学研究会甘肃分会、《丝绸之路》杂志社、中国甘肃网、西部网的专家学者和媒体朋友们。

图中-1　在陕西历史博物馆，访问王炜林副馆长

图中-2　参观陕西省考古研究院文物展厅

28年前的今日，笔者那时是大雁塔下一名青年教师，为在陕西师范大学主办的一次国际会议撰写论文《文化研究中的模式构拟方法》（刊于陕西师范大学中外文化研究中心编《文化研究方法论》1992年版），文章的结论部分提出重开丝绸之路的对策建议，把对外开放完全变成对沿海开放的国策格局提出补充方案。那时的学界还不知道什么叫作中国话语，所以只能附和着洋人的叫法，把历史上构成中西文化交通的命脉之路叫作丝绸之路。如今我们的"玉帛之路"这个新说法，是想在流行的洋人说法"丝路"背后，找出这条道路中国段的发生史真相，并恢复我们本土的古汉语表达习惯。简言之，我们正在通过复古的方式再造我们中国人的话语。

5年前的今日，我作为中国社会科学院重大项目《中华文明探源的神话学研究》首席专家，在结项著作的结尾"研究展望"部分写到"重建中国神话历史"的关键子题之一：

中国史前玉石之路研究。

具体而言，有三个突破口有待于进一步的深入调研和资料数据分析，从而得出重要新认识。第一，是和田玉进入中原文明的具体路线和时代的研究。这是解决夏商周王权与拜玉主义意识形态建构的关键问题。第二，从前期调研中获得的初步观点是：史前期的玉石之路有沿着黄河上游到中游的文化传播路线。这和古文献中所传"河出昆仑"的神话地理观密切相关，也对应着周穆王西游昆仑之前为什么要到河套地区会见河宗氏，并借河宗氏将玉璧祭献给黄河的奥秘所在。值得重点研究。具体步骤是先认清龙山文化玉石之路的河套地区段，以陕西神木石峁遗址出土大件玉礼器系统为代表，暗示一个强大的方国政权的存在（当地已经发掘出龙山文化古城遗迹），或许就是对应文献提示的（殷）高宗伐鬼方的地理位置。寻找出石峁玉器的玉料来源、其玉器神话观的来龙去脉，及其和陶寺文化、齐家文化、夏家店下层文化、夏商两代文化的关系，意义十分重要。第三个可能的突破口，是对山西运城地区的坡头玉器的源流关系的认识。从坡头玉器出土地点靠近黄河的情况看，这里是西部的齐家文化玉器、陕北的龙山文化玉器与中原文明玉器体系发生互动关系的三角交汇地区，也是主要一站。需要扩大周边的搜索范围，找寻更多的文物关联线索，建立因果分析的模型等。①

2013年6月，文学人类学研究会与中国收藏家协会学术研究部合作举办在陕西榆林召开的"中国玉石之路与玉兵文化研讨会"，考察4000多年前的石峁古城遗址和建城用玉的情况，研究西部玉矿资源的新发现及其历史意义，梳理西玉东输的具体路径，并提出

---

① 叶舒宪：《中华文明探源的神话学研究》，社会科学文献出版社2015年版，第633页。

"玉文化先统一中国"的新命题。这是国内第一次以"玉石之路"为专题的学术研讨会。2014年7月，文学人类学研究会又与《丝绸之路》杂志社等合作在兰州举办齐家文化高端论坛及田野考察活动，鲜明地打出"玉帛之路文化考察"以及"玉帛之路：比丝绸之路更早的国际大通道"的旗号。2015年7月9日，在上海交通大学召开了玉帛之路考察成果新闻发布会。

图中-3　2015年7月9日在上海交通大学召开玉帛之路考察新闻发布会

　　"玉帛之路"的提法，实乃"玉"与"帛"两种中国特色神话化物质的并置，符合国人本土的古汉语表达习惯。"玉帛"连称，比现代汉语中出现的"丝绸之路"和"玉石之路"的称谓都要久远得多。早在先秦文献中，就有"玉帛"并置为词组的表达习惯。"玉帛为二精"（《国语·楚语》）的说法，出自楚国最高统治者有关神圣宗教礼仪事物的问答，这充分表明二者都被视为通神、祀神的圣物。"玉帛"又习惯与"干戈""兵戎"相对而言，同为国家祭祀、会盟及朝聘的重要礼器（《左传》）。不过在保留更多史前文化大传统信息的《山海经》一书里，"帛"基本上退场不见，

"玉"则铺天盖地般出现，总计有200多处山和水是产玉的。这类玉石分布的说法究竟是真是假？2000多年来，无人知晓，也无人有心去做系统的调查验证工作。

读万卷书和行万里路，自古就是知识人的人生理想。以探究未知世界为学术目的的读书和探查旅行，自郦道元和徐霞客以来，代不乏人，有《水经注》和《徐霞客游记》这样的经典著述流传后世。可惜很少有知识人像郦道元注《水经》那样，认真对待《山海经》和《穆天子传》所记述的"群玉之山"和玉路，更没有人把《楚辞》中"登昆仑兮食玉英"的说法，当成一种需要考证落实的对象。先秦时代的昆仑，究竟何指？昆仑特产的玉英，有没有其实物的原型？如果有的话，是单一的存在，还是复数的存在呢？

同样的，《山海经》所记黄帝在峚山所食用的白玉膏，有没有实物原型？黄帝播种的玄玉，被视为玉中极品（瑾瑜之玉），有没有实物原型？怎样去求证？

多年来已经完成的十次玉帛之路考察，通过多地区探访和标本采样，基本上可以对回答这些千古难题提供新的线索和思路。

效法文化人类学的田野作业研究范式，国内的文科专业方面有文学人类学一派，带着上述中国本土历史遗留下来的未解之谜，一次次地踏上国土西部大地，开启系列的探索征程。自启动以来，集中探查的是史前期玉文化在西北地区的分布、西部玉石原料产地及西玉东输的路线。涉及山西、陕西、河南、宁夏、甘肃、青海、新疆和内蒙古8个省、自治区，总行程30000多公里，完成西部玉矿资源区的整体性新认识，大致摸清先于丝绸之路而存在的玉石之路的路网情况。前两次考察的成果，以作家文人的随笔为主，汇集成"华夏文明之源·历史文化丛书"，共七种，

2015年10月由甘肃人民出版社出版，其中笔者的一部题为《玉石之路踏查记》。

图中-4　玉帛之路文化考察成果第一辑七种，甘肃人民出版社2015年版

2016年夏天，在已经完成的前九次考察的基础上，笔者再写成《玉帛之路踏查续记》，是考察丛书第二辑六部中的一种。现在可以在前两套玉帛之路文化考察成果全部面世之际，向所有参与考察和支持考察的人表示由衷的感谢。我们努力追求的中国话语，不是在书斋中想出来的，而是在西部的广阔大地上一步步走出来的。

不知不觉之中，西去的踏查之旅已经历过十次。背起行囊出发的感觉，已经变成一种自觉的习惯。日本著名探险家关野吉晴，用10年时间重走人类迁徙之路，环游地球。一路所记，成为《伟大的旅行》一书。其引言中说到自己出门旅行的强迫症一般的使命感：

就算说我痴傻，我要开始下一次旅行的热情也燃烧起来了，而且已经无药可救了。这时候的我，完全是失去了自控能力，不顾世俗的眼光，忘记安稳的生活。对于别人的意见充耳不闻，人变得偏执、粗鲁、无所畏惧，胆子大得要命。心里除了那份旅行计划外，再也容不下任何东西。

图中-5　玉帛之路文化考察成果第二辑六种，上海科学技术文献出版社2017年版

2016年，即乙未年的腊月，恰逢百年不遇的极寒天气。腊月二十五为小年，人们都处在回家过年和采办年货的喜庆心情之中。我们第九次玉帛之路考察团在冰雪封山的险境中摸索关陇古道，体验到古人所云"关山飞度"的那一份豪迈。只有边关行旅之人，才会在历尽辛苦之后滋生出这种精神的愉悦。

正是前两次考察对陇东常山下层文化用玉的新认识，启发我们制定出本次考察以5000年前中原与西部的"玄玉时代"为主要对象。在渭河以北的泾河流域、马莲河流域和洛河流域做拉网式的排查，以便在陕甘宁三省交界区找出更丰富的玄玉文物线索。我们的考察活动，从比较茫然无头绪的早期行程，到这两年已经逐渐步入计划先行和主题鲜明的成熟阶段。

祝愿第十一次玉帛之路考察伴随甘陕两省的和睦春风，一路顺利！

从石礼器到玉礼器

——杨官寨新出土石璧

人类文明的步伐是从漫长的石器时代中走来的。在新石器时代后期孕育出的一批文明种子里，石制的礼器无疑是玉礼器的前身或雏形。已经举办过的十次玉帛之路考察以甘肃河西走廊地区为中心，贯穿考察始终的一个重要的学术疑问是：以齐家文化为代表的中国西部玉文化是怎样起源的？是否能够从实物证据方面找出中原玉礼器与西部玉礼器的源流关系？位于渭河中下游的关中平原地区的仰韶文化，基本上不见有规模性的玉礼器。无论是著名的西安半坡遗址，还是宝鸡的北首岭遗址，临潼的姜寨遗址，华县（现华州区）泉户村遗址，都没有看到规模地生产和使用玉礼器的迹象。唯有考古新发现的陕西西安高陵区杨官寨遗址，在距今5300年的庙底沟文化层发现最早的玉礼器和石礼器，使得西部玉文化溯源的难题得到一线曙光。

杨官寨遗址自2009年入选全国十大考古发现以来，在考古和文物界的名声与日俱增。它位于西安市高陵区姬家乡杨官寨村，地处泾河和渭河交汇处的台地上。杨官寨遗址不仅发掘出规模巨大的环壕聚落，而且在2015—2016年发掘中找到大批量分布的史前墓葬。根据出土随葬品及碳十四测年等相关资料，推断该批墓葬为与杨官寨遗址环壕聚落同时期的大型墓地，这是首次发现并确认的庙底沟文化成人墓葬。杨官寨遗址中新发现的石璧和石琮残件，虽然都不是玉质的礼器，但是显然已经是玉礼器的雏形，代表中原和西北地区玉文化的萌芽状态，所以还是非常重要。2017年4月25日上午，第十一次玉帛之路考察活动从西安大雁塔旁的陕西历史博物馆开始。笔者与负责杨官寨遗址发掘的王炜林馆长座谈，了解石璧和石琮残件出土的情况及新发现的两件玉铲的情况。当日下午在陕西省考古研究院文物展厅参观，近距离目睹杨官寨遗址出土的彩陶器和一件灰黑色的石璧。这就给甘青地区齐家文化遗址和墓葬中与玉器同在的大量的石璧（当地人称为水寒石）找到中原的原型。

图中-6　杨官寨出土仰韶文化石璧（2017年4月25日摄于陕西省考古研究院）

图中-7　蛙神形红陶釜，半坡四期文化，杨官寨遗址出土（摄于陕西省考古研究院）

　　第九次考察在泾河上游的陇东镇原县看到距今4900年左右的常山下层文化蛇纹石玉礼器（玉环和玉钺），被视为齐家文化乃至整个西部玉文化的萌芽。如今从泾河下游的杨官寨仰韶文化石礼器到泾河上游的常山下层文化玉礼器，1000多年间的一个发展演变过程中的缺环已经补足，比较完整的证据链基本形成。

图中-8　周公庙遗址出土白玉礼器（摄于陕西省考古研究院）

泾渭分明杨官寨　遥想"玄玉时代"

泾渭分明是汉语成语中使用频率很高的一个。我们很多人从小写作文时，就写过这个成语。不过，能够完全理解"泾渭分明"四个字所反映的自然景致和文化底蕴，却不是那么简单和容易的事。在2016年7月举行的第十次玉帛之路渭河道考察的途中，考察团从甘肃渭源县的鸟鼠山出发一路沿河而下，旅途中大家争论持久的一个难题就是：究竟是泾清渭浊，还是渭清泾浊？

如今，2017年4月26日晨，第十一次玉帛之路考察团从西安大雁塔出发北行，来到本次考察的第一个史前遗址，即位于泾渭交汇处的杨官寨遗址。这两天恰逢有阵阵春雨，泾渭分明的景象早已不在，只见两条黄色的水流波涛翻滚，以很小的角度交汇在一起。出人意料的是，由于渭水大而泾水弱，竟然出现渭河倒灌泾河的奇妙景观。面对此情此景，大家不免一阵感叹。

图中-9　泾渭交汇景观（2017年4月26日摄于西安市高陵区）

　　泾河岸边不远处的台地上，有陕西省考古研究院的工作人员正在发掘的仰韶文化环壕聚落——杨官寨遗址。考察团这次是慕名而来，先在西安的陕西省考古研究院调研杨官寨遗址出土的典型器物，采访相关专家，再专门来到遗址现场观摩，一个预期的目标就是，排查这个关中平原中部新发现的超大型仰韶文化遗址的大量出土文物，观察有没有玉礼器的生产和使用的情况，确认距今5000年前的中原地区玉文化发生的迹象。25日上午在陕西历史博物馆拜访王炜林副馆长时，他特意告诉我们，杨官寨遗址除了发掘石璧和石琮残件，还出土两件深色玉铲，相关资料正在撰写考古报告，尚未对外发表。如今，在杨官寨考古队杨利平队长的现场讲解和专业介绍过程中，考察团有幸看到这两件玉铲。不出所料的是，仰韶文化庙底沟期的用玉资源是以墨绿色蛇纹石玉料为主。这和河南灵宝西坡墓地出土的十多件玉钺属于同样的情况。目前已经调研过的墨绿色蛇纹石玉产地，以武山鸳鸯玉为主。从甘肃天水地区的武山县，到宝鸡福临堡遗址，再到杨官寨遗址和灵宝西坡遗址，似乎正是渭河一线贯穿起来的一条文化传播路线，或即最早的西玉东输路线吧。在第十次考察之后，我们曾经提出一个"玄玉时代"的概念，特指我国中原和西部玉文化的起源期。

图中-10　杨官寨发掘领队杨利平向考察团介绍发掘情况

图中-11　杨利平领队拿出仅有的两件蛇纹石玉铲，其刃部在电光下透出绿色

蛇纹石玉东输的重要线索，如今在泾渭分明之地杨官寨遗址得到重要的实物提示，5000年前的出土文物如果排成系列，从渭河上游到泾渭交汇处，再到渭河与黄河交汇处，八百里秦川已经全部包含在内了。这不是周人和秦人挥师东进，通过占领渭水流域进而统一中原的路径方向吗？

从5300年前的仰韶文化庙底沟期，直到4000多年前的常山下层文化、龙山文化、客省庄二期文化和齐家文化等，先后纷纷崛起，深色蛇纹石玉才逐渐让位于浅色透闪石玉。玄玉时代曾经在中原地区持续千年之久。千年等一回，等待的是什么？就是等待甘肃临洮马衔山及其以西的优质透闪石玉料的依次输入吧。

随后走访的是陕西省考古研究院泾渭基地的文物库房，这也是全省发掘出土文物的一个集中存放库，对于科研而言具有第一手资料的意义。先看的是当地杨官寨遗址出土的文物，石斧、陶器、骨器、陶环等等。接着去看了石峁遗址出土的文物，特别是数量不多的玉器。其中一件大玉璋，从用料看仍属于深色蛇纹石玉料。

图中-12　陕西省考古研究院泾渭基地

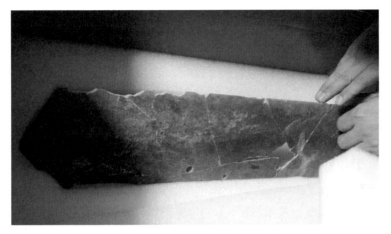

图中-13　石峁遗址新出土玉璋

马莲河畔公刘坪　史前玄钺露玄机

　　2017年4月26日，星期三上午，第十一次玉帛之路考察团离开高陵杨官寨遗址，走访陕西省考古研究院泾渭基地，观摩杨官寨出土的大量陶器和石器、骨器标本。随后在泾渭基地旁的面馆与考古队的主人们一起用过午餐，驱车北上，大体沿着泾河的流向，从下游起步向西北方向进发。途经咸阳机场，一路考察陕西的淳化县博物馆、旬邑县博物馆（不知为何被大象犀牛化石博物馆替代了）。本想从旬邑取道正宁县进入甘肃省，再去宁县，不料欲速则不达，在甘陕交界处的山路弯道遇到大卡车翻车阻路，只好倒回来，向南绕行彬县、长武，天黑时分抵达宁县住宿。

　　27日一早，天空放晴，从宁县宾馆走出来，在人民路十字口绕过辑宁楼，顾不上发怀古之幽思，一早8点半就来到宁县博物馆参观。在三楼的古豳文物展厅正中，看到一排新石器时代的石斧。虽然隔着玻璃柜，还是可以一眼看出最左面的一件不是石斧，而是双面对钻穿孔的玉钺，玉质为墨色中透绿色的典型蛇纹石玉料。经过交涉和请示，讲解员终于同意打开展柜的锁，让我们取出玉钺用手电光照射，只见刃部较薄处透露出鲜艳的浓绿色光彩。宁县博物馆正在编辑的《宁县博物馆文物精品图集》中，这件玉钺被标注为："新石器时代石斧，长10厘米，宽8厘米，中村镇孙安村出土。"据我们推测，似应为仰韶文化庙底沟期或常山下层文化的遗物。那么，当地是否有仰韶文化的分布呢？

图中-14　宁县县城的古建筑——辑宁楼

随后到县城西北郊马莲河畔的四水交汇处庙嘴坪遗址。在一处陶片堆积较明显的坡面，随手捡起一些陶片，排列开来，由张天恩研究员确认，有距今5500年的仰韶文化庙底沟期彩陶片、仰韶文化晚期的红陶、客省庄二期文化的绳纹灰陶，其史前文化的连续性较为明显。在回程的车上，考察团向宁县的县委宣传部干部建议，可以依据县志中的记载线索，将庙嘴坪这个地名改回其古名——公刘坪。这样更有利于纪念作为周人先祖的公刘发迹于陇东的文化奠基意义。

图中－15　宁县博物馆藏仰韶文化玉钺，墨绿色蛇纹石玉料

　　当日下午驱车到正宁县，住宿正宁宾馆。房间里配备有郭文奎主编《庆阳大辞典》（甘肃文化出版社2014年版），浏览一下宁县境内的史前文化遗址，属于仰韶文化的，就有名闻遐迩的董庄遗址（属于仰韶文化半坡类型，距今6500年左右，出土双耳佩戴绿松石耳坠的老年女性墓葬，为三人合葬墓，一男两女，老年女性居中，十件随葬品都在她身边）、孟桥遗址、阳圮遗址、张堡遗址、石岭子遗址、杨庄小坡遗址、雨落坪遗址、雷川城梁遗址、贺家川遗址、康家岭遗址、庙嘴坪遗址等十余处。马莲河流域的史前文化如此密集分布，能够像灵宝西坡遗址或高陵杨官寨遗址那样，留下少许蛇纹石玉钺，见证深色的蛇纹石玉料开启中原与西部玉文化先河的作用，也就不足为奇吧。

　　回家后再对照被考察团一直奉为"圣经"的国家文物局编《中国文物地图集·甘肃分册》，看到宁县著录的仰韶文化遗址和遗迹远远不止十几处，而是多达近百个。其中仰韶文化半坡类型有13个，仰韶文化庙底沟类型79个，合计92个。仰韶以后的史前文化是齐家文化，著录的遗址遗迹有39个；周代遗址47个，（秦）汉代遗址13个。从仰韶文化到汉代，时间总跨度约为4000年，其间留下的古遗址总数居然多达184个。

宁县位于甘肃最靠东的比邻陕西处，东面就是子午岭（秦始皇时代所修贯通南北交通的秦直道所在），马莲河从北向南穿越县境。县域面积2633平方公里，总人口54.89万（2014年统计数），充其量只能算一个中等大小的县。为什么其境内远古时期的文化资源如此丰厚呢？在宁县的汉代之前的184处（个）文化遗址和遗迹中，文化发展延续的脉络并不是递进发展和后来居上，而是在距今5000多年前的仰韶文化庙底沟期最为兴盛繁荣，遗址数量多达92个，刚好占了184个的半数。在仰韶文化之后的齐家文化和周代遗址，都不超过50个。若和仰韶文化庙底沟期相比，似乎已经略显衰落迹象。

再看宁县北面的合水县，古遗址的数据更是让人称奇。合水县境内著录的仰韶文化遗址和遗迹多达125处，其中半坡类型4处，庙底沟类型121处。看来在距今6500年的仰韶文化半坡期，马莲河流域的人口远不如陕西关中地区。可是到了距今5900—5300年的庙底沟期，这里的人口增长迅速，出现有人类活动以来的文化大繁荣期。到距今约4000年的齐家文化时代，遗址数量锐减至20个左右。随后是距今约3400年的寺洼文化遗址著录，更是只有个位数了。道家圣人老子等人坚信的历史退化观，若验证于马莲河流域的史前文化传承序列，看来还是很有根据的。在极左思潮流行的年代里，老子和孔子都被视为"开历史倒车"的反动派。如今根据大传统新知识，老子的退化历史观，应该属于足以穿越时间隧道的一种历史洞见。回想20多年以前，我和萧兵先生合作写《老子的文化解读》①一书时，倡导用神话思维去看待和解读老子。由我执笔的第三章题为"永恒回归"，这个关键词是借用自比较宗教学和神话学的国际权威学者伊利亚德的一个书名。第三章第三节题为"退化历史观及四时代循环模式"，是将老子的历史观与世界性的神话式循环历史观相对照；第四节题为"混沌之恋与初始之完美"，是想对老子的历史思想特点做一些概括；第五节题为"玄同、大同：中国的复乐园神话"，其中的"玄同"关键词，用的是老子的原话。谁能料到，20多年后的今日，我的研究对象居然再度回到"玄"的问题上来。

所不同的是，当年提示的方法论叫"三重证据法"，围绕着经典的文字文本，引入人类学和民俗学的证据，做多参照的文化解读工作。但那时对史前文化大传统的新知识尚不很明晰。如今则是倡导四重证据法的运用，以行万里路的实地踏查和文物取样，去构成有关大传统的系统新知识。从"三重"到"四重"的迈进过程，就足足有十多年的积累。用"今非昔比"四个字来形容，大概不算很夸张吧。

老子尚玄，墨子尚黑，原来都不是纯粹个人性质的偏好，而是和大传统的颜色好尚相联系在一起的。这一部分的全新知识，岂是从书本中所能窥见的呢？即使能窥探其一斑，又怎能仅仅凭借书本去验证呢？

自2016年元月第九次玉帛之路考察团在镇原县博物馆看到

---

① 该书第一版，萧兵、叶舒宪：《老子的文化解读——性与神话学研究》，湖北人民出版社1994年版。第二版，是本人写的部分单独成书，书名《老子与神话》，陕西人民出版社2005年版。第三版，《老子与神话》，陕西人民出版社2020年版。

常山下层文化的墨绿色蛇纹石玉环和玉钺以来，原来所关注的齐家文化玉器发生的问题，就已经被转换到常山下层文化与齐家文化的先后衔接关系上。如今的证据表明，陇东地区常山下层文化的深色蛇纹石玉礼器（玄玉）传统，原来是发源于关中地区的仰韶文化庙底沟期玉器。渭河及其支流泾河、葫芦河、马莲河、蒲河、茹河等，或许都曾经充当运输蛇纹石玉料的漕运通道。《诗经·公刘》中歌咏了几千年的"何以舟之，唯玉及瑶"，在比公刘时代还要早的仰韶文化玉礼器传统背景下，可以得到重新理解的契机。

就是夏禹时代的"玄圭"神话和周武王伐纣用的"玄钺"叙事，如今在我们看来也不再神秘难解，因为其实物原型的重要线索已经批量地呈现出来。对照从《逸周书》到《史记》讲述的周武王斩纣王和王后头一事，玄钺为什么有如此明确的权力象征意义的问题，看来在3000年的迷茫之后终于要得到揭示的一种线索了。

事实胜于雄辩。下面拟先一一列举上古时期文献中所记"玄钺"在当代考古发现中的原型性标本案例，共计8例，算是对老子"玄同"式远古政治理想的一种"有形"的直观性追忆吧：

标本1，陶寺出土玉钺（图中-16）。标本编号M1411：2；墨绿色，材料为叶蛇纹石。

标本2，陶寺出土玉钺（图中-17）。标本编号M3168：10；透闪石软玉，加工极精细，器面光亮鉴人。有趣的是，出土时，三孔中都嵌补着与孔周钺体颜色相近的玉片，相套二孔中的玉片也连在一起，且合缝严密。顶端一孔中的嵌片呈墨绿色或黑色，与孔周器表局部色调不完全符合。这件玉钺本身不是深色的，受沁后呈灰色，受沁之前的本色或为青黄色。

图中-16　玉钺（采自《襄汾陶寺——1978—1985年考古发掘报告》第四册，文物出版社2015年版，彩版四〇）

图中-17　玉钺（采自《襄汾陶寺——1978—1985年考古发掘报告》第四册，文物出版社2015年版，彩版四一）

　　标本3，玉钺（图中-18），标注夏代。河南省洛阳市洛宁县出土。墨玉质；刃部连弧状，上部中间为一圆穿，两侧有对称的三对齿牙。

　　标本4，玉钺（图中-19），标注夏代。墨玉质；刃部连弧状，中间为一圆穿。洛宁县出土。

　　标本5，玉钺（图中-20），西周。由一块黑色带绿斑纹的玉制成；中间有一圆穿，双面弧形刃。洛阳市吉利区西周墓出土。（同见《中国出土玉器全集·5·河南》，科学出版社2005年版，第119页）

　　标本6，玉钺（图中-21），西周。河南省洛阳市唐城花园村西周墓出土；现藏于河南省洛阳市文物工作队。青玉，呈梯形，弧形刃，有圆孔穿，双面弧形刃，两侧各有一组棱齿；通体抛光。

图中-18 洛阳洛宁县出土
史前玉钺，距今约4000年（采自
《洛阳古玉图谱》，河南美术出
版社2004年版，第7页）

图中-19 玉钺（采自《洛阳
古玉图谱》，河南美术出版社2004
年版，第8页）

标本7，玉钺（图中-22），新石器时代。长15.5厘米；碧绿夹
黑色；两上角处略有赭沁；梯形，甚薄；一侧边平直，一较斜侈；
刃线薄锐，仅一处小崩伤。

图中-20 玉钺（采自《洛阳古
玉图谱》，河南美术出版社2004年
版，第10页）

图中-21 玉钺（采自
古方主编：《中国出土玉器
全集·5·河南》，科学出版
社2005年版，第132页）

标本8，玉钺（图中-23），龙山文化。陕西省神木县新华遗址祭祀坑出土，现藏于陕西省考古研究院。墨绿色，不透明，玉质不纯净；器近梯形，体薄，磨制精细。

图中-22　玉钺（采自邓淑苹：《国立故宫博物院藏新石器时代玉器图录》，台北故宫博物院1992年版，第278—279页）

图中-23　玉钺（采自古方主编：《中国出土玉器全集·14·陕西》，科学出版社2005年版，第10页）

以上8个标本，除了标本7是出自清宫旧藏文物以外，其余各例都是考古发掘品或经过发掘的公立博物馆藏品。汇聚在一起看，这些玄钺文物的大体时空覆盖范围是：自距今4500年的陶寺文化到距今约3000年的西周时期，从北面的黄河河套地区直到中原腹地的黄河中游及其主要的支流地区。既然华夏文明的大幕开启之前，玄钺已经如此频繁地登场，并上演着华夏国家玉礼器的重头戏，那么，谁还能轻易怀疑上古史书有关商周之交那件"玄钺"叙事细节的真实性呢？特别是史家点明的钺之颜色特征"玄"呢？

商周易代，在那个时候可以说是无比重要的革命性历史大事，史家何以不去记载别的什么，却偏偏要具体而微妙地记录下那一把周王斩断殷商王后首级所用斧钺的颜色"玄"？

有关"玄"的神秘性和神圣性，需要略加说明。在老子那里，"玄"一旦和"同"即"大同"理想相联系，则具有了政治性的乌托邦意义。"玄"足以代表"初始之完美"，代表开辟和分化之前的原始完整状态。《庄子·应帝王》篇用一个人格化的"中央之帝"的神话形象来代表这种理想状态，并借用神话学的名称，称之为"浑沌"[①]。至于浑沌为何能代表"初始之完美"，同样继承老子退化历史观的韩非子在其《五蠹》篇里有生动具体的阐发。韩非子将全部历史区分为三个时期：上古、中世、当今。看看他是怎么说的：

> 事异则备变。上古竞于道德，中世逐于智谋，当今争于气力。

在这篇考察笔记终篇之际，让我们把目光再转回到洛宁县博物馆珍藏的这件仰韶文化"玄钺"实物上来吧。其黝黑锃亮的包浆之下，透露出怎样一种"王者气息"呢？观其刃部，就可以大致了然于心：这不是作为工具或武器而被先民们生产、使用的。因为其刃部毫无磨损、磕碰的痕迹。它不就是先秦人所崇尚的上古时代的"道德"权威之象征吗？

---

① 参见叶舒宪：《庄子的文化解析——前古典与后现代的视界融合》，湖北人民出版社1997年版，第三章第三节"千面浑沌"，第123—164页。

仰韶玉钺知多少

——从正宁到庆城

2017年4月28日，第十一次玉帛之路考察团在陇东大地上马不停蹄，先后到三个县的博物馆和文物库房调研，并到几个史前文化遗址做田野观察。三个博物馆分别为正宁县博物馆、合水县博物馆、庆城县博物馆。其中，合水县博物馆的历史文物撤展，集中展示的是北魏以来的佛教造像，实际观摩和拍摄的馆藏文物只有正宁县博物馆和庆城县博物馆。这不能不说是一个遗憾。因为合水县作为仰韶文化庙底沟期遗址分布最为密集的一个县，其大地之下应该深藏着许多不为人知的史前秘密。相比之下，仅有1000多年的佛教造像的历史，充其量只能是文化小传统中的一朵奇葩而已。

在正宁县博物馆里，给人的惊喜是馆藏一级文物，仰韶文化黑彩双耳人面纹葫芦口陶瓶（图中-24）。正宁县宫河镇宫家川出土，高27厘米，底径7厘米。仰韶文化的葫芦瓶比较常见，彩绘人面的却十分少见。双面绘有两个不同人面的，更是凤毛麟角。两个人面的形象刻画，一个突出的是头上的高冠，另一个突出的是头上直插着的两根羽毛。这两种头饰都不是纯粹的装饰品，需要联系史前信仰的传统才好理解。中国人把头顶称为"天灵盖"。彩绘用画龙点睛的强调手法，描绘出人头顶即天灵盖上方的法器类装饰品，这决不会是为了审美的追求，而是意在突出通天通神的宗教神话意识。这类形象的史前文物还有红山文化玉器中的玉蛇耳坠、玉玦，特别是位于人头顶部位的玉箍形器（又称玉马蹄形器、玉发箍）（图中-25）；头顶生尖状物的红山文化石雕人像（图中-26），双人首三孔玉器（图中-27）和双熊首三孔玉器等；良渚文化玉器上刻画的头戴巨大羽冠的神人形像（图中-28），石家河玉器中神人头像刻画巨大耳饰；等等。其造型的初衷大体类似，那就是基于同类的通天通神的神话信仰。

图中-24　仰韶文化黑彩双耳人面纹葫芦口陶瓶（正宁县博物馆）

图中-25　红山文化玉筒形器，距今5000年（2006年摄于敖汉旗博物馆）

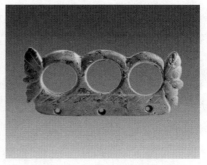

图中-26　内蒙古巴林右旗出土红山文化石雕人像，头顶有三层塔状的圆柱饰物

图中-27　辽宁建平出土红山文化双人首三孔玉器

随后在正宁县博物馆库房的储藏柜中，找到类似仰韶文化玉钺的石钺一件，单面钻孔，呈现为刃部稍宽的长方梯形（图中-29）。由此，是不是可以了解从石制工具到玉质礼器之间的演变和过渡情况？

图中-28 良渚文化玉冠形器浮雕：头戴巨大羽冠的神人像（摄于良渚博物院）　　图中-29 正宁县博物馆库房的仰韶文化石钺

下午离开合水县的仰韶文化遗址，抄近路上青兰高速路，赶到庆城县博物馆。在二楼陈列的史前石器中，又一次看到该馆在当地征集的一件较大的史前蛇纹石墨玉玉钺（又称玉铲），柄端钻有一小孔。或者比照灵宝西坡出土玉钺，称之为"仰韶文化蛇纹石玉钺"。在这件文物旁边，还有一件稍小些的带有完整皮壳的石斧，颜色稍浅。我们从展柜中取出，通过上手观察和手电光照射，确认该物也应为蛇纹石玉质的。因为无钻孔，称之为"玉斧"较合适。至于当时的史前先民究竟拿它当工具还是当礼仪用具来使用，就不得而知了。观其刃部，完好无损，不像是砍砸用的工具。

从宁县到庆城县，仰韶文化的分布广泛，堪称星罗棋布。看来在庙底沟期的仰韶文化先民以此类墨绿色蛇纹石玉料用来制作礼器的情况，还是十分普遍的。这些文物对于认识中原和西部玉文化的起源，具有很好的标本意义。可以相对弥补以往对中原仰韶文化玉器研究的资料不足。

图中-30　庆城县博物馆藏仰韶文化蛇纹石玉钺

图中-31　庆城县博物馆藏仰韶文化蛇纹石玉斧（无孔）

苏秉琦先生早就关注仰韶文化问题，他在1965年写的《关于仰韶文化的若干问题》中说，半坡类型和庙底沟类型代表的是仰韶文化两种不同的经济类型，对其文化内涵和特征也做出较详细的解说。[1]在1999年的《中国文明起源新探》中，他又

---

① 苏秉琦：《关于仰韶文化的若干问题》，载《考古学报》1965年第1期。

做出补充：二者间有一次社会大分工。"在这种社会经济背景下裂变产生新事物，是有生命力的。半坡和庙底沟两个类型虽可并立，但半坡类型对周围的影响远远比不上庙底沟类型。所谓仰韶文化对周围的影响，基本上就是庙底沟类型的影响，是仰韶文化后期裂变而产生的文明火花。"[①]如今我们还可以补充说，起源于仰韶文化庙底沟期的"玄玉"礼器这一项文化要素，恰恰就是可以查明其源流演变的最重要的"文明火花"之一。因为直到夏禹建立中原文明的第一王朝，其权力标志物不是别的，还只是一件天帝所恩赐的"玄圭"而已。如果考虑到圭的起源研究中就有斧钺说的观点，则"玄圭"源自"玄钺"的可能性不能排除。或者干脆说最初的"玄钺"就曾被看作是"玄圭"。从庙底沟时期到夏代，时间至少有1500年。那一直就是"玄玉"占统治地位的时期。

　　苏秉琦的最大特点是有理论思维和理论建构的自觉意识。他希望考古学能够从文献史学的观念窠臼中独立出来，独立地重建国史（至少是国史的起源阶段）。[②]他关于中国文明起源的"满天星斗"理论、"六大区系"理论影响都很大，对于新时期以来的中国考古研究具有引领作用。可惜其理论上的缺陷也很明显，那就是容易被没有理论素养的一般学人当成真理或教条，在人云亦云之中走向僵化。苏氏的"满天星斗"论是依靠考古新资料而提出的，这对于跳出国学传统的文献史学定式，即晚出的

---

① 苏秉琦：《中国文明起源新探》，生活·读书·新知三联书店1999年版，第121页。

② 苏秉琦：《中国文明起源新探》，生活·读书·新知三联书店1999年版，第7页。

"大一统"文化观和建立在此基础上的中原中心主义偏见，可谓居功至伟。

　　用文学人类学的术语讲，这是依靠"物的叙事"取得的理论突破，是打破文字小传统教条拘禁的春雷，是靠第四重证据去独立建构历史的伟大尝试。可惜他的"六大区系"说，居然没有一个是西部的区系，犯下和当年傅斯年一样的短视错误。傅斯年的"夷夏东西说"，也是希望在纷乱的上古史素材中提炼出一种模式化的理论。他强调从地理学进入上古史的重要性。[①]只可惜，他认识到的夏，虽然是与东方之夷或商相对立的西部文化代表，但是其地理范围却被局限在中原西部一带，而不能在认识上有效打通和连接起秦岭与西秦岭，即无法贯通整个渭河的全部流域。傅氏的古史两个系统说，就这样显得画地为牢和作茧自缚：

> 　　据以上各书所记之夏地，可知夏之区域，包括今山西省南半，即汾水流域，今河南省之西部中部，即伊洛嵩高一带，东不过平汉线，西有陕西一部分，即渭水下流。[②]

　　傅斯年虽也提及陇西郡有大夏县，但却说不知道其命名所本，更不知与夏后之夏有无关系，所以他只能存而不论。本考察团中的易华研究员，有代表著作《夷夏先后说》，一看就知道是奔着傅斯年的"夷夏东西说"而来的。正是在傅斯年止步不前的地方——甘肃渭河上游与洮河流域，易华坚持认为这里的齐家文化就是夏文化的本源。[③]可谓长江后浪推前浪，后浪倒在沙滩上。在此可以说，

---

　　① 傅斯年：《夷夏东西说》，见《民族与古代中国史》，河北教育出版社2002年版，第4页。

　　② 傅斯年：《夷夏东西说》，见《民族与古代中国史》，河北教育出版社2002年版，第31页。

　　③ 易华：《齐家华夏说》，甘肃人民出版社2015年版。

傅斯年的地理短视，主要出于时代的知识条件所限。他举出的证据多为文献学方面的，考古方面的则十分欠缺。没想到，傅斯年的短视居然影响到读他的书的考古学大专家。换言之，苏秉琦六大区系划分完全忽略了西部乃至河西走廊地区，傅斯年的局限就这样成了他的局限。

如今看来，行万里路式的田野考察，是学者能够在观点和认识上超越自我局限状态的良方，也是能把考古学材料的四重证据作用有效转化成为系统的"证据链"的前提条件。

当代考古学界对仰韶文化的分期问题有不同意见。较新的一种主流倾向是，把半坡期和庙底沟期视为典型仰韶文化或大仰韶文化中的独立文化，重新命名为"半坡文化（4900BC—3800BC）"和"庙底沟文化（3900BC—3600BC）"，再把庙底沟期或庙底沟文化之后的仰韶晚期文化命名为"西王村文化（3600BC—2900BC）"。这样，新命名的三个文化可以代表整个大仰韶文化延续两千年（4900BC—2900BC）的总体脉络。[①]王仁湘先生专门研究仰韶文化的陶器，他对大仰韶文化中庙底沟文化是这样评述的：

> 我们赞同将分布在陇东—关中—陕南—豫西中心区的仰韶文化，分别命名为半坡文化、庙底沟文化和西王村文化，可称作典型仰韶文化，具有一脉相承的渊源关系；将这个区域一度划属仰韶早期的北首岭下层类型归入前仰韶文化；将河南地区与仰韶文化关系密切的遗存，与中心区明确区别开来，它们是

---

① 参见中国社会科学院考古研究所编著：《中国考古学·新石器时代卷》，中国社会科学出版社2010年版，第227页；王仁湘：《史前中国的艺术浪潮——庙底沟文化彩陶研究》，文物出版社2011年版，第23页。

冀南豫北地区的后冈一期文化和大司空文化、豫中地区的大河村文化、豫西南地区的下王岗文化。这其中最为重要的，便是分布范围最广、影响地域最宽的庙底沟文化。①

目前考古学界学者们在术语使用上有一种较为普遍的各自为政现象。对仰韶文化庙底沟期、庙底沟类型的传统说法并不认同，对于庙底沟文化的新命名更是置若罔闻。甚至干脆以上三种名称都不采用，而是要求独立地采用新的命名，这样就会在读者中引起很大混淆。如把庙底沟期或庙底沟文化、西王村文化等，又另起炉灶地称为"西阴文化"或"泉护文化"。前者是以山西夏县发掘的西阴村遗址为据，称"西阴村类型"或"西阴文化"。②后者则根据苏秉琦的一个意见，要把两类遗存从半坡类型和庙底沟类型中区分出来：一是以北首岭等遗址为代表的文化遗存；二是认为半坡遗址最上层或最晚期遗存（即半坡四期）不宜算作半坡类型的一部分。鉴于陕西华县（现华州区）泉护村发掘的泉护二期文化与半坡四期文化性质相同，而改称命名为"泉护二期文化"。③这其实是用"泉护二期文化"之名，替代了上文中提到的"西王村文化"。凡此种种，不一而足。

笔者在此建议学界应该尽早统一考古学著述中的称谓命名，使得相关的讨论和研究得到"书同文、车同轨"一般的便利条件。这样还能够避免后学在这方面浪费大量的时间和口舌。

---

① 王仁湘：《史前中国的艺术浪潮——庙底沟文化彩陶研究》，文物出版社2011年版，第21页。

② 余西云：《西阴文化——中国文明的滥觞》，科学出版社2006年版。

③ 许永杰：《黄土高原仰韶晚期遗存的谱系》，科学出版社2007年版，第8页。

华池：史前玉石之路的交汇点？

2017年4月29日，第十一次玉帛之路考察团继续在陇东大地上奔波不停。子午岭西侧的生态环境保护很好，空气清新，梯田里新麦飘绿，间或有嫩黄色的油菜花海。白天有蓝天白云相伴，晚上则是皓月当空，让我们在紧张的车马劳顿之余，心灵得到大自然的陶冶和慰藉。

今天已经是五一小长假的第一天，我们一行九人驱车穿行在远离家园的黄土高坡里，在连续的期待和不断的兴奋中，早已忘却了日期，正所谓"不知有汉，无论魏晋"。满脑子想的，都是仰韶文化陶片和龙山文化窑洞白灰面的辨识问题，好像居然没有人在节假日里想家。对考察团每一个成员来说，这都是一个难得的、很有纪念意义的劳动节吧。

今日探访的主要目的地，是位于甘肃省最靠东北角的一个县——华池县。自2016年元月的第九次考察以来，陇东的八个县市，我们已经探访过七个，如今就剩下一个环县还没有去，留待本次考察从陕北地区回程时再去。这样就大体上能做到对陇东地区史前文化的拉网式排查，对重要文物不会留下大的遗漏。

早上离开庆城县时，顺路去探查位于柔远河畔的一个仰韶文化遗址——麻家暖泉遗址，遇到一位和我同龄的农村文保员，向我们介绍情况，大家倍感亲切。这个遗址的文化遗存还是以仰韶文化为主，遗址面积50000平方米，文化层厚度达1—3米，是甘肃省级文保单位。这样的文化堆积厚度，能给出怎样的信息呢？从现场观摩情况看，有史家类型和庙底沟类型的陶片。至于大家关切的常山下层文化和齐家文化的标志性红陶片是否存在，似乎并不很明显。倒是可以看到一些属于客省庄二期文化或龙山文化的绳纹灰陶片。这种现象暗示着一个问题：大凡有龙山文化遗迹的地方，齐家文化就不明显存在。这种两类型史前文化相互对峙争锋的情况，犹如西夏人与北宋的对峙，呈现为拉锯状态，很值得研究者留意。

图中-32　4月29日上午考察庆城县麻家暖泉遗址

　　其实，这样的拉锯状态，不仅表征着北方农牧交错地带不同族群集团间的空间互动，而且也是周人祖先时代生产生活方式摇摆在农耕与游牧之间的真实写照。据《国语·周语》和《史记》的说法，周人在夏代时的先祖名叫后稷，在夏朝做管理农业的官。"后"是"王"的近义词，后稷这个名字就隐含着农作物（谷）为王的意思。后稷死后，其子叫不窋。不窋的时代，是夏代衰落期，农官也被废弃不用。不窋失去官职后跑到戎狄一方去谋生。[①]不窋的儿子叫鞠，孙子叫公刘。公刘生活在游牧的戎狄人

――――――――――

　　① 左丘明：《国语》上册，上海师范大学古籍整理研究所点校，上海古籍出版社1978年版，第2—3页。

区域，却立志恢复后稷时代的农耕生产。后来又带着自己的族群逃离戎狄区域，沿着漆河、沮河回到渭河流域。"周道之兴自此始，故诗人歌乐思其德。"如此看来，公刘的英雄事迹，就好比《圣经·旧约·出埃及记》所讲述的带领希伯来人逃出埃及统治的摩西。所不同的是，希伯来人自古以游牧为主，古埃及王国则是农业文明大国。逃出农业国家埃及的希伯来人要在巴勒斯坦地方重操旧业，恢复游牧生活。逃离陇东一带回到渭河谷底的公刘则要复兴先祖后稷的务农生活。

为什么在周人的历史记忆中，陇东地区会是戎狄的天下呢？原来对此需要做生态史的关照：陇东地区在距今6000—4000年间，基本被仰韶人的农耕文化所覆盖。自齐家文化至寺洼文化时期，才有了畜牧业生产与农耕生产互动的局面，所谓亦农亦牧。北方草原游牧文化的形成和南下，是陇东地区戎狄化的主因。至于谁是夏商周时代的戎狄之人，为什么周人先祖时代与戎狄难解难分？当今的考古学研究已经提示出重要的线索，那就是继齐家文化之后的寺洼文化和刘家文化。[①]戎，自古又称西戎、羌戎或姜戎。这些同类的名号就透露出一些消息。张天恩兄刚发表的《古羌部落的青铜文明进程》对此提出新的论说：

> 羌系的刘家文化约从商代早期开始形成，其早期的遗存在陇山以西发现的比在陇山以东要多，较晚的则正好相反。可见这支文化是有一个自西向东的发展趋势。这支文化越过陇山以后不断地向东发展，到关中平原西部的偏东地区，就到了扶风和岐山，在周原就已经发现有它的线索了。

---

① 尹盛平、王均显：《扶风刘家姜戎墓葬发掘简报》，载《文物》1984年第7期。

　　周太王迁岐以后，娶了姜姓的女子太姜，姬姓周人与姜姓羌人结为亲家，先周文化和刘家文化通过联姻，很快就融合起来了。这两种文化融合之后，羌族则成了武王伐纣的主要军事力量，也成为西周王朝建立和稳定的基础。①

　　张兄的新作里还特意说明，如何通过陶器鬲的类型来区分周人与羌人的文化："进入西周以后的姜姓的人，从根源上来说还是羌人。但是不同的支族会有新的姓。他们还会保留一些传统的东西，比如墓葬的形式，但是如果从铜器或者陶器上来看，你已经看不到它本身的文化面目了，他们也用周人的连裆鬲，本民族的代表性炊具——高领袋足鬲，却根本不见了。"② 与周人的连裆鬲（又名"瘪裆鬲"）相区分的是，戎狄之人的高领袋足鬲。还有比这更加生动的第四重证据吗？考古发掘实物在商周历史重述方面，已经发挥出超越文字的重要启示作用。

图中-33　周人的连裆鬲，陕西佳县出土（2013年摄于榆林学院博物馆）　　图中-34　姜戎的高领袋足鬲，寺洼文化（2016年2月1日第九次玉帛之路考察摄于清水县博物馆）

---

① 张天恩：《古羌部落的青铜文明进程》，见上海博物馆编：《宝鸡六章：青铜之乡的考古学叙述》，北京大学出版社2015年版，第58—59页。

② 张天恩：《古羌部落的青铜文明进程》，见上海博物馆编：《宝鸡六章：青铜之乡的考古学叙述》，北京大学出版社2015年版，第63页。

至于高领袋足鬲的命名和制作方法，张天恩兄在1989年发表的专题论文《高领袋足鬲的研究》中有明确介绍：

> 高领袋足鬲是指苏秉琦先生在《斗鸡台沟东区墓葬》中所说的瓦鬲墓初期A1型陶鬲。这类陶鬲的制作过程是先模制三个相同的圜底罐（即袋足），再将三罐口部用泥拼粘在一起，然后接上高领和足尖，最后加上耳、鋬和附加堆纹等。这样，这类陶鬲很自然地形成高领、三袋足和分裆三个基本特征，因而称之为高领袋足鬲，以强调其特征及与其他陶鬲的差别。①

对于高领袋足鬲，考古界还有另外的称谓叫"高领乳状袋足分裆鬲"②。虽然多用了几个汉字，却能更加形象地体现该器形的外观特征。至于这种陶鬲的实际样子，我们在以前的系列玉帛之路考察中已多次领教过。尤其从河套地区到阿拉善左旗、阿拉善右旗、额济纳旗看到没有高领却更突出"乳状袋足分裆"特征的陶鬲，我还为此撰写随笔一篇。③关于高领袋足鬲的由来，学界过去多认为来自寺洼文化和辛店文化。④中国社会科学院考古研究所张良仁的论文《高领袋足鬲的分期与来源》⑤，则认为源自关中的客省庄二期文化。这和夏鼐认为客省庄二期文化为周文化渊源的看法，可以结合起来参考。文献材料给出的一条暗示是，如果戎狄即羌或姜羌，则夏禹出西羌的说法应该能从考古学材料得到

---

① 张天恩：《高领袋足鬲的研究》，载《文物》1989年第6期。
② 尹盛平、任周芳：《先周文化的初步研究》，载《文物》1984年第7期。
③ 参见叶舒宪：《玉石之路踏查续记》，上海科学技术文献出版社2017年版，第152—155页。
④ 卢连成：《扶风刘家先周墓地剖析——论先周文化》，载《考古与文物》1985年第2期。
⑤ 张良仁：《高领袋足鬲的分期与来源》，载《考古与文物》2001年第4期。

印证。这样看，周人自认为是夏人后裔，推翻商朝统治并取而代之，多少也有点复辟的意思吧。

在麻家暖泉遗址所做田野调研的时间很短，获得的另一个启发却是有意思的。考察以来一直被我们奉为"圣经"的《中国文物地图集》一书，其实也有其根本的局限性。那就是我国的考古工作者一般习惯于"铁路警察式的"职业方式，即各管一段。由甘肃的专业人员撰写的甘肃各地文物单位简介，一般都只给文物标注本地史前文化的名称，如马家窑文化、齐家文化和寺洼文化等，像客省庄二期文化、案板三期文化和龙山文化等，其中心地不在甘肃而在陕西方面的，就都被忽略不计了。要不是考察团中的资深考古专业人士张天恩兄，鉴定出麻家暖泉遗址地表散落有客省庄二期文化或龙山文化的绳纹灰陶片，谁还敢轻易怀疑《中国文物地图集·甘肃分册》下第372页对该遗址的著录欠全面呢？那里只提到仰韶文化庙底沟类型遗存，对其他文化遗物只字未提。这个经验再度印证孟子的名言：尽信书则不如无书。

在一个信息大爆炸的时代，如何才能充分利用现有的书本知识，同时又不被书本知识所遮蔽或蒙蔽，看来非实地踏查和验证莫属矣。古人云：见多识广。又云：少见多怪。近几年盛传一句来自网络的旅游者名言："世界那么大，我想去看看。"我们想要接续这话再发问，问题是给国学爱好者的："中国这么大，谁能看得过来呢？"简单明了地回答如下：中国有34个省级行政区和2800多个县级行政区，你若真想深度了解这个国家的历史文化，先看你能跑多少个省和多少个县吧。

在麻家暖泉遗址近3米厚的文化堆积层里，继仰韶文化之后，有客省庄二期文化或龙山文化的陶片，却未见到齐家文化的遗迹。也许正是基于龙山文化与齐家文化的这种史前期的对峙状态，东周时期的秦昭王在此沿着甘陕交界的山脉修筑长城，留下华池县境内最重要的古文化景观，称"秦昭王长城遗址华池段"。这段长城是全国重点文物保护单位，全长达63公里，是所有的秦长城遗址中保存状态最佳的段落之一，城墙基本上没有断线，也是今人实地学习和体会秦文化的难得大课堂。本段秦长城烽燧间距在300—1000米之间。《华池县志》里说，明代成化年间，副都御史金子俊对这里的长城做过修葺。谁能想到，先秦时期的秦国为抵御西部戎人而修筑的长城，过了一两千年居然还能派上用场。到如今，长城内外是一家了，其新的现实用途，或许就是大力发展旅游经济了。秦昭王长城遗址华池段，在当年不仅有划分华夷边界的意义，还有协助保障秦国的"高速路"即秦直道的重要作用。秦直道在本县境内有100多公里，道宽5—6米，向北穿越秦昭王长城一线，延伸到陕西吴起县和定边县交界处，直通阴山与河套一带。我一直有个猜想，秦直道的修筑是沿着古人心目中南北贯通的宇宙轴线，其名称叫子午岭，就是天文学和地理学上的子午线的意思。子午线又称经线，与纬线相对。如果把大秦岭（即秦岭与西秦岭）视为天然的标示东西方向的宇宙纬线，那么秦人修的秦直道就不仅仅有交通运输和军事上的功能，还有确认宇宙的经纬交集，即确认秦岭与渭河之间的咸阳为天下之中央的意义。这也就是人工方式建构天人合一的神话宇宙观，让人事与天道吻合对应的意思。司马迁《史记·秦始皇本纪》记述的"治驰道"一事在秦始皇二十七年。修秦直道一事的叙述背景是：这一年秦始皇先巡游陇西和北地，回都城后便在渭河南作

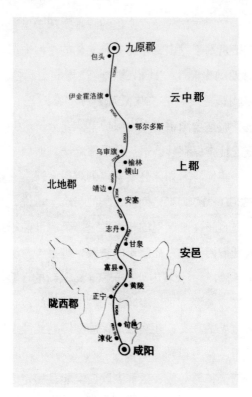

图中-35　天极对应的"地极"——秦都咸阳及其信宫，位于天然经线（子午岭）和天然纬线（秦岭和渭河）的交汇点。人工修筑的秦直道沿着子午岭而伸展至南北方，构成人工完成的更长的经线，其南端接着秦岭终南山中的子午谷，直达汉中和四川

信宫，并把这个信宫命名为"极庙"，目的是"象天极"。[①]"象天极"这三个字透露的神话学观念，就像明代统治者修北京紫禁城一样，要让自己的统治位居天下中央，以对应天上的中央即紫微宫星相。秦始皇先巡游，是模仿天道运行；建极庙，是确认宇宙中央，即天上的中央（天极）正对地上中央神圣点（信宫－极

———————————

① 司马迁：《史记》第一册，中华书局1982年版，第241页。

庙）。就是在这样的举动之后，开始修驰道，时人称"天子道"或"中道"①，让这样一条纵贯南北的人工经线，与大秦岭和大渭河构成的天然纬线划出十字交叉状，这难道没有配合神话宇宙观的意思吗？

生活在科学无神论环境下的现代人，很难体会古人的此类"天极""子午""经纬"的神话联想和观念。如果你走在子午岭上，或在秦直道遗址拍照，眼中只有自然风光，那将是很可惜的。这个无比厚重的文化积淀，需要丰富的背景知识才能细心去领会其奥妙意义。长沙马王堆出土帛书《黄帝四经》，对于理解秦汉时代的神话宇宙观极有帮助，特别是天极想象与国家政治兴衰的关系。兹引述其《黄帝四经·经法》第二《国次》全文如下：

> 国失其次，则社稷大匡。夺而无予，国不遂亡。不尽天极，衰者复昌。诛禁不当，反受其殃。禁伐当罪当亡，必虚其国，兼之而勿擅，是谓天功。天地无私，四时不息。天地立，圣人故载。过极失当，天将降殃。人强胜天，慎避勿当。天反胜人，因与俱行。先屈后伸，必尽天极，而毋擅天功。

> 兼人之国，修其国郭，处其廊庙，听其钟鼓，利其资财，妻其子女，是谓重逆以荒，国危破亡。

> 故唯圣人能尽天极，能用天当。天地之道，不过三功。功成而不止，身危有殃。

> 故圣人之伐也，兼人之国，堕其城郭，焚其钟鼓，布其资财，散其子女，裂其地土，以封贤者。是谓天功。功成不废，后不逢殃。

> 毋阳窃，毋阴窃，毋土敝，毋故执，毋党别。阳窃者天夺其

---

① 裴骃：《史记集解》引汉人应劭语，见司马迁：《史记》第一册，中华书局1982年版，第242页。

光，阴窃者土地荒，土蔽者天加之以兵，人执者流之四方，党别
者外内相攻。阳窃者疾，阴窃者饥，土蔽者亡地，人执者失民，
党别者乱，此谓五逆。五逆皆成，乱天之经，逆地之纲，变故乱
常，擅制更爽，心欲是行，身危有殃。是谓过极失当。

从"唯圣人能尽天极，能用天当"的话语中，或许更容易领会秦始皇
出游巡守、作信官以象天极、修秦直道三件事的内在联系吧。

考察团正午时分抵达华池县城，入住县城南郊的一座巨大的
新建筑——南梁法官教育中心，这里是著名的红色教育基地。匆匆
用完午饭，顾不上休息，大家又驱车直奔坐落在山顶之上的华池县
博物馆。考察团成员中有一位陇东学院的张多勇教授，他祖籍华池
县，早就说起他老家一带的山梁上以出土史前玉器闻名。这次在县
博物馆展厅和库房中调研，果然可以证实这个民间传闻不虚。我们
从关中平原出发几天来，一路看到的仰韶文化墨绿色蛇纹石玉器，
在这里的展柜中照例不会缺席—— 一件被标注为周代碧玉刀的墨
绿色大玉刀，一件被标注为周代玉斧的玉铲，据我们推测均应为龙
山文化玉器。这种墨绿色蛇纹石是黄河中上游地区玉文化萌生期的
最古老玉料资源，从仰韶文化庙底沟期发轫，一直延续到龙山文化
时期。

图中-36　龙山文化大玉刀，墨绿色蛇纹石玉质（摄于华池县博物馆）

图中-37　华池县博物馆"周代玉铲"，或为龙山文化
玉钺，墨绿色蛇纹石玉质

　　令人欣喜的是，华池博物馆展柜里除了蛇纹石玉器，还有优
质透闪石玉器：两件青玉瑗和一件三孔青玉钺。从其钻孔的工艺特
征看，应不属于齐家文化玉器，而是标准的龙山文化玉器。玉铲、
玉瑗的用料与形制均近似于神木县出土的石峁玉器和新华玉器。这
里距离发现龙山文化玉器的陕西吴起县70公里，距离延安200多公
里。显然这里在4000年前的文化类型，与陕北地区星罗棋布的龙
山文化分布密切相关；而与以兰州为中心的齐家文化腹地，相距
六七百公里，关系稍远。

图中-38　三孔青玉钺，龙山文化（摄于华池县博物馆）

　　在华池县博物馆的文物库房里，也仅仅看到一两件具有标志性齐家文化特征的红陶罐。当然，以上判断只是出于我们走马看花得出的初步印象。真相如何，仍需要进一步的检测和验证。

　　从目前学界的认识看，龙山文化的玉礼器传统早于齐家文化的玉礼器传统。但是龙山文化密集分布的陕北和中原一带，缺少优质的透闪石玉矿资源，其玉器生产的取材应该有来自甘肃和甘肃以西地区玉矿的情况。这便涉及西玉东输的时间和路线问题。看来华池县一带出土的史前玉器是批量存在的，而不是零星的和偶然的。这里会不会是玉石之路的一个重要交汇点呢？

图中-39　张多勇教授在华池县博物馆库房

　　这样的推测也就意味着：龙山文化的玉礼器传统经过这里向西传播，影响到齐家文化；而西部的玉料则取道陇东和陕北向东传播，给河套地区和晋陕大峡谷黄河两岸的龙山文化提供西部资源。这将是我们下一步需要小心求证的大问题。这实际上也是从本土角度重新审视丝路中国段起源的实证性研究内容。

树洼怀古诗

朝辞华池塬

夜宿延水边

遥望子午岭

步追长征险

边城号白豹

县名曰志丹

北宋对西夏

谁为党项先

大将怀吴起

文化称龙山

新寨知多少

树洼风水鲜

冯姓古村寂

喜鸿大名绚

主客皆为马

笑谈相逢缘

引路登梁峁

呵退巨怒犬

俯拾红黑陶

仰观彩云边

草梁分大小

坐北正朝南

琼出镇四方

貌似三危圆

堪比紫禁城

图中-40　考察团在陕西吴起县龙山文化山顶祭坛之树洼遗址合影

图中-41　树洼遗址石碑前合影

背靠倚燕山

群峦环绕我

中峰曰营盘

多瓣莲华举

形势比雅典

嗟叹王者象

风雨四千年

祭场定通神

星斗对玑璇

筑台唯黄壤

天坛原型显

九尺朝上耸

再见白灰面

展旗又留影

七侠豪情满

玉刀今安在

石刀存永念

　　丁酉年暮春四月初五踏查吴起县西部北洛河上游的树洼村龙山文化祭天台遗址，初六（公历五一劳动节）晨六时草于延安盛唐王朝酒店

芦山峁·《山海经》·大传统

2017年5月1日，五一小长假的最后一天，上午多云，下午雷阵雨。第十一次玉帛之路考察团在延安走访了芦山峁遗址和延安市文物研究所库房，对陕北的龙山文化及其玉礼器做一次印象式的调研，算是几年来探索西玉东输问题的一次补课学习吧。

屈指算下来，我自幼年时随父母下放延安和安塞的日子，是1970年，如今已经整整47年过去了。黄土窑洞的延安，如今变成一座现代化都市。投资数千亿元用愚公移山方式平掉几座山建造的延安新城已经拔地而起，夜晚的宝塔山和延河在激光炫彩映照下犹如仙境。近半个世纪过去了，前度刘郎今又来，面对一个既熟悉又陌生的延安，让人抚今追昔，不免感慨万千。

芦山峁出土的龙山文化玉，因为其玉质好、做工精，早就在玉学界和文物收藏界声名远播。其中的代表性玉器被收入《中国出土玉器全集·陕西卷》，专业人士已经耳熟能详。不过，一些相关问题却始终萦绕在心头，不解不快。比如，延河流域为什么会在4000多年前突然出现这样一批精美的透闪石玉质的礼器？其前因后果和来龙去脉是怎样的？芦山峁玉器多为当地村民在耕地和挖土时发现，据说玉器大都出现在离地表很浅的土中。龙山文化的居民是怎样使用这些玉器的，为什么它们多被散落在土层里，包括玉璧、玉琮、玉璜、玉铲、玉圭、玉璇玑和大玉刀？这些以优质透闪石为主要材料的玉礼器上，为什么会少量地出现南方良渚文化玉器的标志性刻画符号——神人兽面纹和眼睛纹？龙山文化时代的玉器出土的环境背景是怎样的，究竟是墓葬还是房址，抑或是祭坛？在今天的实地考察中，以上疑问中的部分难题似乎可以得到答案了。

上午9时，芦山峁遗址考古项目的负责人，延安大学历史学院的杜林渊院长和延安市文物研究所白晓龙副所长带领考察团登上这个静卧在延河背后的小山峁，详细介绍这两年来遗址探查和发掘情况，特别是玉器出土情况。据杜院长讲解，芦山峁遗址的总面积应该包括周围的几个山头，达到300万平方米，比举世闻名的神木县石峁遗址古城面积小100万平方米。可能当时也有城，因为本地自然条件没有提供大量石料，筑城的方式以垒土为主，不易保存，历经4000年风雨冲刷后，表面上已经荡然无存。芦山峁是一座山顶平坦的小土山，如今是村民耕种的玉米田地。登高远眺，其山川形势可以比照我们昨天考察的吴起县树洼遗址、2015年第六次玉帛之路考察的山西兴县猪山遗址等，也是群山环抱之中的一座具有中央山性质的风水宝地。极目四望，远山连绵起伏，围成一个又一个圈，犹如孔子《论语·为政》中说的天庭中央之象——"譬如北辰，居其所而众星共之"。龙山时代先民选择这样的地点举行以玉礼器祭祀天地神灵的典礼，显然是由其天人合一式神话宇宙观所支配的。从精神上确认地上的中央，为的是沟通天上的中央（北辰即北极星、紫微星，《史记·天官书》称为帝星，是初民想象的天帝所在，象征至高无上的尊贵和统治力）。北京紫禁城的命名也就是取法天上的紫微星。古代王朝的统治者修建都城的第一件要事就是"辨方正位"（《周礼》）。看来这一切精神遗产都来自史前文化大传统。中国，天下的中央之国也！

至于新石器时代末期的人们为什么要用切磋琢磨制成的大批量玉器来祭祀天地的问题，也是孔子《论语》和天下第一奇书《山海经》给出提示线索的："礼云礼云，玉帛云乎哉？"孔圣人的发问之辞，不仅给我们的玉帛之路考察提供了本土话语的冠名根据，而且清楚地表明：古人所说的礼，今人所说的祭祀仪式或典礼，原来一开始就是和玉器紧密联系在一起的。因为华夏先民的玉石神话观所认定的通天通神圣物首先就是玉。难怪《山海经》记述的五方山脉的祭祀礼仪细节，都离不开用玉器的祭祀规定。看来充分认识《山海经》这部书的内容和认识儒家经典《论语》一样，都需要我们补课学习史前大传统的新知识。这正是田野考察的学术初衷所在。《论语》中提到的人名就有以玉为名的卫国大夫"蘧伯玉"，更不用说今天的国人依然喜欢叫"琼瑶"，叫"玉英"和"圭璋"之类。玉既然象征神圣，也自然象征正能量，足以代表国人心目中的核心价值。

图中-42　芦山峁遗址出土龙山文化玉瑗（摄于延安市文物研究所库房）

图中-43　芦山峁遗址出土龙山文化玉圭（摄于延安市文物研究所库房）

图中-44　芦山峁遗址出土龙山文化玉钺（摄于延安市文物研究所库房）

图中-45　芦山峁遗址出土龙山文化大玉璧（摄于延安市文物研究所库房）

杜院长还透露说，他们日前做遗址发掘时住在芦山峁村民家里，听老乡说，在二三十年前时，这片山地上经常捡到玉器，多的时候竟然是一筐一筐地装！下午在文物库房一件件地观摩芦山峁玉器，只见最大的一件玉璧打磨光鲜（图中-45），是当年用两个热水瓶（价值八元人民币）从村民手中换回来的。14点30分，考察团全体正在杨家岭纪念馆背后的延安市文物研究所库房昏暗灯光下，屏住呼吸，逐个地观看这些被定为国家一级文物的玉器，忽然外面雷声大振，暴雨倾盆而下。大家一阵唏嘘，莫非是国宝玉礼器面对我们的到来，发生了感天动地之效？回程的车上，有人打趣考察团的组织者冯玉雷的名字，难道不是隐喻着"逢玉则雷"的天命和使命吗？

延安三县访古玉

2017年5月2日，阴间小雨，黄土高坡的热气和干燥经过细雨的润泽，变得清爽起来。第十一次玉帛之路考察团在延安地区奔波五个县，跨越延河、洛河、清涧河三个流域，获得预定计划之外的重要学术收获。傍晚6点半抵达榆林市清涧县人民路的君豪酒店下榻时，大家虽然略感疲惫，但还是禁不住要反复回味这一天辛苦奔波的所见所闻。

对我个人来说，下午4时回到阔别半个世纪的安塞，虽然仅仅在区政府旁的博物馆逗留了20分钟，一个旧貌换新颜的安塞还是让人回忆起少年时代的窑洞生活，百感交集，思绪万千。1965年，父亲从北京的中央药品检验所下放西安市药品检验所，母亲任职西安市儿童医院；"文革"中被打成反动学术权威，住进牛棚；60年代末期又从西安下放延安；父亲任延安县医院药剂师，母亲任安塞县医院药剂师，并在70年代从安塞县退休，回到西安居住。我1966年被迫离开北京市外国语学校法语班，转学到西安市第四十一中学。我的班主任张居礼，长安县人，他是国民党第七十四师师长张灵甫的儿子。由于出身问题，在"文革"中我们的遭遇可想而知。在个人的收藏品中，班主任停职前送的他手抄的毛主席语录，至今压在箱底。我中学毕业后被分配在西安昆仑机械厂当钳工，每年探亲都要乘汽车在西安和安塞之间长途旅行。所以甘泉和富县，以及黄陵、洛川、铜川等，山路的每一个弯道我都十分熟悉。记得第一次来安塞时，全家从西安搬家，装满家具和行李的卡车陷在突然涨水的延河里，熄火不能启动，大水漫过车轮，久经挣扎后，才依靠众人合力推车，终于走出险象环生的延河浪涛。一家人共同经历那次死里逃生的严峻考验，日后每次想起来都会后怕。

四五十年过去了，我作为一名学者再度踏上昔日生活过的陕北故土，感觉高楼林立的县市容貌完全不认识，唯有那延河和洛河的水，依然没有变。这一天，考察团在延安市文物研究所张华所长和白晓龙副所长热情带领下，走访了一个史前遗址（洛河畔的仰韶文化寺疙瘩遗址）和三个县博物馆（甘泉县博物馆、富县的鄜州博物馆、安塞区文化文物馆），两次进入文物库房，上手观摩史前文化玉器。

在甘泉博物馆库房里深藏的8件（组）龙山文化玉器，大多为公安局收缴的文物，玉质精良温润，年代早，器形标准，是研究西玉东输问题的最好实物材料。尤其是鄜州博物馆库房中收藏的一件龙山文化双联璜玉璧（图中-47），其玉材为典型的青花玉，据我所知目前只有新疆出产这种玉料。

　　鄜州博物馆展出的两件墨绿色史前石器，经我们初步鉴识和电光照射，发现二者都是仰韶文化的蛇纹石玉器。其中一件双面钻孔的玉钺（图中-48），黑又亮，包浆明显，和在宁县博物馆看到那件玉钺十分类似。另一件玉铲（或称玉圭，图中-49）长达30.5厘米，双面钻孔，墨绿色的表面下透露着沁斑，是仰韶文化遗物中尺寸较大的玉器，如今屈尊被当成石铲。

图中-46　甘泉县博物馆龙山文化四联璜玉璧

图中-47　鄜州博物馆文物库房藏龙山文化双联璜玉璧（青花玉）

图中-48　鄜州博物馆的第二件仰韶文化墨绿色蛇纹石玉器：玄钺

图中-49　化石铲（建议鄜州博物馆将其更名仰韶文为蛇纹石玉铲或玉圭）

　　自2016年第十次玉帛之路考察以来，我们针对中原和西部玉文化史的发生期，提出"玄玉时代"这个学术命题还不到一年，来自甘陕地区黄土地下的物证不断呈现，我们深感这是一种天赐的机缘，许多重要问题将派生而来，等待进一步的探索。

"玄黄"再现：清涧的史前石钺

2017年5月3日早上，细雨霏霏之中，第十一次玉帛之路考察团先到清涧县文物管理所观摩文物，随后驱车向东，到无定河曲流群地貌区的李家崖商代遗址做实地考察。这一整天下来，我们在榆林地区跑了三个县，从清涧县赶到绥德县，登上疏属山，参观汉画像石博物馆。因为文物库房保管员不在，拿不到钥匙，只好暂时放弃。随后出绥德城，走高速路到米脂，但依靠导航仪没有找到米脂县博物馆。然后走山路东北行，去佳县。因为要去那里探访龙山文化的石摞摞山遗址。这一天的行程跨越清涧河、无定河两个流域，夜宿黄河边的佳县如家酒店。恰逢召开县的两会，山顶的县城宾馆早已人满为患，车上有人提议过黄河去山西那边的临县住宿，最后好不容易找到这家条件稍差的如家酒店。

回想这一天的考察，虽然没有像前几日那样看到四五千年前的先民留下的宝玉，但清涧县文管所展室第一展柜内的两件穿孔石钺，还是引起我的关注。一件摆在前面的石钺，外表有明显的灰皮，颜色为灰黑色，略透一点墨绿色的线斑。另一件摆在后面位置的，形状较宽大，颜色比较接近土黄色。这样的史前文物的色彩对比，自然让我又一次心有戚戚焉。4月15日在上海交通大学召开的文学人类学研究会第七届学术年会上，本人提交的论文《龙血玄黄——大传统新知识求解华夏文明的原型编码》，从文学人类学的理论建构谈起，聚焦文化文本的符号编码和解读，包括方法论的四重证据法，希望能依据本土的考古发现新知识，再造一种大小传统贯通的新文化观、历史观和一种因果解释链，拓展出不光依赖文字和文献的综合性文史研究范式。文章以《周易》龙血玄黄神话的原型探索为例，通过大传统的玉礼器颜色象征系统，揭示玉与龙的神话对应关联，归纳出华夏文明的二元色符号模式，命名为"玄黄二元编码"。它如同一种能够转换生成的叙事语法，体现在黄帝及其导师力黑、玄女（素女）的命名和相关叙事中，诸如《庄子》的黄帝与玄珠神话，《山海经》的黄帝与玄玉神话，《道德经》的尚玄说与《山海经》的珥两蛇（青蛇、黄蛇）神话等一系列文本生产中。再依据出土的距今5300—4000年间的中原史前玉礼器为第四重证据，验证《尚书》等古书中有关玄圭、玄钺、玄璧叙事的实物原型，论说一个长达千年的以深色蛇纹石玉料为主的"玄玉时代"，揭示《礼记》"夏人尚黑"说的大传统文化底蕴。如今面对清涧县的两件史前石钺，可知早在玉礼器出现之前的石礼器就能给"玄黄二元编码"奠定实物原型基础。一般的新石器时代石质工具，大都是玄色即黑色的。思考从黑色石斧工具到黑色石钺礼器的演变，可以给文化编码理论带来比"玄玉时代"更深远的探索余地吧。

图中-50 玄钺：清涧县文管所藏史前石钺——深色　　图中-51 黄钺：清涧县文管所藏史前石钺——浅色

图中-52　玄黄，红山文化用玉的两种主要颜色（2006年摄于敖汉旗博物馆）

图中-53　红山文化石钺（2006年摄于敖汉旗博物馆）

佳县石摞摞山龙山古城

　　2017年5月4日早上7点20分，从位于山顶的、倍感拥挤的佳县县城小旅馆中走出来，挤进县城中心两会代表的餐厅里用过早餐，在朱官寨乡年轻的薛书记带领下，冒着从昨天就刮起来的满天沙尘，沿着黄河支流佳芦河方向，向该乡龙山文化遗址——石摞摞山进发。随后又在当地老乡指引下，到该乡石家圪村后的土山上看汉代夯土城墙（考察团的张多勇教授疑其为西夏古城）。在乡间公路边用过午餐，随后驱车上高速路奔往榆林。14时到榆林市文物考古研究所，等乔所长从外地赶回来，14时30分带我们到文物库房观摩，主要看出土和采集的陶器和玉器。随后在15点50分离开榆林市，驱车向西南，到无定河上游统万城遗址考察。

　　小结这一天的考察内容，我们在榆林地区马不停蹄地又跑过了4个县市：从佳县到榆林，从榆林到横山，没有停留，19点30分赶到靖边县城，住在钻石国际大酒店。20点在酒店旁吕家炖羊肉馆用晚餐。7个人选择吃米饭炒菜，只有2个人仍然吃羊肉饸饹。

　　昨天在绥德县文管所因为文物库房保管员不在，没有钥匙进入库房看文物。在米脂县经过时也是匆匆而去，无法充分了解当地的出土文物情况。之所以赶得如此匆忙，就是要保证有充分时间去调研佳县的石摞摞山遗址。这是龙山文化较早期修建的石头城，还有城壕。2016年第4期《考古与文物》杂志刚刚发表陕西省考古研究院有关石摞摞山的发掘简报，这是2003年由张天恩研究员带队所做的3个月的发掘报告，13年之后才刊登出来，报告中仅有一件玉器——淡绿色的玉环残件。不过从当地村民的口述中，都说这里十多年前曾经有老乡在田地里发现大玉刀和玉璧，后被公安部门收缴，不明去向。龙山时期的山顶石头城加玉器，已经成为距今4000年陕北史前文化遗址的"标配"元素。几年前我在神木县石

图中-54　佳县石摞摞山龙山文化古城遗址

图中-55　佳县石摞摞山遗址出土玉铲（2013年摄于榆林学院博物馆）

峁遗址领略过这种"标配"，在榆林学院的陕北历史文化博物馆也看到几件来自石摞摞山遗址的玉器。这次一路走来，在吴起县树洼遗址山顶和延安的芦山峁多次领略这种在山上祭祀用玉的"标配"礼俗。如今又在距离黄河15公里的石摞摞山顶，看到似曾相识的多重结构石城与中央祭坛，在地面上还可以看到穿孔石刀残件和众多灰陶片。从距今5000年的仰韶文化，到距今4000年的龙山文化，先民的生活方式虽然都是农业，但是毕竟有重要变化迹象可以辨识：一是文化分布，人口从关中平原地区大量转移到陕北黄土高原区，形成密集分布的龙山文化遗址。二是居住和祭祀礼俗，从河边台地转移到山上，特别喜欢在山顶的制高点，看重天文观测和祭天礼俗（古人相信天圆地方，这次考察团在山顶采集到一件圆片状石器，留交给当地乡政府）。三是玉文化的大变革：仰韶文化深色蛇纹石玉礼器被龙山文化浅色的透闪石玉器所取代，玉器的种类也从单一的斧钺，拓展为玉璧、玉环、玉璜、玉铲、玉璋等。这些玉器种类多半传承到夏商周时期，促成华夏玉礼制度的延续。

　　总结这一天的紧张考察，分三阶段：上午在野外看4500年前的山顶石头城，下午在室内看4000年前的石峁古玉20件，傍晚时分又奔波到毛乌素沙漠南缘的1600年前匈奴古城——统万城。

靖边与统万城

靖边，这个地名中隐含的华夏王朝中原中心主义观念是一目了然的，就好像武威、张掖、定西、怀柔之类北方地名一样。看来中原农耕民族的定居文化，总是把来自北方和西方的游牧民族想象为很难对付的强敌。从《史记·周本纪》有关先周文化的叙事，就开启了这种二元对立的边塞文化冲突模式：一方是行农业、定居与重仁义、爱和平的周人，另一方则是不行农业、移动与好战的戎狄。王明珂先生对此的论述堪称精当：塑造一个敌对而强大的边缘势力，其实也是建构和凝聚华夏族自我认同的必要手段。换言之，历史本不是客观记录的过去，而是主观建构的现实：

这样的"周人族源"文本，其内容是否为"史实"并不重要。由文本叙事看来，该文本表露的更重要的史实是一种"情

图中-56　靖边县统万城

境"。此情境便是我在前面所提及，考古资料所显示公元前
1500年以来，黄土高原北方边缘人群的畜牧化、移动化与武装
化，以及他们向南争夺农牧之地对南方农业人群造成的压力。
这也就是华夏形成的主要背景情境。[①]

过去我们太相信所谓历史和历史书了，以至于对这二者之
间几乎没有什么区分的自觉意识。在新历史主义和历史人类学的
研究潮流启发之下，我们不得不接受后现代的历史观：历史书本
来就不是历史，只是文本。而就文本建构的实质而言，历史文本
与文学文本并没有本质的区别。强调二者不同的硬性区分，是现
代大学制度将文史分家分科以后的结果。以顾颉刚为代表的现代
疑古派，就秉承这种西方教育制度下的截然划分的"科学历史
观"，将中国上古史重新考辨为"伪史"或"神话传说"。近一
个世纪之后，学界经历了"人类学转向"的训练，学会了区分历
史与文本的界限，考辨"史实"的重要性，就让位于分析"建
构"及驱动建构的观念要素。两千多年来深信不疑的国族历史与
人文初祖的叙事，就这样在历史人类学的解析中，获得因果分明
的建构过程的阐释。其核心的建构方式，有一个新术语加以概
括，就叫作"根基历史"：

> 华夏认同的形成不只依赖共同的"边缘"，更依赖共同
> 的"起源"。这"起源"便是可以让所有华夏产生同胞手足
> 之情的"根基历史"。……到了战国末至汉初时，"黄帝"
> 终成为所有华夏之英雄祖先。这是"英雄祖先历史心性"的
> 产物。汉初司马迁写《史记》时，黄帝为他心目中信史的第

---

① 王明珂：《英雄祖先与弟兄民族：根基历史的文本与情境》，中华书局
2009年版，第43页。

一个源始帝王，且为夏商周三代帝王家系的共同祖先。黄帝在战国到汉初之间的华夏历史记忆中，由众帝王间脱颖而出——这是华夏形成过程的一个关键，也是"华夏"被文本塑造而得其本质的关键。①

文本如何塑造历史，在黄帝叙事的形成过程中看得分明。易华一直认为，《史记》讲述的黄帝事迹中有一项叫作"迁徙往来无常处，以师兵为营卫"②。这不像是定居农业民族的写照，更像是对游牧民族的写照。所以黄帝本为游牧族的先祖，后来被汉人借过来当成自己的先祖。笔者未能认可他的这种看法。因为史前期的游牧与农耕之间并无后来那样分明的界限。周人自认的先祖后稷，名字就意味着农耕和粮食，可是从公刘到古公亶父，一直是游移在农耕与畜牧之间的。其最后定居关中，经历了漫长的往来变化的过程。真正的北方游牧族崛起，要等到骑马的匈奴人出现，这才给农牧两种生活方式之间绘出明确界限。

《史记·匈奴列传》的叙事，认定匈奴人也是夏后氏的苗裔，实际也算黄帝的后代。司马迁对匈奴的叙述以民俗生活特色为主，其历史则沿着夏朝时的周人先祖公刘时代往下讲，串联起所有的上古西戎人与北狄人的历史：

> 匈奴，其先祖夏后氏之苗裔也，曰淳维。唐虞以上有山戎、猃狁、荤粥，居于北蛮，随畜牧而转移。其畜之所多则马、牛、羊，其奇畜则橐驼、驴、骡、駃騠、騊駼、驒騱。逐水草迁徙，毋城郭常处耕田之业，然亦各有分地。毋文

---

① 王明珂：《英雄祖先与弟兄民族：根基历史的文本与情境》，中华书局2009年版，第44页。

② 司马迁：《史记》第一册，中华书局1982年版，第6页。

书，以言语为约束。儿能骑羊，引弓射鸟鼠；少长则射狐兔：用为食。士力能毌弓，尽为甲骑。其俗，宽则随畜，因射猎禽兽为生业，急则人习战攻以侵伐，其天性也。其长兵则弓矢，短兵则刀铤。利则进，不利则退，不羞遁走。苟利所在，不知礼义。自君王以下，咸食畜肉，衣其皮革，被旃裘。壮者食肥美，老者食其余。贵壮健，贱老弱。父死，妻其后母；兄弟死，皆取其妻妻之。其俗有名不讳，而无姓字。

夏道衰，而公刘失其稷官，变于西戎，邑于豳。其后三百有余岁，戎狄攻大王亶父，亶父亡走岐下，而豳人悉从亶父而邑焉，作周。其后百有余岁，周西伯昌伐畎夷氏。后十有余年，武王伐纣而营雒邑，复居于酆鄗，放逐戎夷泾、洛之北，以时入贡，命曰"荒服"。其后二百有余年，周道衰，而穆王伐犬戎，得四白狼四白鹿以归。自是之后，荒服不至。于是周遂作甫刑之辟。穆王之后二百有余年，周幽王用宠姬褒姒之故，与申侯有却。申侯怒而与犬戎共攻杀周幽王于骊山之下，遂取周之焦获，而居于泾渭之间，侵暴中国。[1]

西周王朝灭亡于犬戎。此后的戎狄之人"居于泾渭之间"，这样就让农耕文化的势力无险可守。所谓"侵暴中国"，其实就是侵暴中原的意思。这是自商王征伐鬼方以来，中原农业社会受到的最严重威胁。我们此次考察一路看到的秦长城，就是为了抵御这种威胁才有的防卫性建筑。

5月4日18点30分，我们一行驱车来到位于靖边沙漠中的统万

---

[1] 司马迁：《史记》第九册，中华书局1982年版，第2879—2881页。

城。夕阳西下，落日余晖映照下的这座残存的高大城池，别有一番风景。它提供了一个有关游牧文化印象的异数——本来是定居的农耕文化才以修筑城池为特长。游牧之人习惯住帐篷，保证其社会组织的机动性和军事便利。统万城，则见证着农耕文化的特长，反过来影响匈奴人的游牧习俗，让骑马民族也转为筑城而居。很可惜，这座动员十万劳力才修造的城池仅仅过了15年就被另一个游牧族北魏拓跋氏攻陷。

图中-57　考察团在统万城遗址合影

统万城建筑形式上的特色，主要是取材上的以三合土筑城。建筑结构方面，突出马面的作用，让马面空间作战备仓库之用；筑多层悬挑式角楼。这些都给中国的筑城史增添的特殊光彩。从生态史的角度看，统万城位于毛乌素沙漠边地。在这样相对脆弱的环境承受力条件下，这个城市的兴衰更突出显示着人地关系的矛盾和问题。今天的学者会更多意识到，城市人类活动的干预，如何给周围自然环境带来破坏乃至毁灭的作用。

马背上打天下容易，守天下则不易也。中国的"国"字，本来就是指城池的。字形外面的那个方框就代表四方是城墙，而四方城墙里面守护着的，只有一种东西：玉。匈奴人和欧亚大陆腹地的各草原游牧人一样，本来崇拜黄金而不崇拜玉。但是后来的游牧族一旦入主中原，改为定居的城市生活，就和华夏国家的历代统治者一样，濡染崇玉爱玉的礼俗。

如果有人不信此理，可以去四方城墙围着的紫禁城里的珍宝馆一探究竟。自辽、金、元以至大清，玉文化始终都没有中断其八九千年的发展脚步。

为何重走青冈峡？

第十一次玉帛之路考察之所以将返程路线设计为从陕北地区西南角经过宁夏盐池县南下甘肃环县，因为古代这里有一条重要的从长安通往西域地区交通路线。由于19世纪末来到中国调研并大胆命名"丝绸之路"的外国人李希霍芬、斯文·赫定等都没有亲自走过这条路，当然对此十分陌生，所以他们闭口不提。

一百多年来，跟随这些西欧学者探讨丝路与中西交通的学者人数众多，但也大都忽略此路的存在。如今的学界，在一片呼唤中国道路和中国话语的文化自觉背景下，认真思考以青冈峡为关键隘口的这一条运输玉石之古道，是恢复和重建本土知识和本土话语的好契机。

图中-58　青冈峡

2014年第二次玉帛之路考察途经河西走廊重镇武威，笔者写有《鸠杖·天马·玉团——玉帛之路踏查之武威笔记（二）》①，提出要从本土文化立场出发，将"丝绸之路"改称"玉帛之路"的理由：我们看史书中有关西域的贡物，特别是于阗（今新疆和田）的贡物，大体上始终重复上演着玉、马、佛（像）的特定"剧本"程序。丝绸，因为是外销的，作为东输的物品之交换的筹码，一般不用特别著录。著名的地质学家章鸿钊在《石雅》一书中，列举的记载贡玉叙事的正史有《史记》《汉书》《北史》《齐书》《梁书》《唐书》《五代史》《宋史》《明史》，一共九种。

至少在唐宋年间，西玉东输的重要运输路线就一定有经过陕甘宁地区要道青冈峡的这一条。日本的历史地理学家前田正名根据我国正史《续资治通鉴长编》和《宋会要辑稿》，曾列出一张宋代

---

① 叶舒宪：《鸠杖·天马·玉团——玉帛之路踏查之武威笔记（二）》，载《百色学院学报》2015年第2期。

初的70年间（公元961—1031年）河西诸国贡献给中原国家的物品一览表。在这70年间，史书记录的进贡次数有56年。进贡的物品数量最多就是玉石和马。其中56次的贡物中20次有玉石，46次有马。贡玉的记载中又有多种情况，玉料和玉器合计34次。如：玉团5次，良玉3次，黑玉1次，白玉1次，玉珠子2次，玉碗2次，玉圭1次，玉鞍3次，玉带2次，玉挝1次，玉印1次，碎玉1次，玉版1次，白石1次。笔者据此认为，从西周穆王走访西域昆仑的时代算起，一直到宋元明清，中原国家与西域的物质交流关系始终集中在玉石和马两种物资方面。

换言之，在玉帛之路上向东运输最多的东西就是这两种。有鉴于此，我们希望能够为这条古代中国的文化大通道正名，于是有"玉帛之路"为名的系列考察活动。至于具体的运输路线图，各个不同历史时期有比较大的差异，与今人想象的连云港到霍尔果斯口岸的欧亚大陆桥相比，要复杂得多。于是有必要提示一种"路网"的概念，希望能够通过实地考察调研，将玉帛之路中国段的路网情况逐一落实下来。这样的努力，实际上相当于将丝绸之路形成史的研究落实到每一个站点，并区分出不同历史时期的不同支系路线。这就是本系列考察活动的一个初衷吧。

青冈峡是长安经陇东通往宁夏和河西地区的一个要道口，因为这条路是沿着泾河—马莲河—环江一线而向西北方向走的，古代又称"环灵大道"。如今这条路线上由于修建起了211国道，早已变成一条康庄大道。5月5日立夏日，早上从靖边县钻石酒店出发，考察新落成的靖边博物馆，然后西行近百公里，在宁夏盐池县城吃一碗刀削面作为午餐。再匆匆南下，穿越戈壁黄沙地带，进入211国道，沿着环江峡谷一路南下。目睹中铁公司在这里架桥铺路，修造

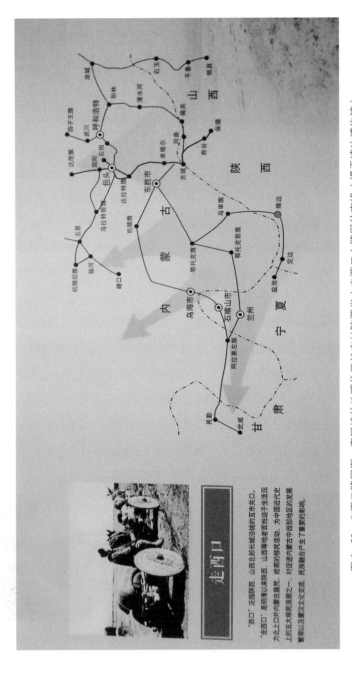

走西口

"西口"泛指陕西、山西北部长城沿线的西部关口。

"走西口"是明清以来陕西、山西等地老百姓往生存压力北上口外内蒙古谋生、经商的移民活动，为中国近代史上西北五大移民潮之一。对促进内蒙古中西部地区的发展繁荣以及蒙汉文化交流、民族融合产生了重要的影响。

图中-59 走西口路网图。青冈峡的地理位置就在甘陕两省人走西口之路网的南缘（摄于靖边博物馆）

银西高铁（银川至西安）的繁忙景象，回想一千多年之前的唐末和五代时，《旧五代史·康福传》所记吐蕃人的骆驼商队扎营的千顶帐篷究竟在何处？更加不可思议的猜想是，康福率领的汉军又是如何一夜之间突袭吐蕃营帐，缴获大量玉团和良马的？

抵达环县的当晚，到县城里的古玩店里走访，店主听说来意，良久才从保险柜里拿出一件东西，声称是自己的收藏品。原来就是本地区出土的齐家文化多联璜玉璧的不规则形的较大件标本。虽仅有一件，却能够和环县博物馆库房所藏的一件（图中-61）相互对照。古玩店这件玉质优良，最长处约11厘米，上有三个单面斜钻的小孔。玉璜表面为淡绿色，其中夹杂着深棕色的条块状沁斑，还有呈鱼子状撒开的白色沁斑。这样形制的史前玉器，目前所知只在黄河中上游地区宁夏南部、甘肃东部、陕北和晋南流行。日前在甘泉县博物馆的文物库房里，我们看到龙山文化的不规则形多联璜玉璧精品（图中-46）。4000多年前，不规则形的多联璜玉璧是怎样串联起中原与陕甘宁地区的？换言之，龙山文化与齐家文化是如何通过这一种北方黄土高原区特有的玉礼器而连接在一起的？又是怎样通过陕甘宁交界处的古道，将西部优质玉石资源输送中原的？青冈峡啊青冈峡，难道只是唐宋之际西玉东输的道路关口吗？

图中-60　环县古玩店的齐家文化联璜玉璧之一环

图中-61　在环县博物馆文物库房看到的齐家文化联璜玉璧之一环

青冈峡七问

2017年5月6日，考察团继续在环县一带调研。上午8时30分，先到环县博物馆及库房中观摩、鉴别和拍照。我们不仅在历史文物展厅中看到三件墨绿色的仰韶文化蛇纹石玉器（其中一件三孔玉刀被标注为石器），还在库房的新石器时代的石器储存柜中识别和挑选出近十件玉器，包括墨色蛇纹石玉制成的仰韶文化钉子型的头簪（残件），这和在西安小雁塔下的西安博物院玉器馆中展

图中-62 环县木钵乡高寨沟村出土新石器时代墨绿色蛇纹石玉刀（摄于环县博物馆）

出的史前蛇纹石玉簪大致是一样的。环县的史前蛇纹石玉簪子，再度验证了自2016年元月第九次考察以来所提出的中原与西部玉文化史的第一个时代为"玄玉时代"的学术认识。

图中-63 新石器时代墨绿色蛇纹石玉铲（钺）（征集品，摄于环县博物馆）

图中-64 环县环城镇红星村出土新石器时代双孔玉铲（圭），墨绿色蛇纹石玉质

从深色的蛇纹石玉到浅色的透闪石玉，史前期中原用玉材料的转变过程长达1000多年，直到龙山文化和齐家文化时代的到来，我国东部和西部玉文化经过陕甘宁交界地区形成互动，开始联系为一个整体，其直接的后果就是西玉东输格局终于形成。这个文明国家级别的资源依赖格局一旦形成，则三四千年延续至今，也没有发生根本的改变，催生出中国文化中的第一神山及其崇拜体系：最高统治者汉武帝要亲自查验古书为昆仑山命名；由此而有西玉东输路线上"玉门关"的命名；和田玉成为国人追捧的国石的唯一最高代表，《穆天子传》称于阗南山（昆仑山）为"群玉之山"；东周时期把和田玉称为"昆山之玉"（《战国策》）。当时昆山之玉输入中原的主要进关要道是山西雁门关，和穆天子西游昆仑山所走的路线一致，我们推测这条路线始于新石器时代；同时还有一条更早的捷径便是玉石之路黄河道，沿着晋陕大峡谷中的南流黄河而南下，与自咸阳出发到达内蒙古包头一带的秦直道构成平行对应。于是有我们2014年从山西大同和雁

图中-65 环县秦长城遗址

门关一带开始启程的第一次玉帛之路考察。

上午10点，考察团从环县博物馆文物库房中出来，驱车到东山上俯瞰环县全城和古城（有清代碑刻说环县古城为元代复建），远远眺望环江峡谷自北向南延展的山川形势，思索这条几乎被今人遗忘的文化和贸易通道的初始形成情况。

随后又驱车到当地国家级文物保护单位——环江边上的秦长城遗址考察，看到土筑的长城与土筑的要塞、烽燧等构成一个立体的防卫建筑体系。我们意识到早期长城的基本功能，除了直接抵御外来强敌，还有守护重要交通路线，掌控和维持中原与西域地区物资贸易的作用。不然的话，东周时期的秦国长城的护卫范围为什么会把沿环江的峡谷通道包括在内？或许与第二次玉帛之路考察在甘肃民勤县看到的通向腾格里沙漠地带的两条平行的汉长城之功能类似？第二次考察留下的这个疑问，直接催生第三次玉帛之路环腾格里沙漠道的考察，并由此形成丝路或玉路的路网意识。要认识路网的多支线网状结构，并不是一两次实地考察就能完成的。于是乎，就有了一而再再而三的不断策划的考察行动，让"学然后知不足"的经验推演到无以复加的程度。

在秦长城遗址一带的田野观测表明，这里的土层中存有各个历史时期的陶片。经过考察团成员张天恩教授的逐个辨识，初步认识到环江谷地一带的陶片类型，包括仰韶文化半坡类型（距今6500年左右），庙底沟类型（距今5500年左右），疑似石岭下

图中-66 环县博物馆文物库房中的仰韶文化蛇纹石玉簪

类型（距今约5300年），常山下层文化类型（距今约4800年），龙山文化（距今约4300年）和齐家文化（距今约4100年）。换言之，这里因为有水陆交通的便利，在很久以前就吸引着大量的史前居民前来定居，似乎构成一个各方文化碰撞和交汇区。大家不免感叹说，环县一带历来没有经过大规模的科学发掘，如果有朝一日能够在此选点展开规模性的考古发掘，或能够有效解决一些困扰学界的重要疑难问题。

目前，我们经过十一次考察所能想到的学术问题，先归纳为"青冈峡七问"的系列，列举如下，或将是提示考察活动承前启后的线索：

第一，今天已知的最重要的深色蛇纹石玉矿在渭河上游的武山县，如果史前期中原与陕甘宁地区的深色蛇纹石玉料也都来自渭河上游，那是走什么路线到达陇东和陕北的？莫非是沿着泾河—马莲河—环江路线北上，再经青冈峡进入陕北？或许还有沿着环县以东的华池县一带北上的子午岭路径？如果不是这样，陇东和陕北地区是否也能找到本地的类似蛇纹石玉矿资源呢？

第二，深色蛇纹石制成的玉斧钺，几乎成为仰韶文化中晚期以来社会精英阶层的"标配"圣物。不然的话，我们怎能在本次考察的一开始就与这类圣物邂逅，从杨官寨考古工地到宁县博物馆，再到陕北各地的博物馆（尤其是富县博物馆珍藏的两大件蛇纹石玉礼器），直到今日上午在环县博物馆及其文物库房看到的三件同类器物？"玄玉时代"是如何通过当时的文化传播网络，形成五千年前相对统一的用玉制度格局的？

第三，仰韶文化的玄玉礼器制度，是怎样在陇东地区催生常山下层文化的玄玉礼器制度，并间接催生龙山文化和齐家文化的玉礼器传统的?

第四，以青冈峡为关口的环灵道，北上进入宁夏地区后，又分为几条向西的支线? 除了对接河西走廊道以外，它是怎样与韦州道、居延道、回鹘道相联系的? 它是否与先秦时代就已经采矿开发的肃北马鬃山玉料以及临洮马衔山玉料的东输有关?

第五，五代时期的康福军队在青冈峡缴获的吐蕃人运输队物资中，只知道吐蕃人的营帐数量是数千，究竟有多少玉石呢? 其玉矿源是哪里? 被缴获的玉石去向如何?

第六，从最早活跃在河西的大月氏人，到唐宋之际的吐蕃人和回鹘人，几乎所有的河西地区游牧民族都比定居农业民族更适合远距离的运输和贸易。直接或间接参与数千年来西玉东输运动的西北少数民族的数量是多少? 数千年间如何一再演绎着多民族"化干戈为玉帛"的神话历史?

图中-67　环江峡谷：古代环灵大道的必经通道

第七，路都是由人走出来的，中国的道路一定是中国古人走出来的。中国人几千年走出来的最重要的路，被洋人在一百多年前笼统地命名为"丝路"。通过话语的控制力，流行的"丝路说"在何种程度上会遮蔽中国道路的真相？从昔日的风雪萧关道，到今日修建中的银西高铁，伴随着天堑变通途的历史巨变，如何突破西方话语的遮蔽，有效地保存我们国族最珍贵的历史文化记忆？2019年银西高铁开通运行以后，到西部来的大批旅行者中，会有多少人记住青冈峡一带曾经是西玉东输的重要通道呢？

格物致知与老马识途

——第十一次玉帛之路考察总结辞

2017年5月8日，星期一，第十一次玉帛之路文化考察活动即将在陇东学院落下帷幕。我作为十一次考察活动的主要发起策划人，向在座的新老朋友汇报这次考察的学术收获，并连带介绍系列考察活动的初衷与学术追求。

图中-68　陇东学院的总结会现场

第一，学术高起点与理论创新目标。

十一次考察的起因是2012年完成的中国社科院重大项目"中

华文明探源的神话学研究"所预设的未来研究方向，从时间和空间上求证华夏文明的资源依赖现象：在商周以后是铜资源加玉石资源，在商周以前只集中在一种神圣资源——玉石。国人都知道最好的玉石来自新疆和田，自古就有一个"西玉东输"的持续运动，到今天也没有中断。第四次、第五次考察，聚焦新发现马衔山玉矿与马鬃山玉矿，针对"玉出昆冈"的历史成见，提出"玉出二马冈"的新观点，是西玉东输研究的一次突破和细化。我们的理论目标是创建中国版的文化理论，它至少要和马克思主义理论创新的需求相一致，要能够深度解释中国之所以为中国的道理。简化地说，可以聚焦到解释一个字——"国"字的所以然。

自西学东渐以来，中国的人文社会科学是在移植引进、借鉴和模仿中艰难行进的，一百多年来，我们的最大短板是没有自己的理论系统，没有自己的方法论，更谈不上理论创新。文学人类学这一派在二十年前就提出研究方法论创新的目标三重证据法（文字记录的文史哲知识与人类学在民间调研的地方性知识相结合），在2005年以后拓展为四重证据法，第四重证据专指文物和图像。所以必须学习考古学和博物学。文物所承载的历史，大大超过汉字书写的历史。通过学习考古和玉石鉴定知识，我们能够超越文字知识的遮蔽，看到中国文化大传统的清晰存在，从大传统新知识再认识小传统，其效果是洞若观火一般的。这就是文学人类学一派的方法论和文化理论创新——大小传统论和神话观念驱动论。这是对马克思主义理论做出创新的一次重要尝试。需要用中国文明作为一个研究案例，具体说明一个原理：玉石神话信仰如何驱动华夏文明，并铸就华夏的核心价值。玉帛之路，是中国之所以为中国的最重要的一条路。

图中-69　环县博物馆藏齐家文化多联璜玉璧之一环的钻孔特写

图中-70　庆阳博物馆藏镇原县大塬遗址出土的常山下层文化蛇纹石玉器

图中-71　5月7日考察庆阳的南佐遗址看到仰韶文化的巨大灰坑

第二，格物致知：四重证据法求证"玄玉时代"。

我们前八次考察聚焦的西北史前文化是齐家文化，因为这是距今4000年的最发达的地域性玉文化，在时间与空间上和夏商周玉礼制度传统最为接近。自2016年元月的第九次考察，我们在陇东镇原县看到距今4500年以上的常山下层文化用玉（即昨天在庆阳博物馆看到镇原县大塬遗址出土的两件珍宝蛇纹石玉器，被标错为齐家文化玉器），以墨绿色蛇纹石料为主；第十次考察聚焦渭河道的西玉东输作用，得出创新性认识：仰韶文化期的蛇纹石玉资源从武山沿着渭河向东传播。这就突破了玉石之路4000年的旧认识，拓展到5000年的时间范围。这一次考察的设计就包括甘肃、陕西两省学界有效合作。陇东陕北道跑下来，看5000年的遗

图中-72 汉代黄釉鸱　　图中-73　山西出土陶寺文化四联璜玉璧
鸮（摄于环县博物馆库房）　（2010年摄于山西博物院）

址和文物，进入多个地方性的文物库房中观摩和辨识，可以说初步摸清了有关"玄玉时代"的空间分布问题：渭河及其主要支流泾河、马莲河、环江、蒲河、茹河、葫芦河等，还有甘陕交界处子午岭东侧的延河、洛河、无定河、秃尾河等等。"玄玉时代"是中原与西部玉文化的起源期，是第一个时代。随后才有批量的西部浅色透闪石玉料输入中原，其所走的路线当然是"玄玉时代"的熟路。饮水思源，查源知流，"玄玉时代"的命题，是给考古学界已有的"玉器时代"说带来新的、更精细的时空划分。

第三，老马识途：从践行中国道路到重建中国话语。

"玉帛之路"四个字，如今已经形成一种品牌效应，玉帛之路系列考察可以代表一种没有先例的学术和文化事业。其特点之一是学术与传媒结合，之二是学术内部的跨学科组合与互动。其所产生出来的积极效果，一定是"1+1＞2"的，需要大家去认真总结，并在日后继续保持和发扬。媒体是话语的温床。中国人没有自己的理论，没有自己的话语的时代应该结束了，必须有人去大胆突破旧的话语的"牢房"。

这次考察活动可以说超预期完成预定目标，考察的15天里高潮迭起：第一个高潮是在出发当天的高陵杨官寨遗址考古工地，看到刚刚从5300年的沉睡中惊醒的蛇纹石玉器。第二个高潮是出发第二天在宁县博物馆，将一件"养在深闺人未识"的史前石斧，建议正名为仰韶文化蛇纹石玉钺。第三个高潮在吴起县树洼遗址，体认龙山文化高等级社会的"标配"：山顶的祭天礼仪建筑和用玉制度。第四个高潮在延安芦山峁遗址考古现场和文管所库房，再次领会龙山文化的"标配"用玉之优良。第五个高潮在甘泉博物馆库房和富县博物馆库房，两件大的仰韶文化蛇纹石玉礼器，或可从此得到正名。第六个高潮在环县青冈峡。计划内的收获是，实地体认被"丝路说"的倡导者们完全忽略的中国本土的战略要道，其古今的延续性。计划外的收获是在环县秦长城遗址的短暂采样时，看到这里的自仰韶文化早中期到清代的文化延续性，堪称举世罕见。相关的研究前景，召开几次国际会议都不为过。第七个高潮是庆阳博物馆的常山下层文化蛇纹石玉器原件，以及南佐遗址仰韶文化"大房子"中心聚落的宏伟格局。

我在昨天凌晨4时起草的《青冈峡七问》，实际上有一点给今天总结会确定学术基调的意思。请让我再次读一下第七问，作为总结词之结尾：

　　　　路都是由人走出来的，中国的道路一定是中国古人走出来的。中国人几千年走出来的最重要的路，被洋人在一百多年前笼统地命名为"丝路"。通过话语的控制力，流行的"丝路说"在何种程度上会遮蔽中国道路的真相？从昔日的风雪萧关道，到今日修建中的银西高铁，伴随着天堑变通途的历史巨变，如何突破西方话语的遮蔽，有效地保存我们国族最珍贵的历史文化记忆？2019年银西高铁开通运行以后，到西部来的大批旅行者中，会有多少人记住青冈峡一带曾经是西玉东输的重要通道呢？

如果说到本次考察活动的缺点和不足，我也想总结两点：一是学术性和学术交流还需要加强。承前启后的学术研究性质始终都是我们考察的重头戏所在。前面十次考察所出版的书刊、电视片，还有引导考察的"圣经"——《中国文物地图集》，这次因为匆忙都没有带上。这样的失误会导致调研选点上的事倍功半。责任主要在我。二是考察团人员组合上，本次考察已经比以前有所改进，基本上做到专业互补，地方知识与学院派知识的互动互补，这是文学人类学一个学派的成功经验。但是我们没有一名专职摄影师和专职摄像师。进入文物库房重地，大家一窝蜂似地都去挤在一起照相的局面，显得很不专业。以后条件允许，考察团需要配备一名专职摄影师，更理想的是再加一名摄像师。

最后我要衷心地感激各位考察参与者、合作者，以及地方支持者、接待者，你们都辛苦了，谢谢！

下编

第十二、十三次考察

　　下编收入2017年6—8月间进行的第十二次和第十三次玉帛之路文化考察笔记和相关论文。

玉门谈玉

——第十二次玉帛之路考察玉门座谈会发言

我很荣幸参加这次玉门市组织的学术研讨会和会前的实地调研活动。

首先介绍一下文学人类学研究会与《丝绸之路》杂志社等单位联合组织的玉帛之路系列考察的缘起和理论诉求。2012年我们在中国社科院完成一个重大项目叫"中华文明探源的神话学研究"。文明探源工程是新中国成立以来最大的文科合作攻关项目，其宗旨就是要寻找中华文明几千年的脉络、源头。在此之前，20世纪最后一年结项的重大攻关项目是"夏商周断代工程"。它要回答：咱们中国在世界几大文明中到底处于什么位置？王朝历史究竟有多少年？因为远古时期的年表弄不清楚，国家很着急。这应该是文科投资最多、学科参与人数最多的大项目。"夏商周断代工程"结项后，商周两代以下的，因为有文字记载加上甲骨文、金文资料，基本可以弄清了。

夏代及其以前的，因为没有文字记录，还是十分朦胧。这也是未来需要合作攻坚的大方向。断代工程结项时有一个暂时的估算：在公元前2070年时，夏王朝开始建立。这样的推测也是为了和古代文献的说法相吻合，而并没有实际的出土文物或文字证据。其他方面的研究空白也很多，尤其是在早于夏代的文化脉络方面。断代工程结项后在海内外引起的讨论、争议也较大。所以，国家在21世纪初又启动了"中华文明探源工程"。探源的目的就是要从科学、实证方面把中华文明的来源的年表梳理清楚。一开始主要是集中在考古学家，也包括少数天文学家、地质学家和化学家们的参与，就是没有文史哲方面的参与。我们自己申报加盟。理由是，文明之源五千年也好，四千年也好，那个时候的人都是虔诚的信仰者，其天文地理观念都跟神话有关。于是就申报了这么一个补充性的项目，让神话学视角参与进来。研究的目的就是突破甲骨文以来的汉字记载之局限性，找出华夏真正深远的源流。

　　安阳殷墟出土的甲骨文距今有3000多年，甲骨文以前没有系统的文字资料，怎么研究华夏文明的源头呢？现在看来，已经发掘出土的这些遗址啊、文物啊，有很多是有图像的，还有玉雕神像之类。这类造型艺术的背后一定有神话和信仰的内容，问题是怎样去认识和揭示这些无言的神话和信仰内容。

　　2012年8月，北京故宫举办了一次"山川菁英——中国与墨西哥古代玉石文明展"。同时展出世界两大洲古代玉器，能够在对比中让人更容易明白一个要点：神话信仰的观念对玉文化发生发展具有支配性作用。比如我们看到故宫收藏的这件红山文化玉雕神像，造型极为奇特，呈半人半兽状态，一看就知是来自神话幻想。其头部为双角冲

图下-1　故宫博物院藏红山文化玉神像，距今5000年

天的动物形，身体为人形坐姿，双手环绕膝盖。五千年前的红山文化工匠如此精心塑造的这个神幻形象，具体代表什么意思，就无人知晓了。

再看墨西哥古代文明的玉雕神像，其神格十分清楚，不会让人产生迷惑。如雨神特拉洛克的雕像，就是用墨绿色蛇纹石雕刻的，是在特诺奇蒂特兰的大庙中被发现的，其身体也雕刻成坐姿，双手环绕膝盖。用玉制成神像供奉在神庙中，这种情况类似后代中国的佛教寺庙中供奉的玉佛像或玉观音之类。再如墨西哥翡翠神像纹斧（图下-3），其文字说明是："这件玉斧雕刻了站在王座上的奥尔梅加首领。他头上戴的头饰具有奥尔梅加文化的典型特点。头饰顶端的植物为玉米嫩芽，因而头饰上的侧面像应为玉米神。首领左手执一锥状物，应为祭祀时自我献身之用。首

图下-2　在特诺奇蒂特兰的大庙中发现的雨神特拉洛克的雕像，墨绿色蛇纹石玉料

图下-3　墨西哥神像玉斧，玉料为翡翠（摄于北京故宫博物院）

领身上带有繁缛的装饰品，背后的图形好似翅膀。玉斧底部的小孔可以用来穿绳挂在主人身上。"玉米是美洲印第安人的农业发明。玉米神在奥尔梅加文化中的地位，也就大体相当于我国周族人崇奉的祖先神后稷。用玉石雕刻来表现玉米神崇拜景象，就将玉斧与王者、神灵三位一体的神圣意义都包含在其中了。

　　这样一种神像和玉斧组合为一体的情况，十分有助于理解石器时代以来发生的玉石神话信仰，即以玉石来代表和表现神圣与永生的观念，还有以玉斧代表权力、王权的观念等。同样的神话联想内容，也充分体现在玉耳饰等玉质的装饰品方面。

　　还有一件墨西哥绿石磨制的玉斧（图下-4），上面有浮雕的玉米发芽形象，解说为玉米神象征。显然，这些玉斧本身就可以代表超自然的神力，而不能当成一般的劳动工具。这样看来，我国良渚文化和龙山文化时期的玉器上常有浮雕的神幻形象，也可以做同样的对照性解读，如图下-5这件龙山文化玉圭。

图下-4　墨西哥塔巴斯科州出土前古典时期绿石玉米神纹斧，距今约3000年　　　　图下-5　龙山文化阴刻神徽玉圭（故宫博物馆藏）

墨西哥塔巴斯科州出土前古典时期绿石耳饰（图下-6），距今约3000年，上有阴刻的神话生物纹饰。当年佩戴这种耳饰的人，显然不只是为了美学追求，而是以玉耳饰作为通神者的特殊标志物。有此为参照，中国玉文化发生期的耳饰起源之谜，就能得到比较神话学的贯通性解说。①

图下-6　墨西哥塔巴斯科州出土前古典时期绿石耳饰，距今约3000年。上有阴刻的神话生物纹饰

于是我们就把研究中华文明探源的新材料视野，大概按照玉文化提供的史前符号物，排列出一个大致的年表，其结果是：甲骨文字延续到现在是三千多年；玉文化发端、传承一直到今天没有中断，是八九千年。②那时候中国北方的西辽河一带就出现玉耳饰和玉斧的礼器传统，和上面所述墨西哥古文明的情况类似，不过其年代却要古老得多。即使大部分的玉玦和玉斧上没有神人或神兽纹的刻画，我们还是可以借鉴中美洲玉文化的情况，做出相应的观念解

① 参见叶舒宪：《中华文明探源的神话学研究》，社会科学文献出版社2015年版，第295—324页。

② 参见叶舒宪：《中华文明探源的神话学研究》，社会科学文献出版社2015年版，第634页。

释。笔者在《中华文明探源的神话学研究》结论部分指出，神话学知识能够帮助我们把华夏文明背后的玉文化八千年脉络找出来，接下来需要做的就是具体的细部的空间传播问题。需要攻坚的疑难问题就是，5000年以前的东亚玉器生产都是就地取材的，用各种各

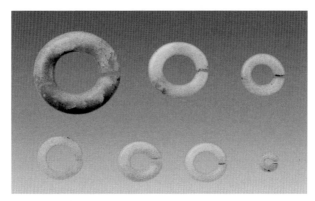

图下-7　内蒙古巴林右旗出土兴隆洼文化玉玦，距今8000年

图下-8　内蒙古敖汉旗出土赵宝沟文化玉斧，距今7000年

图下-9　内蒙古敖汉旗出土红山文化墨玉斧，距今5000年（摄于敖汉博物馆）

样的地方玉料；而在距今4000—3000年前，即进入文明国家阶段时，统治者用玉料的情况发生了很大变化，不再是靠就地取材的玉料生产玉礼器，而主要是靠西部输送来的玉料资源了。

相对而言，中原的玉文化起步要晚整整一个时代。北方的兴隆洼文化、赵宝沟文化和红山文化，南方的凌家滩文化和良渚文化，还有东部地区的大汶口文化，都早在5000年以前的时候，玉礼器的体系已经相当发达。那个时候中原地区基本上没有玉礼器。原因之一就是缺乏本地的玉料供应。后来，距今5300年前后，中原开始兴起自己的玉礼器文化，使用的玉料以深色蛇纹石为主，透闪石则是十分稀有和罕见的。此后，也还是受到玉料的限制，在没有玉料的情况下，玉文化发展不起来。怎么办呢？一般的生产方式是取材方面的退而求其次，人家是玉璧玉琮，我拿一块石材做成玉璧玉琮的形状，即石璧或者石琮。在我们上个月刚完成的第十一次玉帛之路考察中，看到在陕西泾河、渭河交汇的地方正在发掘的仰韶文化庙底沟期遗址杨官寨，距今约5300年。那个时候玉很少，正式发掘出的礼器就是一块较大的石璧，如今陈列在陕西省考古研究院的文物展厅里。那个时代，北方的红山文化、南方良渚文化和凌家滩文化已经是大量用玉了，但中原没有玉料，只能用石料替代。什么时候开始规模性地生产玉礼器呢？到距今4000多年前龙山文化时代，也就是大致相当于西部的齐家文化至四坝文化这个时候，玉料开始逐渐地地向中原地区运输。所以中原的玉文化的崛起要晚一个节拍，大概到距今4000年上下的龙山文化时代才开始兴盛。比如山西南部黄河北岸的芮城县清凉寺墓地出土的玉礼器，一眼看上去还是半石半玉的材质，这不仅和商周时代的用玉材料不可同日而语，就是与比它们早1000年的北方红山文化用玉和比它们早三四千年的兴隆洼文化用玉相较，都不可同日而语。有比较才有鉴别，这样的前后对照和地域用玉情况对照，足以说明中原地区多么缺乏优质玉料。这就是玉文化发展的瓶颈期现象。只有西玉东输的道路完全打开，情况才能发生根本性的改观。

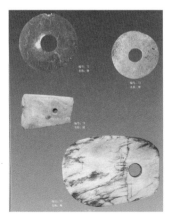

图下－10　山西芮城清凉寺墓地出土玉礼器（采自李百勤、张惠祥编：《坡头玉器》，《文物世界》杂志社2003年版，第20页）

那么，关于齐家文化用玉的材料，我们第四次玉帛之路考察专门围绕着临洮的马衔山玉矿；第二次考察路过了玉门，去瓜州；第五次考察目标就是马鬃山玉矿，当时没有从玉门这边走，是从内蒙古的额济纳直接过去的（如今这一线即将开通京新高速路），然后从酒泉这边回来，等于把玉门绕过去了。

这些系列考察的渐进式结果，大致摸清了5000年西玉东输过程的一个眉目：过去只知道新疆和田出玉，要把好玉往中原运送，当然要走河西走廊，玉门关、玉门县、玉石障等都是这条必经之路的地名。跟玉有关的系列地名，就是几千年西玉东输运动催生出来的。但是汉代以前的情况没有文献记载，大概也没有多少人关注和研究。这方面的文字信息，现在我们唯一倚重的两个先秦文献：一是《山海经》，二是《穆天子传》。《穆天子传》讲的是西周第五代天子西行考察，一直走到昆仑山和昆仑山以西地区。过去认为这是统治者好旅游，到西边会西王母去了，现在看来就是寻找玉源和运输和田玉去了。这样一来，玉石之路的年代至少比所谓"丝绸之路"早一至两千年。周穆王西游是距今大约3000年的事，但是具体走什么路线，争议很多。现在看，当时人相信黄河的源头出自昆仑山，所以周穆王是先到河套地区顺着黄河向西去。我们根据这些线索提出了一个理论：西玉东输与华夏文明的形成。

就是在金属（如青铜、金、银等）没有登场以前，华夏史前最高的礼器都是玉做的，国家文明建立之前玉礼延续和扩散传播的时间有几千年。这个时间非常长，它跟宗教信仰有关。为什么后来的中原统治者盯住了西域最好的玉，其他的地方玉都不用？主要是和田玉发挥了后来居上的替代作用。玉门当地出土过一件四坝文化玉凿，因为玉质一流，被上调到甘肃省博物馆常年展出。这件玉凿用的是和田玉籽料白玉，放在东亚洲史前玉文化全局里看，其在玉质方面也具有无与伦比的优势。

我们在玉门博物馆文物库房里调研时看到的一枚清代白玉扳指，其用料和四坝文化的白玉凿几乎同类。按照今天的和田玉收藏市场上的流行标准，可以叫"一级白"或者"羊脂玉"。这些最优等级的白玉玉器出现在玉门，是对这个两千年来不变的地名的最好诠释吧。若四坝文化的这件白玉凿距今约3800年，那也接近4000年了。为什么说和田玉东输的历史不是3000年，也不是6000年，

图下-11　玉门火烧沟遗址出土四坝文化白玉凿（摄于甘肃省博物馆）

图下-12　玉门博物馆文物库房里看到的清代白玉扳指

而是4000年上下，目前看，没有比这更好的证明物了。如果只跟着西方人的视角看丝路上的丝绸，那就只剩下张骞通西域之后的2000年了。玉门正式得名是距今2000年前的西汉时代，玉门运玉的历史则将近4000年。这就是"第四重证据"，即物证，大大优于文献记载的厉害之处。

在玉文化发展过程中，人们对优质材料不断筛选、提炼。在和田玉登场之前，东亚的玉文化已经铺垫了好几千年。就这一部分史前玉文化来看，我们原来提出的驱动因素是玉石神话，即认为玉代表天神和正能量，玉器中承载着神意和天命。随后又认为，玉石神话背后一定还有信仰。这就等于找到了玉文化从北到南，从东到西的传播驱动力，以及华夏文明催生的重要精神因素。

从文明探源的视角看，中原国家还没有出现之前很久，大致相当于国教的神话信仰因素先出现了。为什么从北边兴安岭，一直到南边珠江流域，4000年前，我国多数地区全被玉礼器之类的东西覆盖了？没有这个玉石神话信仰，不会生产、不会使用这个特殊的东西。玉料稀有，十分坚硬，加工困难。所以从理论创新的意义上，我们找出先于汉字的一套玉礼器的符号。重点要调研的就是西玉东输的具体路线，这十几次考察是以河西走廊和齐家文化分布地为重心所在，希望弄清楚的是史前没有文字的时代玉文化是怎么传播的。玉文化最便捷的一个特征就是，一个地方产的玉料跟另一个地方产的玉料是不同的，在没有仪器检测的条件下，有明显的物理特征可以辨识。你要熟悉的话，玉门博物馆一进大门摆的那些大件玉山子，一看就是祁连玉，严格意义上说那叫蛇纹石或其他类石头。真正的好玉，即透闪石玉，较为集中地储藏在新疆。为什么从且末、若羌到和田，到墨玉县，再到叶城，再过去即喀什的塔什库尔干县，全是最优质透闪石玉的出产地？大概有1500公里的大山脉，全是优质玉石资源区。祁连山现在看来是蛇纹石，或者叫"奇石"比较多，古代人主要不用这个，而是特别看中透闪石的玉，因为古代人对玉的鉴别和筛选极为严格，你一看卞和的故事，一看和氏璧的故事，基本上就可以明白了，都突出一个意思：好玉的唯一性和稀有性。西安博物馆展出的秦国白玉杯，用黄金镶边，所谓"金镶玉"。看看那玉质，再想想世界上哪里有这样的玉料，如果到处都有，唾手可得，那就一文不值了。上古时期有个不成文的潜规则，就是帝王、最高统治者，一定要拥有最好的玉。或者反过来说，最好的玉一定给最高统治者。那时的人分辨玉的能力比较高，当时也不会有什么仪器，没有什么检测，全是靠肉眼和经验。我们提出了一个"西玉东输促成华夏文明的诞生"的观点，还提出了一个观点就是"玉文化先统一中国"。在中国，具有巨大凝聚力和号召力的神秘东西，原来就是玉石。

图下-13　玉门博物馆大厅展出的祁连山美石　　图下-14　西安博物院玉器馆展出的战国时期镶金边的玉杯，羊脂白玉质

秦始皇时靠武力征服，秦军能打，往哪里打？秦国是从甘肃天水起家的，只往东边打，要消灭六国、统一天下，但秦国的城墙就在陇西那个地方，连兰州都不到，更不要说河西走廊。秦人那么能打，也没有打到河西来。为什么这边他们没打过来？因为他们主要是往东边打，需要统一的是六国，而不是要攻打异族盘踞的西戎之地。

直到西汉武帝年代，张骞通西域，公元前138年是第一次，公元前119年是第二次。两次通西域的时间跟玉门设县、玉门关设关的时间紧密衔接在一起，一看就明白。什么原因呢？就是张骞使团从西域回来，不是空手回来的，带着东西啊。带什么东西？就是《史记》记载的"汉使穷河源，河源出于阗，其山多玉石，采来，天子案古图书"[1]。天子看着这些远途采回来的和田玉样品，回去要亲自查验古书，亲自命名为阗地方的这座山叫"昆仑"。于阗就是今天的新疆和田。今天所说的昆仑山专指一座山，这是汉武帝命名的。在这以前，我们说了，《山海经》里讲的出玉的山，都可以叫昆仑，那不是特指一座山，而是对西部大山脉的泛称，应该包括祁连山、阿尔金山和天山。新发现的马鬃山玉矿，新发现的马衔山玉矿，也都应该算作汉代之前的昆仑。为什么？因为都出产透闪石美玉。而且华夏的祖先什么黄帝啊、尧、舜、禹都与早期的玉文化连在一起。现在看来神话背后不光是虚构，不光是纯粹想象的产物，它有原型，有历史。真实的历史就是西玉东输的这个现实。所以找到这种输送玉石的远距离的路网，找到了西玉东输路径以后，通过齐家文化、四坝文化的时代，从此以后这条路就基本上没有断

---

① 司马迁：《史记》第十册，中华书局1982年版，第3173页。

过，如果断就是短时间、暂时地断。当今的人们还在找玉运玉，为
的是经济利益。

一直到现在，在新疆昆仑山上海拔5000米处，还在开采山料
和田玉。因为今天是经济利益驱动，古代是信仰神话驱动，政权背
后一定是神权。你就看秦始皇的传国玉玺上的八个字，大体上就能
够体会出信仰的力量：前四个字叫"受命于天"。都说传国玉玺有
两个来由，一说就是由和氏璧改制的，那是天下最好的玉，不用问
就知道是从哪里来的，你拿着这个，天下就是你的。这就是中国人
文化认同的神权政治背景。

现代的中国人都是接受的无神论教育，看到秦始皇玉玺的事，
看到和氏璧的故事，都把那当成传奇了。这看来都是玉石信仰支配
的历史，所以这条路上几千公里，民族不一样，语言不一样，文化
不一样，种族差异很大，为什么变成了一个行政体？这样的问题就
是要解释中国文明为什么会有几百万平方公里，今天贯通国家东西
的这条高速路叫连霍高速，全长达到4300公里，没有一个古老文
明是这样大的。什么埃及啊，巴比伦啊，都是一个角落，一个大河
流域就完了。我们现在提出的解释非常明确，用玉的地点集中在中
原，产玉的地点在新疆，那你怎么办，你必须把这文化连起来。所
以中国人的理念，我们总结的传统的核心价值就是两个成语。一个
是"宁为玉碎，不为瓦全"。这就是中国人才能说出的名言。什么
"生命诚可贵，爱情价更高"，那都是西方人说的，中国人的成语
一举出来，没有比玉更重要的事情，哪怕死了，还叫玉碎。还有一
个就是跟多民族文化有关的名言，叫作"化干戈为玉帛"。过去我
们写作文都以为这类话语是哪个文人创作的，现在发现根本不是这
样。在我们考察的这条路上，运送玉的最初全是少数民族、游牧民

族，包括这里的四坝文化、后来的骟马文化、再后来的沙井文化等等，因为中原的农民一般是不离开自己的土地的。要走几千公里，一般也没有这样好的腿脚，能走出去的人可以说凤毛麟角，屈指可数。所以在这个国家文明的奥秘背后潜藏着一种文化现象，我们用一个经济学词，称之为"资源依赖"。

华夏文明，它建立的早期政权夏、商、周都在中原，但是其统治者的眼睛却都盯着汉武帝命名的这座山，因为最好的玉石材料在这儿。中国人认为黄金有价，玉石无价，最好的玉石就有最高的价值。

今天的社会主义核心价值观要用二十四个汉字写在墙上，古代的则根本不用写。历朝统治者所盯着的，就是昆仑山和田玉。清朝统治者干脆派骑兵大军把整个新疆全部攻占下来，想干什么？由中央政权掌控和经营这些宝贵的西部玉石资源。咱们玉门博物馆的王璞馆长已经收录了《清实录》里面数百万字的关于玉石贸易判案的那些事情。可以说，世界上没有一个文化有这种现象，除了我们中国。你把"中国"的"国"字再一写，看明白了，一个四方的城墙（代表国家和皇城），里边守着你的国宝，什么东西？就一个东西——玉。如果你再把"宝贝"的"宝"字的繁体字一写，也看出来了，上边就是一个"玉"，底下一个"贝"，"贝"就是货币。中国人的传统价值观其实就体现在我们的日常语言运用中。有人说这"国"字是不是简体字，其实清朝以前就用这个字，那是古代的俗字。中国人的价值观的问题通过玉的问题找出来原型。

最后，再说说我们的第十二次玉帛之路考察。本来没有计划在今年举行第十二次考察。第十一次考察五月份刚结束，以甘肃陇东为主，涵盖陕甘宁边区26个县市，这是启动以来，最长的一次，一共跑了15天，已经精疲力竭，回去还没休息，所谓席不暇暖，怎么这么快又有第十二次调研呢？因为玉门市要在2017年8月召开这次学术会议，刚好邀请到的这几位都是我们考察团的成员，干脆我们就顺水推舟，把玉门本地的和玉文化相关的情况再做一次调研。虽然三四天时间短了一点，明天还要去小马鬃山，还要顺便看周围的情况，现在看来是非常必要的。因为玉门，全世界就这一个用中国神话的名称命名的地方。我们在车上时还在讨论，这是神话吗？汉代时县的名字就叫这个，但是它最早来自《山海经》的那个叫"丰沮玉门"的。中国人认为，神都在天上，天如果有门一定是琼楼玉宇之门；把地上的建筑称作玉门，就等于把天上的东西搬到地上来。

夏代的最后一位统治者，即亡国之君叫夏桀，为什么亡国？他太奢侈了，修建了瑶台、玉门。过去都把这当成子虚乌有，现在看来也不全是假的。因为考古发现4000年前建筑用玉的情况。在陕西北部黄河拐弯的地方叫神木县，发掘出一个4000年前的石头城，巨大的城，央视拍了四集电视片《石破天惊 石峁古城》。建城的石头全是就地取材的，石头缝里全穿插着玉器。该城的东门有一个山墙倒塌了，考古工作者从中清理出六件玉器。城的其他处基本就没动，因为早已经4000年了，只剩些断壁残垣。当地百姓原来也不知道那叫什么城，只知道这地方出玉，因为古玉器很多。当地人把这残破的石头城当成长城了，一般认为是明长城。就在2012年，考古工作者把城墙里穿插的木料取出样品，拿去做碳十四的年代检测，结果是4300年。所有人都惊呆了。什么长城啊，4000年前建城，石头缝里边放玉器，这不是咱们中国的"国"字之原型吗？最高价值早都在此凸显出来了。有人说，这城墙里的玉器，管什么用啊？贾宝玉戴了一块玉，它告诉你，第一功能是辟邪，即挡住外来的敌人的侵害。那建城池的目的不就是挡住外来敌人嘛，那不用问了。所以这个价值观早在史前期就已经在东亚地区深入人心。在没有汉字以前，我们的玉文化早已经把中国人核心信仰的东西建立起来。所以到后来汉长城从雁门关修筑到河西走廊，什么功能呢？其功能当然包括保护西玉东输的这条运送玉石的路线。但是这条路线1877年被一个德国人给命名成"丝绸之路"了。问题就在这儿，看似很尴尬。

我们的考察为什么叫"玉帛之路考察"呢？说白了，就是恢复中国话语的努力尝试。"玉帛"作为词语，是古代人把玉跟丝绸联系在一起的说法。从来都是玉第一，丝绸用来包装玉，包装或者是玉组佩，要把多件玉器串起来，中间拿丝线来串联。或者是玉覆面，在脸上覆盖的是多件玉器，底下拿一个丝绸做托，缝纫在上面。这都跟神话有关。[①]这玉和丝绸都是史前神话想象的核心对象。神话思维认为，天神永生，玉象征永生，所以金缕玉衣那一看就是给帝王穿的，为什么？祈祝死后的升天。整个中国人的这些行为，都是被宗教信仰支配的。因为我们没有本土的宗教学教育，过去看不懂。光看了那么多的玉，干啥？好像就是钱多，在那儿炫富。根本不是那回事。一切都是因为人是观念动物，他的行为一定受观念支配。

我们通过玉文化的调研，找出整个神话中国的符号编码逻辑。为什么这条路上有玉门关、玉门镇、玉门县，都跟玉有关呢？不用问了，第一价值就在这儿。金还是后来的，咱们玉门火烧沟的四

① 参看叶舒宪：《"玉帛为二精"神话考论》，载《民族艺术》2014年第3期。

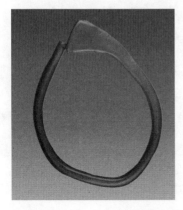

图下-15 玉门火烧沟出土四坝文化金鼻环

坝文化出了全中国第一件金器，大概三千七八百年前。在这个时候，整个东亚都没有金子。那么从哪儿来的？应该跟河西走廊西边的文化传播有关，跟新疆和中亚那边有关。因为苏美尔文明和古埃及文明，5000年前大量使用黄金，连法老的棺材都是金的，还用问吗，它一定有关系。怎么来的？我们就按照多米诺的原则去认识，它就是一波一波地影响传播。所以河西走廊西部的四坝文化非常非常重要。好在玉门市现在已经编出了厚厚的一部书《火烧沟与玉门历史文化研究文集》（甘肃文化出版社2015年版），前半部分都是有关四坝文化的，后半部分除了马鬃山玉矿的考古报告，大都是有关玉门和玉门关的历史考证。除考古工作者以外，还需要大批的、多学科的探讨，如民族学、神话学、人文学学者来参与。咱们八月要开一次专题研讨会，我们也很期待。

今天上午考察，走的这一条路，我们光知道花海北面接壤的是肃北蒙古族自治县。没想到站在花海的汉长城上，就已经看见马鬃山了。马鬃山是我们调查的一个重点，这是21世纪新发现的上古玉矿产地。古代没有一部书记载它，以前人都不知道的，一个相当于和田玉那么好玉的玉矿所在。现在其玉料大量收藏在私人手里。这么一个地方，咱们甘肃考古所2011年立了一个碑，希望能保护起来。但是玉的东西宣传出来，弄玉的人太多，怕不安全，又是边疆地区，所以考古方面就低调处理，要评全国十大考古发现都没让

图下-16 神秘的马鬃山

申报，就怕张扬出去不好。就这么压着，但是实际上这还是压不住。那么马鬃山的这个上古玉矿一旦重现天日，对认识西玉东输的整个格局就有改变。把新疆和田与马鬃山的位置对照一看，从那儿要进中原的话非常近，从那边向东直着过去就是额济纳。额济纳、居延海，那里有汉朝的边塞，而且马鬃山玉矿现在被确认是从战国时期延续到汉代一直开采的。早些时候我们弄不明白，西汉人跑到居延那么偏远的地方干什么去了，现在看来就是维护这条路去了。如果有玉石之路，那就是北线。今天看到的从马鬃山到玉门这边，路非常好走，最大的便利就是有水，有祁连山地下的泉水。这在古代有骆驼在戈壁地带运输，根本不愁没有路。走一两天的路，就能从花海到马鬃山。所以很可能从马鬃山去中原的路除了额济纳那一条路以外，实际上河西走廊这儿还有一条路。因此这"玉门"，现在看来不光是迎接新疆的玉，还有迎接来自北面的马鬃山玉。它的十字路口的意义就这样呈现出来。我们在花海长城遗址边随手就捡到一块马鬃山的玉料，其透闪石玉料特征非常明显。其他地方非常

图下-17　祁连山融雪水形成的地下泉给花海戈壁带来小块绿洲，其背后的
远山即马鬃山

难找，基本上是找不到的。这块玉还是被切割过的，而且外边露出
白色，这是典型的马鬃山白皮玉料。也就是说这条路的研究刚刚开
始，我们在一两天时间里走马看花就已经获得这样的实物标本，如
果有批量的专业团队的研究人员在花海做地毯式考察，或许还会有
重要发现吧。因为马鬃山是新发现的，以前只有玉贩子在那儿弄，
搞学术研究的人全都没去过，这怎么研究啊？包括那个兰州东边的
马衔山也是这样。考古人员直到现在还没去发掘呢，都是民间的玉
贩子在那儿搜集和贩卖。那价值已经炒得奇高，尤其是其中有少量
的透闪石白玉。以上两座山的玉料，是甘肃玉文化资源的新发现，
让我们看到前人想看都没有看到的东西，这个确实是超出意料的。
甘肃省博物馆陈列的武威皇娘娘台齐家文化墓葬出土白玉璧，从玉
料选材上看，可以和上述马衔山玉料相对照，大体可以看出与新疆
和田白玉的细微差别。

图下-18 玉门花海汉长城附近采集的马鬃山玉料（有人工切割痕迹）

图下-19 玉器收藏市场上出售的马鬃山玉料

图下-20 武威皇娘娘台出土齐家文化白玉璧（摄于甘肃省博物馆）

第十二次考察虽然时间短，但得到咱们玉门市政府的大力支持，从李玉林局长到两位馆长，都从早到晚陪着走，使我们收获很大，而且给每人发了几本厚重的大书，这个也让我们节约了很多检索的时间。我代表我们这个四人团表示衷心的感谢，我就算抛砖引玉。

（本文原题为《中华文明探源工程与玉文化研究》，原载《丝绸之路》2017年第16期）

玉门、玉门关得名新探

一、第十二次考察缘起

2014年7月的第二次玉帛之路考察，聚焦齐家文化、四坝文化与河西走廊的关系。曾经在7月18日这一天途经酒泉，却没有逗留。那是自高台县考察地埂坡遗址后，直奔玉门考察火烧沟遗址的一天，一整日大部分时间都在连霍高速上奔驰。当时有新闻说玉门遭遇鼠患，所以临时决定只看火烧沟遗址和新市区一个私人博物馆，然后便继续快马加鞭奔到瓜州去住宿。这样，我们启动的玉帛之路系列考察活动第一次穿过河西走廊，竟然错失了对酒泉这座历史名城的探访，也没有走访旧玉门市的所在，只在新玉门市稍作逗留，这不能不说是一大遗憾。

2015年6月完成的第五次玉帛之路（草原道）考察，最远目的地是甘肃与新疆交界处的明水汉代古城和肃北马鬃山古代玉矿，去程走的是草原戈壁，即从兰州经过银川，北越贺兰山，穿越阿拉善沙漠到额济纳，再从额济纳西行八百里大戈壁无人区抵达马鬃山镇。返程安排的是驱车从马鬃山到酒泉，途经玉门也没有停留。在酒泉短暂考察和召开座谈会后，当日下午乘动车返回兰州。这是五次考察以来第一次在酒泉逗留，对于酒泉的地方传说有了初步印象。酒泉方面负责接待和对接的主人是甘肃社科院酒泉分院的孙占鳌院长，他带领考察团成员走访酒泉的文化地标和肃州区博物馆，并热情赠送他主编的《酒泉文史》丛书。

　　整个2016年，玉帛之路考察进行了第九次和第十次，都是围绕泾河与渭河自甘肃进入关中的天水和陇东地区。没有时间和精力顾及河西这边。2017年的田野考察活动重头戏是4—5月间进行的第十一次玉帛之路（陇东陕北道）考察，其路线设计是延续第九和第十两次考察而来的，共覆盖两个省区的25个县市，日程安排的紧张而有序。连五一长假都是在延安芦山峁遗址和延安市文物研究所库房里的考察中度过的。本来没有在2017年内举行第十二次考察的计划。第十一次考察返回之后，还没有来得及放松和休整，考察所得资料也还没有及时整理，就接到甘肃玉门市方面的邀请。玉门市为落实文化强市策略，要在8月下旬召开有关丝路上的玉门和玉门关的学术研讨会，先期邀请国内相关专家前来调研。我们玉帛之路考察团的主要成员积极响应，在6月出席天水市的伏羲文化高层论坛之后，就趁此次年内第三次来甘肃的机会，与玉门方面协商，将此次活动与当地的文化建设实现一次无缝对接。这样，我们就把6月26日至7月1日到玉门和酒泉的考察命名为"第十二次玉帛之路（玉门道）考察"。就连考察团从酒泉出发取道小马鬃山，再度探访马鬃山古代玉矿时打出的旗帜，都是从在玉门市政府举办的座谈会现场借来的会场横幅。这次考察有三个内容：玉门地区的考察，酒泉市玉文化遗迹，酒泉至小马鬃山（马鬃山苏木）和马鬃山的路线及玉石资源情况。

图下-21　2017年6月30日第十二次玉帛考察团再度探访马鬃山玉矿遗址合影

二、玉门得名与玉石无关吗?

位于我国甘肃省的河西走廊,古代是中原文明通往西域的必经之路,如今被视为丝绸之路旅游的黄金路段。从武威、张掖到酒泉、嘉峪关、玉门和敦煌,这里曾经留下多少远程跋涉的商队、使团、军队和僧侣的足迹。值得如今中国人深思的一个话语问题是:在德国人李希霍芬1877年提出命名的"丝路"上,为什么我们中国本土的地名都不反映丝或者帛?而是一而再再而三地反映"玉"呢?这里面当然有一个话语权的问题。从先秦时代中原人对"昆山玉"路线的想象和记忆,到《山海经·西山经》和《穆天子传》记述的"玉山""群玉之山"等名目,再到西汉武帝时代开辟"河西四郡"以来的新命名的"玉石障""玉石置""玉门县""玉门镇""玉门关""玉门军"……这会使每一个来到玉门的访客首先联想到玉石:玉门有玉吗?游览一番的结果,是对这个新兴的石油城市会留下工业社会的充分印象,而玉石则是难得一见的。除了四坝文化先民留下的一件白玉凿（又被称为白玉杵）和一件青玉的矛尖①，考察团在玉门博物馆的文物库房里搜寻，总算寻觅到一件清代羊脂白玉的玉扳指。

如果没有玉的话，玉门这个名称是怎么来的？当今的玉门市政府为打造城市文化名片，不惜花费数千万元巨资在进入玉门市区的公路上修建起一座汉白玉的仿古拱门建筑，上面用红字大书特书"玉门"二字，好像是要提醒所有从这里路过的人，这里就是两千年前以玉为名的汉代玉门县的所在地！

图下-22　玉门市的标志性建筑：用汉白玉新修的玉门

在2017年8月28日玉门市召开的"玉门、玉门关与丝绸之路历史文化学术研讨会"上，我的发言是《玉石之路与玉门》，发言的第一个问题是提给玉门市的东道主的："汉白玉是玉吗？"答案显然让所有人感到惊讶：汉白玉根本就不是玉，而是一种白色大理石。之所以要把石材美其名曰汉白玉，是为了攀龙附凤式地追逐以

① 玉门市文化体育局、玉门市博物馆、玉门市文物管理所编著：《玉门文物》，甘肃人民出版社2014年版，第126页。

和田白玉为至高无上的华夏文明价值理想。我国境内使用汉白玉材料最多也最奢侈的地方无疑是北京紫禁城。其各个大殿前的坛台、栏杆、华表和装饰性的巨型雕龙石壁，都是用上等的汉白玉。要问其石材出处在哪里，答案是北京房山县（今房山区）的山里，那里盛产最优质的白色大理石。

来到玉门市，仔细一问才知道：玉门市公路上新建的地标性的拱门建筑所用石材，果然就是从遥远的华北地区房山运来的，也难怪其造价如此高昂。汉白玉新造的玉门市地标，仅仅是在符号名称上呼应了一下玉门有没有玉的问题。要让这个古老的地名能够名符其实，还需要从历史深处去发掘各种与玉石相关的隐情。

与玉门相关的地名，最有名的一个，莫过于敦煌西北80公里通往新疆的道路上的关口玉门关（小方盘城）。不过，一般人大都不清楚，这个被边塞诗歌咏唱得名满天下的玉门关，不是最初的玉门关，而是后起的。以玉门为名称的地方本不在这里，而远在这以东数百公里的地方。学界认为，西汉武帝时代开设酒泉、武威、张掖、敦煌四郡，首先设立的是酒泉郡。酒泉西边的敦煌郡，是在原酒泉郡的管辖范围里分立出来的一部分。而最初的玉门县就隶属于酒泉郡，为什么要以玉门来作为县名？因为那里先有玉门关，即运输玉石进入中原的重要地理关口所在。后来，新设立的敦煌郡，将这个重要关口向西方向大大挪移得更远了，也就是在玉门县的老玉门关之后，有了敦煌以西的新设玉门关。此后，老玉门关便不宜再称玉门关，避免造成对汉朝国家海关位置认知上的混乱不一，所以改称玉石障（障，即亭障，长城上的要塞）或玉石置（置，即邮驿路上的邮置），为汉代酒泉十一置之

图下-23　敦煌西北的玉门关遗址（小方盘城）

一。①但是，依据老玉门关而得名的汉代玉门县的名称，则无法改动了，一直相沿到后世，在唐代则改称玉门军，这个名称如同今日中国的八大军区之称。

陈梦家先生曾关注有关玉门的地名和官职名，他依靠出土汉简作为二重证据的重要补充和纠错作用，写成考据文章《玉门关与玉门县》，其中指出，古人写"玉门"二字时有两种情况：或是指县名，或是指关名。

酒泉汉简中的玉门是县名，与敦煌汉简中的玉门不同。后者是玉门都尉、侯官或玉门关之省。《史记·大宛传》三见玉门，也指关而言。敦煌汉简如"玉门都尉""玉门侯""玉门某某隧"是玉门都尉、玉门侯官或玉门侯官塞上的某隧。又有"玉门关侯""玉

----

① 李并成：《汉酒泉郡十一置考》，载《敦煌研究》2014年第1期。

门关亭"是玉门关口的侯官或亭。①

今天的学者考证此类地名背后的隐情，出现多种不同观点，彼此争论不休。2014年8月在玉门召开的"火烧沟与玉门历史文化国际学术研讨会"后所编的论文集《火烧沟与玉门历史文化研究文集》（甘肃文化出版社2015年版），厚厚的大册700多页，其中相关的考证就占了很多篇幅。其中有资深学者李正宇和李树若写的《玉门关名义新探——金关、玉门二名互匹说》一文，原文先发表在2014年9月出版的《金塔文化遗产研究文集》（甘肃文化出版社2014年版）中。

李正宇等的文章认为玉门关的得名与玉石无关，而是一种金玉并称的对仗修辞式地名，金关对玉门，其意义是取自《周易·乾卦》为"西北之卦"，其卦象"为玉为金"之说。金关指张掖郡肩水都尉防区的肩水金关（位于今甘肃金塔县北面150公里的弱水河畔）。西汉在此置关以制匈奴之暴，故名金关。史书中缺乏相关记述，唯有新出土的居延汉简中看到"肩水金关"的大名。李先生特别强调，玉门关的得名不是因为现实中西域贡玉，而是寓意在于温润之德，以结好于西域诸国。一金一玉，二关分踞南北，刚柔兼备，力制与仁怀亦如两臂之相济，近乎后世所谓"镇北""抚西""威虏""柔远"之例。不过文章中并没有给出相关的汉代文献证据，看来也显然是今人的一种推测吧。文章开篇还有一段前情介绍：1979年及此前旧版《辞海》对玉门关得名的说法是由于西域玉石由此输入而得名。李先生对此说持怀疑态度，认为没有什么根据。他还于1998年11月致函上海辞书出版社史地编辑室主任谈宗

---

① 陈梦家：《玉门关与玉门县》，载《考古》1965年第9期。

图下-24 居延汉简中的肩水金关简（2015年6月16日摄于酒泉肃州区博物馆）

英，请代询出处。谈氏回信称是撰稿人取流行之说，依据不详，待《辞海》再版时宜加修订。1999年11月修订本《辞海》出版，果然删去"因西域输入玉石取道于此得名"的释义。[①]好一个李正宇先生，居然一封质疑的信就能够让权威的工具书《辞海》改变对玉门关解说！这种不落俗套、追求无一字无来历的怀疑和探索精神是可贵的，可是其推翻旧说和提出的新观点的依据似乎不够充分，也还是有待求证的。《辞海》不是一般的书，关系到全体国民对古汉语词语的正确理解，所以笔者也不得不辩，求教于李先生。中国玉文化史知识能够给出玉门关得名与玉石有关的充分论证，试说如下。

第一，从空间地理方面论证。玉门和玉门关得名，都和西玉东输的三四千年持续运动有关。早在先秦时期中原人就知道西

————————

① 李正宇、李树若：《玉门关名义新探——金关、玉门二名互匹说》，见杨永生、李玉林主编：《火烧沟与玉门历史文化研究文集》，甘肃文化出版社2015年版，第392页。

玉盛产最好的玉石——"昆山之玉"（《战国策》）。而新疆和田的美玉输入中原必经河西走廊，从商周时代到战国时代都是如此。[①]汉代酒泉郡的玉门县、敦煌郡的玉门关，其地理位置均在河西走廊西段通往西域的交通要道上，要说这两个名称都与运输玉石无关，乃是违反常识的。要让每一种常识的说法都拿出证据和出处，这就需要不断地深入研究。在研究之前或新证据出现之前，似不宜轻易否定旧说。另创新说当然更需要实实在在的证据。

第二，从得名时间方面论证。西汉先置酒泉郡[②]，后置敦煌郡，玉门关先设在玉门县（今赤金峡一带），后来随着敦煌郡的设立而西移至今小方盘城。其设关时间，按照《汉书·武帝纪》的说法，置酒泉郡在公元前121年，置敦煌郡在公元前111年。按照《汉书·地理志》的另一种说法，置酒泉郡的时间在公元前104年，置敦煌郡的时间在公元前88年。我们知道张骞使团两次出使西域的时间，分别是公元前138年和公元前119年，两次出使的归来时间则分别是公元前126年和公元前116年。就此而言，西汉政权在河西第一次设置行政单位即酒泉郡的时间，恰在张骞使团归来之后不久，这当然不会是偶然的。两件事之间是有联系的，即有其前因后果。张骞第一次出使的百人使团，历经十三年之后，归来仅有二人，没有带回什么珍贵物资；第二次出使的三百人使团，历经三年，是满载而归的。具体带回来的西域物资是什么呢？有西域良马，不在话

---

① 叶舒宪：《西玉东输雁门关》，见《玉石之路踏查记》，甘肃人民出版社2015年版，第60—89页。

② 《史记·大宛列传》云："自博望侯骞死后，……而汉始筑令居以西，初置酒泉郡以通西北国。"参见司马迁：《史记》第十册，中华书局1982年版，第3170页。

下。《史记·大宛传》的一个记载是：

> 而汉使穷河源，河源出于阗，其山多玉石，采来，天子案古图书，名河所出山曰昆仑云。①

张骞使团自西域归国时带来的珍贵玉石，惊动朝野，这件事当然是那个时代具有破天荒意义的国家大事。西汉国家的最高统治者汉武帝亲自去查验古书，为一座距离中原王朝异常遥远的大山即于阗南山命名为"昆仑"，其所关注的作为昆仑圣山的标志性对象，就是那里特产的优质玉石（和田玉）。汉武帝为此山命名的原因有两个，即认为昆仑兼为黄河之源、美玉之源。这一点，在张骞第一次出使西域归来后，就亲口对汉武帝讲述过了。汉武帝牢记在心，才会在张骞使团第二次出使后带回于阗南山的和田玉标本时，自己亲自去查证古书。这就是《大宛列传》中两次写到汉家王朝最高统治者了解和田玉原产地的情况。②前一次是听张骞口说；后一次是目验采来的玉石标本，查验古书，为产玉之山命名。史书上虽然没有明文记载玉门与玉门关的名称是不是西汉最高统治者汉武帝亲自为之的，但是仅从他为于阗南山命名昆仑这件事看，汉家新设置的边关之大名，至少是经过统治者默许的吧。这类汉朝地名会与玉石有关的问题，只要结合张骞使团沿着河西走廊带回新疆和田玉标本的事实看，应该是因果分明、毫无争议的。李正宇先生的文章却认为在汉代不看重西域之玉：

> 查《史记》《汉书》，汉兴以来至武帝之崩，悉无西域贡玉之事。……虽曾言及鄯善、于阗、两夜、莎车产玉，但不言于阗等国献玉之事。《汉书·西域传赞》在指出汉武帝"开玉

---

① 司马迁：《史记》第十册，中华书局1982年版，第3173页。
② 司马迁：《史记》第十册，中华书局1982年版，第3160页。

门、通西域"的政治军事意义之后，也对西域奇珍异宝之输入进行过如下的铺叙：

"自是之后，明珠、文甲、通犀、翠羽之珍盈于后宫；蒲稍、龙文、鱼目、汗血之马充于黄门；巨象、师（狮）子、猛犬、大雀之群食（饲）于外囿。殊方异物，四面而至。"

这里值得注意的是，《汉书·西域传赞》列举了那么多西域输入的珍奇异物，却偏不提西域输入的"玉石"。当然，史书不载西域贡玉之事，不等于于阗等国无贡玉之事，不妨假设于阗等国宜有美玉之贡，但《史记》《汉书》毕竟不予一载，这恐怕不是史学家司马迁、班固的疏漏，至少反映了西汉并不特重西域贡玉。

为什么说汉代并不特重西域贡玉呢？考西域贡玉并不始于西汉，商汤时，西域已有"白玉"之献。西汉时即使西域续有玉石之贡又何足为奇？班固略而不提西域贡玉，正反映了汉代不将西域玉当成奇珍异宝而大惊小怪。不提西域之贡玉，乃是符合当时实情的。①

于阗南山特产的玉石，是张骞率领的汉朝使团自己带回来呈现给汉武帝的，不是西域的产玉之国进贡而来的，这就是铁一般的事实。在国家之间正式邦交尚未建立的情况下，也就不会有官方的贡玉之事。这需要等到汉武帝之后的年代才有可能出现。如果西汉人不看重新疆的玉石，又何必不远千里不辞辛劳地将它们带回长安朝廷，并呈给皇帝呢？西域的美玉，就这样明文记录在

---

① 李正宇、李树若：《玉门关名义新探——金关、玉门二名互匹说》，见杨永生、李玉林主编：《火烧沟与玉门历史文化研究文集》，甘肃文化出版社2015年版，第393页。

司马迁的《史记》文本中，怎么能说没有记载呢？在张骞通西域并与各国建立邦交之前，西域的玉石资源不是通过国家官方渠道进贡而来的，而主要是通过民间的转口贸易形式输入中原的。要在汉武帝开玉门、通西域和设置河西四郡的时代之前去寻找西域贡玉的明文记录，当然会是勉为其难的。

中原文明崇玉之风由来已久。早在西周时代的最高统治者周穆王，就不远万里去昆仑山，归来时其团队即"载玉万只"。《穆天子传》说他晋见西王母时拿着"白圭玄璧"。现实中就存在同时出产白玉和墨玉的昆仑山，白圭玄璧的色彩对应可在新疆当地找到和田玉原料的实物原型。中原的最高统治者亲自带来西域结交的圣物，其原材料本来就出自西域。其珍稀的性质，不言自明。这不是一般的殊方异物之类所能比拟的。笔者曾经据此推论："由国王采玉的垄断性质可知，在此类珍稀物品从遥远的西域输入中原的途上，为什么会有官方设置的'玉石障'、'玉门关'之类设施，完全是为了有效保障国家利益至上的西玉东输大通道，让统治者以征税形式，在获得战略资源的同时也能实现最大化的利益。"①如今再看，玉石作为国家战略资源的运输意义，还可以给玉门和玉门关的命名找到最有说服力的理由。这不是照搬《山海经·大荒西经》中的神话地名"丰沮玉门"，而是现实中的汉家王朝运送大量美玉进入河西走廊，进而送往中原的必经关口。

一石激起千层浪。既然是张骞使团从新疆带来和田玉标本，汉朝的皇帝目验这些美玉原石后，亲自查验古书，再为产玉的于

---

① 叶舒宪：《〈山海经〉与白玉崇拜的起源——黄帝食玉与西王母献白环神话发微》，载《民族艺术》2014年第6期。

阗南山命名，称之为"昆仑"。这就给"昆仑"这个美名之中注入了潜台词，使之能够喻指新疆特产的和田美玉。所以，西汉武帝以后在敦煌通往新疆的道路上设立的昆仑障[①]、昆仑塞之类名目，其实也可以从玉门关的命名上得到启示，其名义也相当于"玉石障"。以汉武帝亲自命名昆仑山这一事件为分水岭，昆仑这个名称的意义发生了从泛指到特指的转变：从泛指"西部产玉之大山"，到特指"新疆于阗南山"。[②]自此之后，祁连山、天山和阿尔金山等，虽然都出产玉石，但都不能再笼统地等同于昆仑山了。昆仑成为新疆南疆和田玉产地特有的山名，其延伸则为青海格尔木的昆仑山。除此以外，再无昆仑。

三、四重证据法提供玉门得名的新物证

玉门和玉门关，作为西玉东输的通道关口，历经两千载的戎马倥偬，时过境迁，旧的玉门县城早已经不存在，当年运玉的迹象也早已烟消云散，不像酒泉市的市中心鼓楼一带的地下那样，还掩埋着明清两代大量的玉石贸易和玉石加工的实物和遗迹。不过，文学人类学倡导的新方法论四重证据法，强调物证的可信度和物证所带来的求索空间，在此研究宗旨引导下的玉帛之路系列田野考察，也就能和新证据不期而遇。6月27日，在玉门博物馆王璞馆长和玉门文管所李所长驱车带领下，第十二次玉帛之路考察团来到位于玉门市东北方的花海乡汉长城遗址做实地探访。就在从汉长城遗址碑向

---

① 此名首见《汉书·地理志》敦煌郡广至县。班固原注："宜禾都尉治昆仑障"。参看李正宇：《昆仑障考》，载《敦煌研究》1997年第2期。

② 参看叶舒宪：《昆仑与祁连》，见《玉石之路踏查记》，甘肃人民出版社2015年版，第170—174页。

东面的烽燧遗址行进时，在距离汉代烽燧不远的地面上，我们有幸采集到一块略成长方形的马鬃山玉料。

图下-25　2017年6月28日考察玉门花海汉长城遗址

图下-26　玉门花海汉长城烽燧

由于此前已经对马鬃山玉矿做过考察并熟悉马鬃山玉料的基本特征，拿起这块玉石时的第一反应就是意识到它属于马鬃山玉料。它是在何时由什么人带到此地的？它又是怎样遗落在距离马鬃山玉矿150多公里之外的玉门花海汉长城一带的？面对四顾无人的大戈壁中的汉代烽燧，我们的思考不得不向汉代聚焦，推测这是当年汉代的人们开采和运输马鬃山玉所留下的遗物。在2015年6月第五次玉帛之路（草原道）考察之后，我们初步判断马鬃山玉向东直接走居延道是一条捷径，即可以不南下取道河西走廊，而是直接向东穿越巴丹吉林沙漠，到巴彦淖尔和包头，沿着黄河南下中原地区。如今这块出于花海乡汉代烽燧下的马鬃山玉料，虽然仅仅只有一块，也足够给我们带来新的启示：马鬃山玉料东输的途径可能不只北道即戈壁草原道，还应有南下取道河西走廊的运输路线，其南下河西走廊的方式也不拘一格。玉门花海道，或仅为其中的一条支线。我们这次从马鬃山驱车返回走的是马鬃山向正南的道，途经音凹峡，南下至桥湾，即汇合到今日的连霍高速路。这条古道大体沿着今日S216公路的路线。此外，随后在8月进行的第十三次考察，聚焦酒泉北面的金塔县羊井子湾四坝文化遗址和汉代遗址，那里称"合水"，是祁连山酒泉一带的讨赖河与祁连山张掖方向流过来的黑河汇流之处，那里也存在着一条通往马鬃山的捷径古道，是金塔、酒泉经过小马鬃山去往马鬃山的古道。但如今早已荒废，罕为人知。

综上所述，我们可以把马鬃山玉进入河西走廊的三条支线，用如下地图来表示，再把马鬃山玉输入中原地区的北道和南道做整体的地图呈现。

图下-27 马鬃山玉经过额济纳（居延塞）输入中原示意图

图下-28　马鬃山玉输入河西走廊的三条路径地形图

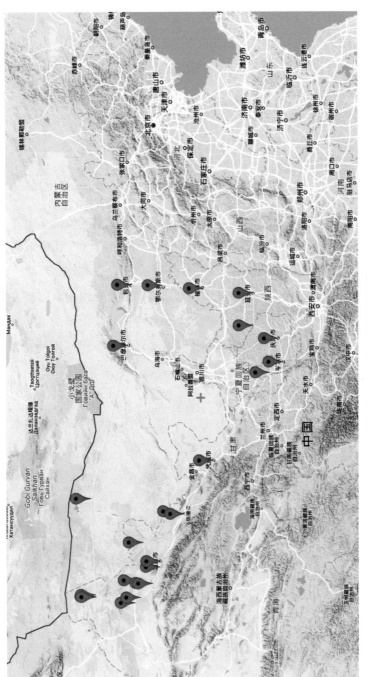

图下-29　马鬃山玉东输路线及背景图

要证明玉门花海乡一带就有古代道路通往马鬃山古玉矿，需要弄清楚其自然地理条件。地图上的测距结果显示，花海汉长城距马鬃山镇的直线距离是177公里，这里应该有马鬃山玉进入河西走廊的一条捷径。从花海汉长城遗址一带的地貌条件看，祁连山雪水流淌地下形成的水泉，还能够形成水塘和芦苇荡，越过水塘向北方望去，基本是一马平川的戈壁，路途较为平坦。只要有水源，就可以方便交通。

当天晚上，在我们的建议下，王璞馆长还带领走访了位于下榻的玉门明珠宾馆旁街道上的一家玉器商店。在我们询问下，店主拿出其柜台中唯一的一块马鬃山玉料，其糖色鲜明，玉质优良。可知当地如今还有流散的马鬃山玉料出售。而酒泉市和玉门市的公立博物馆中，目前都还没有马鬃山玉的痕迹。这是非常令人遗憾的。我们当即建议玉门博物馆尽可能也收藏一些马鬃山玉石标本，给当地玉文化留下更丰厚的证据。6月28日晚从玉门赶到酒泉，在去马鬃山玉矿之前夜，酒泉市的玉石收藏家们热情宴请考察团成员，也当场展示了较多的马鬃山玉料标本。

图下-30 玉门市玉器店出售的马鬃山玉　　图下-31 酒泉市私人收藏的马鬃山玉

在28日玉门市举办的考察座谈会上，我讲出对玉门得名的新思考：玉门之所以为玉门，或玉门关之所以为关，如果把"关"和"门"理解为关口之门，两种称谓就可以统一起来了。由于古代玉矿的新发现，玉门得名的意义也就呈现出前所未有的思考空间：这里不光是和田玉进入中原的关口，也是马鬃山玉和敦煌玉进入中原的道路关口！

敦煌玉和和田玉一样都来自一个方向——西方。但是从距离远近看，中原人认识敦煌玉一定先于认识和田玉。这也就意味着，如果运玉的路上有关口，那么一定是先有运送敦煌玉意义上的玉门关，后有运送新疆玉意义上的玉门关。这个先在的玉门关，假如真的存在过，那它只能位于当今玉门市一带，不可能位于敦煌以西的小方盘城。因为敦煌玉矿的位置在敦煌以东约百里的祁连山里，不在敦煌之西。

玉门之所以为玉门，还可以含有来自北面的马鬃山玉矿之玉料进入河西走廊的门户之意。无论是从马鬃山向正南方行进的桥湾道，还是向南方偏东方向的花海道，都必经汉代玉门县所在地，这就给汉代玉门县得名的问题也带来重新思考的线索。最早的玉门关，如果有的话，只能是位于汉代酒泉郡玉门县旧址附近，而不可能设在敦煌以西的任何地方。就此而言，西汉国家先设立的酒泉郡玉门县，兼有迎接肃北马鬃山玉和新疆和田玉进入河西走廊的性质，最初的玉门关当在西汉玉门县附近，即今玉门市赤金峡一带。随后从酒泉郡中分立出去的敦煌郡，在其西北方再设立玉门关，则只有迎接新疆玉石入关的性质，不具有迎接马鬃山玉石和敦煌玉石入关的性质。

图下-32 玉门花海汉长城位置的卫星图

四、小结与展望

玉门，这个西汉地名意味着西域美玉入关门：其关门的朝向，则兼有朝向西方的和朝向北方的双重意义。这就是马鬃山古玉矿新发现和玉门花海汉长城遗址的马鬃山玉料新发现所带来的新思考，权且抛砖引玉，求证于方家。

路，都是人走出来的。没有人走，就不会有路。玉路也好，丝路也好，都是以其运输的物资而得名的。玉门这个至少在西汉时代就以玉命名的地方，如今还能够找到上古时期运玉的蛛丝马迹，尤其是在新疆玉东输以外的其他古代玉矿资源的东输线索，这对重建中国西部玉矿资源区版图及其向外传播和源流脉络，全面梳理西玉东输的路网系统，具有文化再发现的意义和重建本土话语的意义。在举国呼唤文化自觉和文化自信的当下语境中，其新探索的空间是值得期待的。

（原载《民族艺术》2018年第2期）

图下-33　和田玉与马鬃山玉输送中原线路对比图

四坝文化玉器与马鬃山玉矿

——第十三次玉帛之路（金塔道）考察札记

2017年8月举行的第十三次玉帛之路文化考察，对西北史前玉文化发展的一个关键问题的探究有所推进：谁是最先发现和开采马鬃山玉矿的人？谁又是最早开采敦煌三危山玉矿的人？前者可能是距今3700年左右的四坝文化先民，后者则可能是距今4000—3500年左右的齐家文化先民。这是五年来系列考察所获得的新认识。把敦煌玉矿与齐家文化联系起来，将有重要的学术突破，即这个西北史前玉文化的分布区，越过整个河西走廊，到达敦煌三危山地区。[①]

一、第十三次玉帛之路考察缘起

文学人类学研究会自2013年6月启动玉帛之路田野考察活动，至今已经五年。2015年6月第五次玉帛之路（草原道）考察，到达甘肃省最靠西北角的肃北蒙古族自治县，实地探访马鬃山古代玉矿，采集若干玉料标本。这一考察路线，去程走的是草原戈壁，即从兰州经过银川，北越贺兰山，穿越阿拉善沙漠到额济纳，再从额济纳西行四百公里大戈壁无人区抵达马鬃山镇。其途中的艰险难以为外人道。从那次马鬃山之旅以后，马鬃山古老玉矿的深刻印象就永远留驻在脑海里，挥之不去。

---

① 本文仅集中讨论金塔县的四坝文化玉器问题。关于敦煌三危山古代玉矿的调研，另见叶舒宪：《玉出三危——第十三次玉帛之路文化考察简报》，载《丝绸之路》2018年第1期。

两年后的2017年6月，有机会借助玉门市政府和酒泉市的友人之力，启动第十二次玉帛之路（玉门道）考察活动，第二次造访马鬃山玉矿，并首次取道小马鬃山，探访玛瑙山，获取对马鬃山玉石资源外运路线图的新认识。两个月后的8月下旬，我们借着在玉门市召开的学术会议的机会，再启动第十三次玉帛之路（敦煌道和金塔道）考察，总共包括甘肃西部的两个田野点和东部一个馆藏的出土玉器。在玉门开会，必降落于嘉峪关机场，这样就有了顺势考察的活动安排：会前与会后先后安排实地探访玉门东西两端的玉文化站点，即金塔县羊井子湾古遗址和敦煌三危山古代玉矿，并在返程中安排高铁路线，去鉴识秦安大地湾博物馆库存的出土玉器。在这样紧凑的安排下，第十三次玉帛之路考察时间虽短，收获却颇丰，得到超乎意料的成果。本文仅陈述8月27日在金塔县羊井子湾的田野考察收获。为此次考察做向导的是酒泉市房管局段平先生和酒泉广播电视台经济部主任杨栋春先生，在此谨向二位的热心帮助表示诚挚的谢意！

二、讨赖河畔寻访古玉：四坝文化玉器闻见录

马鬃山玉矿的初始年代，目前的考古报告认为是战国时期至汉代。从出土文物看，这个年代比较保守，我们两次探访马鬃山玉矿，采集到的四坝文化陶片不在少数。秦代及秦代之前，或者更加准确地说，在汉武帝派张骞出使西域各国之前，马鬃山这样偏远而荒凉的地方罕有华夏人之踪迹。若审视战国时期秦国的行政区划图，以秦长城为标志，划出秦国的势力范围，即从陕西榆林至宁夏固原，再至甘肃陇西一带。可见秦人的势力尚没有到达银川、定西和兰州，更不用说整个河西走廊，以及河西走廊西端的肃北至新疆

地区了。先秦时代，这一片广大地区都是非华夏的游牧族生活的地方。由此推测，先秦时代的马鬃山玉矿的开采人，不大可能是中原人，甚至也不是与西部地区的戎人打交道最直接也最方便的周人和秦人。那又会是什么人呢？早期匈奴人没有用玉的传统，不会去开采玉矿，当然也不可能是他们。那就还剩下两种人可能性最大：月氏人和羌人。从文献提供的线索看，他们都曾经在匈奴人崛起之前而活跃在河西走廊一带，尤其是史籍中还留下月氏人为中原统治阶层输送玉料的说法。

羌人，即远古以来一直生活在西部的氐羌族群。最近出版的考古报告《酒泉干骨崖》一书，在确认四坝文化居民的族属问题上取得进展，有了体质人类学方面的测定结论，那就是确认其为羌人，而不是月氏人。[1]这是借助科学实证方法获得的超越古代文献记载的新知识：四坝文化的族属是东亚蒙古人种。体质特征分析显示，在距今4500年的马厂文化居民与距今约3900年的四坝文化早期居民之间，可能存在较近的亲缘关系。"对西北地区古代民族的考察表明，自马厂、齐家始，直至后来的四坝、卡约、辛店、寺洼诸文化都归属古羌人文化系统。在本文的分析中，甘青地区各古代对比人群头骨形态相对于其他人群更为相似，表明了他们在遗传上可能存在较近的亲缘关系，也许正是这些古人群都属于羌人文化系统在人种学上的一个体现。"[2]此外，酒泉地区的干骨崖人群与后来活跃在青藏高原一带的卡约文化人群也较为近似。这样，从马厂文化

① 何嘉宁：《酒泉干骨崖墓地出土人骨研究》，见甘肃省文物考古研究所、北京大学考古文博学院编著：《酒泉干骨崖》附录四，文物出版社2016年版，第362—405页。

② 甘肃省文物考古研究所、北京大学考古文博学院编著：《酒泉干骨崖》，文物出版社2016年版，第378页。

到卡约文化，我们可以大致把握四坝文化人群的来龙去脉。

干骨崖，多么耸人听闻的一个地名！原来这个地方就是因为地表上有暴露出来的四坝文化先民的人骨头而得此地名。这也表明此地在3000多年前曾经有大量的居民。或许当年的绿洲情况比现在要好得多，更加宜居。在干骨崖四坝文化遗址发现玉石器15件[①]，其中2件玉斧，1件玉石权杖头，还有玛瑙珠、绿松石珠等装饰品。这表明四坝文化是继齐家文化之后又一个批量生产和使用玉器的史前文化，不过该文化的玉器中尚未见到琮、璧、璋、璜等礼器，目前所知仅有玉质工具和武器等。从干骨崖所在酒泉丰乐乡向正北方向100公里，就是金塔县。金塔县大庄子乡有一个遗址叫缸缸洼。当地乡民在沙漠中看到史前陶罐，俗称"缸缸"，此地就得名"缸缸洼"。这地名听起来和"干骨崖"一样土得掉渣，但是毕竟没有让人惊悚的感觉。这里发现有四坝文化遗址、窑址、墓葬和冶铜作坊等，1993年被列为省级文保单位。

图下-34　缸缸洼遗址出土四坝文化双耳彩陶罐（2017年摄于金塔县博物馆）

在金塔县博物馆的展品中，有3件四坝文化玉器，均为玉斧。其中2件无孔，1件穿孔，后者又被称为"玉楔"。

金塔县羊井子湾乡是四坝文化遗址和汉代遗址都十分突出的地方。这里也是我们第十三次玉帛之路考察的第一站。羊井子湾乡位于金塔县城东北12公里处，是甘肃省在河西投资开发建设的第一个移民安置试验示范基

---

① 相关报道见玉门博物馆2017年8月举办的"玉润丝路·玉石文物展"。

图下-35　缸缸洼遗址出土玉斧和石斧（2017年摄于金塔博物馆）

地，移民基地始建于1986年。全乡的总面积3.97万亩，现有耕地
9462亩。全乡现辖6村26组，1个乡办农林场，总户数847户4138
人。在该乡的双古城村东北3公里处的沙漠里，有古城遗址，称为
"东古城"，2012年确立为省级文物保护单位。据学者考证为汉
代会水县城的城址。

图下-36　火石梁遗址出土玉　　　图下-37　缸缸洼遗址出土玉斧（2017
斧（2017年摄于金塔博物馆）　　年摄于金塔博物馆）

　　按《重修肃州新志》则云："众羌水会张掖河。"可知
"众水"又称"众羌水"，点明了会水县在众羌水会张掖河的

图下-38 金塔县羊井子湾乡东古城遗址

地方。所谓"众羌水",即发源于祁连山之南（古称"羌中"
之地）而向山北流之诸水,即今山丹河、张掖河与酒泉讨赖河
三条河流。先有山丹河源起,西北流一百一十公里汇张掖河,
又西北流四百里（称羌谷水）至鼎新大汇水口。酒泉讨赖河自
西南来,又名白水,东北流至暗门与红水河会,又稍北流,纳
清水河（古亦称墨水）,经鸳鸯池,过夹山,又东北一百八十
里至会水口与张掖河会。真是"众水所汇"。会水县属酒泉
郡,其位置在"肃州东北一百四十里。"按今公里计,即70公
里,今已知从酒泉东门至金塔为50公里,而70公里之地,正是
金塔镇五星村东北之东沙窝,位于讨赖河与张掖河相会的夹角
地带。①

_____

① 梁世林、陶玉乐编著:《金塔文物志》,金塔文物志编委会2009年编印,
第78页。

在河流交汇的地带，如果地势稍高又开阔平坦，则能避免洪水侵害，便于用水和交通漕运，是史前先民最青睐的居住选择地。距今3500年以上的四坝文化先民首先选择在此定居，直到距今2000年前后，西汉人在此修筑起中等规模的城池。所谓东古城、西古城，皆指这些汉代留下的土城建筑遗迹。就东古城而言：

> 据2008年文物普查查明，该城由内城和外城构成。外城平面呈正方形，边长89米，墙系夯土版筑……门向南开，有瓮城。

> 东古城周围数公里的地域内遗存有居民居住区遗迹和大量的古遗址、古窑址和古墓葬，地面散布有汉灰陶片、五铢钱、铜箭头、铜饰物、残砖块和绿松石、红宝石及石磨残片等遗物。这些遗迹和遗物，据考证大多为汉魏晋时期的。据此证实，东古城为汉代会水县城当无误。①

就在汉代所建会水城的旧址周边，地上随处可见比汉代的灰陶片要早很多年的史前文化红色夹砂陶片，那便是四坝文化陶片。原来，这里多河交汇的优越地势，在周边一望无际的戈壁沙漠包围下显得格外显眼，也就自然吸引着历代的先民们前来定居。其东面是从张掖地区流淌过来的黑河，即古人所说的"弱水三千"之弱水；讨赖河则是从酒泉南山中流下来的。两河交汇地带给羊

图下-39 东古城遗址地表的夹砂红陶片属于四坝文化

---

① 梁世林、陶玉乐编著：《金塔文物志》，金塔文物志编委会2009年编印，第78-79页。

井子湾乡的河滩地造就文化平台和交通要冲的便利。从这里可以导出通向河西走廊的北方支线道路，一方面连通酒泉玉居延要塞，另一方面则连通小马鬃山、马鬃山玉矿、明水要塞乃至新疆哈密。

我们知道四坝文化主要分布在河西走廊中西部地区，东起山丹县，西至酒泉市瓜州县以及新疆东部的哈密盆地一带。马鬃山玉矿所在的范围，刚好在哈密以东和河西走廊的西北面。四坝文化的年代为距今3900—3400年，稍晚于齐家文化，略相当于中原文明的夏代晚期和商代早期。四坝文化内涵丰富，特色突出，是河西走廊最重要的一支含有大量彩陶的青铜文化。而酒泉地区的四坝文化就是这一文化类型的典型代表，有大批量的出土遗址和文物可供研究。酒泉境内已发现的史前文化遗址有：肃州区西河滩遗址、干骨崖遗址、赵家水磨遗址、下河清遗址，玉门市火烧沟遗址、砂锅梁遗址、骟马城遗址、古董滩遗址，瓜州县鹰窝树遗址、兔葫芦遗址等。这些著名遗址大都是四坝文化的杰出代表。遗址中出土了数量众多、类型丰富的文物。我们这天中午考察金塔博物馆的资料收获是，获得由梁世林、陶玉乐编著《金塔文物志》（金塔文物志编委会2009年编印）一书。从博物馆展出文物中可知，金塔县境内著名的四坝文化遗址就有一批：缸缸洼遗址、火石滩遗址、二道梁遗址、石岗遗址、西三角城遗址（兼有四坝文化遗址和汉代遗址）、白山堂铜矿遗址等等。可以说，就四坝文化遗址和文物的区域分布之丰富，金塔县是目前我国数一数二的县。从这里几个遗址的夹砂红陶片散落地表并大量堆积的情况看，根本想象不到是近乎四千年前的先民留下来的，令人惊叹。

近中午时分，考察团在羊井子湾乡支部书记和乡长的带领下，沿着双古城村七组的村子挨家走访收藏玉石和古物的村民。在村民家中看到批量的马鬃山玉料（图下-40），甚至有顶级的白玉戈壁料（图下-41）。还有一批用玉料加工成的生产工具。这在四坝文化中似乎是比较流行的做法，已经不是什么新鲜事了。所采用的玉料种类，颜色多样，以绿色和糖色为主。这天下午共采集到玉器标本四件：

图下-40　羊井子湾乡民在当地采集的　　图下-41　极品透闪石白玉料
马鬃山玉料

玉斧（图下-42），青绿色透闪石玉制成，残长8厘米，宽约5厘米。

玉斧（图下-43）（残），深褐色透闪石糖玉制成，长约7厘米，宽约4厘米。

玉斧（图下-44）（铲），表面呈现为半钙化灰白色，在电光照射下呈现明显的透亮特性。残长9厘米，宽约5厘米。

图下-42　羊井子湾乡民　　图下-43　乡民家中采集的史前玉斧
家中采集的史前玉斧

玉凿（图下-45），青绿色透闪石玉，表面带红色皮。长10厘米，最宽处2厘米。玉凿刃部打磨锋利。

图下-44 采集的史前玉斧　　　　图下-45 采集的史前玉凿

此外，还有几块玉料标本（图下-46），青绿色透闪石玉，表面带红色皮。

如果加上第十二次考察在酒泉市文物商店里购得的一件玉铲，总共采集四坝文化玉器标本五件，全部为生产工具，与齐家文化的玉礼器传统截然不同。这表明四坝文化先民并没有像齐家文化先民那样从中原地区获得玉石崇拜信仰及相关的玉石神话观念，他们开发和使用玉石，纯粹是当作生产工具的优质石材，并不生产和使用宗教崇拜或仪式法器性质的玉礼器系统。这就是为什么在金塔当地只看到玉质工具，没有看到玉璧、玉琮、玉圭、玉璋之类的原因吧。同样，玉门博物馆新近举办"玉润丝路·玉石文物展"，特意从省里调集来1976年火烧沟遗址出土的三件较大的四坝文化玉器（图下-47）：第一件是单孔玉斧，第二件是长达20厘米的

图下-46 采集的玉料

双孔玉铲，第三件是玉凿。这和玉门博物馆从民间征集的两件玉器（一件玉铲与一件玉刀）一起，足以构成四坝文化玉器的标本系列①。这些玉器也皆为实用器，并非玉礼器。其取材较为多样，有马鬃山玉、敦煌三危山玉，或许也有少量的新疆玉。

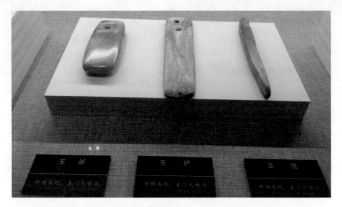

图下-47　玉门火烧沟出土四坝文化玉器：玉斧、玉铲、玉凿

图下-48　玉门博物馆藏四坝文化玉器：玉铲、玉刀

① 玉门市文化体育局、玉门市博物馆、玉门市文物管理所编著的《玉门文物》（甘肃人民出版社2014年版）一书，还收录有火烧沟遗址出土的一件四坝文化玉矛，图片见该书第126页。

三、四坝文化先民率先开发马鬃山玉

从本次考察在金塔县羊井子湾采集的玉凿之材质看，是带有红皮的青绿色透闪石玉料，与同时采集到的玉料相互对比，可以清楚地看出四坝文化玉器生产的就地取材情况。从理论上讲，距离金塔羊井子湾最近的透闪石玉料产地就是马鬃山。四坝文化先民是中国历史上河西走廊西部地区最早开启西玉东输的开路先锋之一。四坝文化玉器的批量发现，至少预示着以下四个方面的探索空间。

图下-49　在羊井子湾采集的马鬃山玉料

第一，四坝文化玉器的批量发现应该和马鬃山玉矿结合起来研究，从而找出马鬃山玉矿的最初发现者和率先开采人。从四坝文化分布的地理位置看，其东到河西走廊中段，其西至新疆哈密地区，马鬃山位于哈密以东的天山余脉延伸线上，南距河西走廊100多公里。四坝文化是这一地区唯一的年代能够达到3500年以上的一个史前文化形态，其前身应为马厂文化。因此，在此地开启西玉东输者似乎非四坝文化先民莫属。如今在金塔县能够发现和采集到的史前玉质工具，其生产和使用这类工具的主人不可能是铁器时代以后的汉代人，只能是史前之人。而从金塔县当地丰富的四坝文化遗址和遗物的情况看，如果能展开更大规模的调研和采样工作，对于四坝文化玉器研究将十分有益。

以前学界对四坝文化玉器的发现较少，分布也十分零散，不能形成完整的知识链条，所以尚没有人做系统研究。如今的第十三次玉帛之路考察，在金塔县四坝文化集中分布地区发现批量生产和使用的玉器和玉料同时存在，从外观和地理位置上与马鬃山古代玉矿有直接关系，这就好比挖掘隧道的两端工程作业找到贯通一体的契机：给四坝文化玉器研究和马鬃山古代玉矿研究同时带来突破研究瓶颈的一线希望。

第二，有关马鬃山玉矿的起源研究。目前的考古发掘报告认为其开矿起始时间在战国时代，延续至汉代。该遗址中也发现四坝文化陶片，但因为材料零散，考古报告没有向上追溯。如今从马鬃山和河西走廊西部一带周边的史前文化分布看，马鬃山玉矿的最早的开发者很可能是四坝文化先民。金塔县讨赖河与黑河交汇处发现批量的（而不是个别的和零星的）马鬃山玉料，当地又是堆积最厚的四坝文化遗址所在地，这看来不是一种巧合。

第三，四坝文化与中国西玉东输格局的总体研究。四坝文化以金属冶炼技术的流行而著称，其中包括大批青铜器和中国境内发现的最早金器。这就使得该文化以青铜时代的先锋姿态呈现在西部大地上，其玉文化的一面就相对被遮蔽起来，没有得到系统研究。金属的传播与西部优质玉石资源的传播是同步展开的。四坝文化的地理位置注定了其为早期西玉东输运动"二传手"的身份。即肃北、敦煌及新疆地区的早期本土文化都不崇拜玉石，不生产也不使用规模性的玉礼器体系。这三地的优质玉矿资源之开发，主要是由河西走廊以东地区的用玉传统所拉动。早至齐家文化时代，这种拉动作用就可能开始了。

第四，马鬃山玉料资源向东传播的路网系统研究。这对丝绸之路中国段的发生史研究极为重要，可以说明在什么时间由什么人开

图下-50 敦煌玉、马鬃山玉进入中原国家的北道和南道示意图

通了什么样的连接河西走廊的支线路径。目前可知，马鬃山玉进入河西走廊的路线有三条支线，即向南的音凹峡—桥湾线、向南偏东的玉门花海线和向东南方的小马鬃山—金塔线。这三条支线中的前两条路线都必经汉代玉门县，可知最早的玉门关应在汉代玉门县，最初的玉门和玉门关二名，可兼指新疆玉、敦煌玉和马鬃山玉的入关门户。

（原载《丝绸之路》2018年第1期）

玉出三危

——第十三次玉帛之路（敦煌道）考察简报

2017年之内，截至9月底，由文学人类学研究会策划的玉帛之路系列田野考察活动已经完成了三次，分别为4月下旬至5月初的第十一次考察（陇东陕北道）、6月下旬的第十二次考察（玉门道）和8月下旬的第十三次考察（敦煌三危山、金塔县羊井子湾、秦安县大地湾）。第十三次考察活动是借助2017年8月28日至29日在甘肃省玉门市召开的"玉门、玉门关与丝绸之路历史文化学术研讨会"之机会，由会后组建的临时考察团完成的。主要成员是叶舒宪、冯玉雷、杨骊、刘继泽和敦煌当地的向导董杰。考察敦煌玉矿的日期是8月30日。

第十三次考察的最重要收获是在敦煌以东约60公里的三危山一个山口内看到面积广大的古代玉矿。这是向导董杰多年前就已经看到的。他因为在敦煌市闹市区经营玉器小店，经常在周边寻找奇石收藏品等，终于在一次远游进山的过程中率先看到这里的古代玉

图下-51　第十三次考察团成员

矿。这几年来，他一直设想要合法申报开矿经营的手续，自己开采这里的玉石。经过线人刘继泽先生和我们考察团的努力劝说，他同意放弃个人开发的私心，将这个深藏在山野中的古代玉矿上报给国家有关部门。于是，在这位祖籍陇南的朴实西北汉子帮助下，一个半月之后的10月18日，文学人类学研究会甘肃分会负责人冯玉雷社长带着敦煌市副市长成兆文、敦煌西湖国家级自然保护区科研管理科科长孙志成、司机范载鹏一行四人再度踏入旱峡玉矿，让这片沉睡千载的大地宝藏真正回归国家。

在此之前，民间爱玉人士和一些收藏界、文博界人士也以直接或间接方式知道旱峡产玉的信息。这里的玉石资源从古到今都有人开采，甘肃开展的文物考古普查也有所涉及，只是目前官方不知情而已。但人云亦云和道听途说者多，考察定性者少。玉出三危山，这是让玉帛之路考察团成员感到十分意外的一次田野经验。因为四年跑下来，足迹已经遍布西部七个省区的荒山野岭和戈壁沙漠，但所看到的优质透闪石玉（真玉）的玉矿仅有马鬃山和马衔山等几个而已。谁也没有想到在大名鼎鼎的旅游胜地敦煌边上的三危山里，居然也会有古代玉矿的遗迹，而且其位置正是在古人运送新疆美玉进入中原的主路线上，也就是今人跟随德国人李希霍芬的叫法，称之为"丝路"的重要站点上。

图下-52　玉矿所在的山体

敦煌位于河西走廊的西端，从东面进入河西走廊的人，走到敦煌这块四面都是黄沙的地方，就已经穿越了整个河西走廊。再往西，就告别了绵延1000公里的祁连山系，朝向新疆大漠的方向了。那里有敦煌西北90公里处的小方盘城，即西汉的玉门关，为汉武帝时代所置河西四郡的最西边地，视为大汉国家边境上的战略物资流通之海关所在。

2015年举行第五次玉帛之路考察[①]，从马鬃山返回兰州的途中曾经在酒泉市短暂停留，甘肃社科院酒泉分院的孙占鳌院长负责接待我们。我回北京后，他发来他撰写的介绍酒泉历史文化的书稿，

---

① 参看冯玉雷：《玉帛之路文化考察笔记》，上海科学技术文献出版社2017年版；叶舒宪：《玉石之路踏查续记》，上海科学技术文献出版社2017年版。

让我提意见，其书第二章题为"古代神话与酒泉地望"，其中有关祁连山为先秦时代昆仑山的认识是这样写的：

祁连山，有广义和狭义两种理解。广义的祁连山指甘肃西部和青海东北部边境山地的总称，由几条平行山脉组成，绵延1000千米，为黄河与内陆水系的分水岭。狭义的祁连山指其最北的一支，平均海拔在4000米以上，高峰有武威以南的冷龙岭（4843米）、酒泉以南的祁连山（5547米）和疏勒南山（5808米），多雪峰和冰川（面积达1300平方千米）。在古代神话传说中，昆仑山是宇宙的中心，其山多玉，山因玉灵。《山海经》中，"玉"出现过137处，其中，127处是与山结合。《山海经》中记载西王母的3处中，《海内北经》《大荒西经》都说西王母在"昆仑虚北"或"昆仑之丘"，而《西次三经》称西王母所居为"玉山"。自古以来，酒泉南部的祁连山以多玉著称，有"玉酒泉"之美名。因而，许多学者认为昆仑山就是酒泉南面的祁连山。

我当时给孙先生回信，针对他的上述这段话，提议说：

你的举证仅限于搜索排列文献，我们叫一重证据。需要拿出实证的玉石标本来，才好比较和证明，现在看新疆和田玉最优，所以汉武帝对昆仑的命名是根据玉来的。我们把实物证据、文物证据称为第四重证据。目前看来，和田南山，酒泉南山都产玉，但是玉质品级相差很大，需要实物的PK。酒泉玉多为蛇纹石，而和田玉为透闪石。我们这次考察在肃北马鬃山看到的玉石，也是透闪石。所以泛指的昆仑也应该包括马鬃山在内。还有，就是马衔山。参看《玉成中国——玉石之路与玉

《兵文化探源》一书，2015年。[①]

如今，让我和孙先生都没有料到的是，仅仅过了两年，这些话就需要重新修正了。敦煌这样的地方居然隐藏着一座玉山，能够找到实实在在的优质透闪石的实物证据（图下-53），表明汉武帝命名之前的昆仑，很可能包括敦煌的三危山在内，这也就可以间接证明祁连山为昆仑的上古观点并非空穴来风。

图下-53　敦煌玉矿出产的透闪石玉料

三危山乃是中国文化史上的西部名山，它最早在《尚书》的《尧典》和《禹贡》里均有记录，在《山海经》中也已经显山露水。这座名山堪称先秦时代中国人对西部想象的"标配"内容之一：流沙、黑水、弱水、三危。如《禹贡》篇所记："黑水西河惟雍州。弱水既西……至于猪野。三危既宅，三苗不叙。厥土惟黄壤，厥田惟上上，厥赋中下。厥贡惟球琳琅玕。"[②]

---

① 叶舒宪、古方主编：《玉成中国——玉石之路与玉兵文化探源》，中华书局2015年版。

② 顾颉刚、刘起釪：《尚书校释译论》第二册，中华书局2005年版，第737—738页。

图下-54　敦煌三危山远眺

　　《禹贡》的这个记载让后世的中国知识界对雍州最西端的三危山了然于心，而对其地的特殊物产则永远充满着艳羡和向往。什么叫"球琳琅玕"呢？原来这四个从玉旁的字，都是指代地方美玉，一般会让人联想到新疆的昆仑山。如《尔雅·释地》云："西北之美者，有昆仑虚之球琳琅玕焉。"郭璞据《说文解字》为词句注解说："球琳，美玉名。""琅玕，状似珠也。"这也就是说，三危山一带就是古代的昆仑虚所在，当地特产是两种美玉：美玉原料和珠状的玉石。

　　如今，这个记载被三危山旱峡山谷中透闪石美玉实物证明是真的，其意义非同小可。至少可以确信一点：早在张骞通西域和西汉王朝设立河西四郡之前很久，中原华夏或陇原大地的人们已经非常明确地知道敦煌三危山一带的山河地理和特殊物产了！否则相关的记录不可能同时出现在《尚书》和《山海经》中。古往今来的《尚书》注释家不计其数，可是竟然没有一个人亲自到祁连山一带乃至具体到敦煌的三危山一带去做一点实地考察和玉石采样工作。以至于敦煌产玉的现实一直被蒙在鼓里，不为外人所知。

球琳琅玕的实物原型一旦重见天日，有关中原国家所渴望得到的河西走廊西端的最重要的资源物产的古老传闻，就这样由虚变实，由被缥缈的昆仑神话的云山雾罩，到第一次露出真容。三危山旱峡的玉矿，散布在一个相当大的山地区域里，既有深深向下挖掘过的矿井遗迹，也有随山体而开采的迹象，遍地洒落着各种形状的碎玉石。这两种开采的迹象皆十分明晰，不容置疑。石器时代的考古学研究经验表明，"对石料最初的研究集中于采石场和矿井这两种遗址，因为这两类遗址最为直观"[①]。考察团还在现场很容易地采集到古人加工玉矿石所用的石质工具，如石斧、石球等。更令人欣喜的发现是古玉矿现场留下的史前文化陶片，其中既有粗颗粒的红色夹砂陶，也有较为光滑的红陶。据我们五年来考察的诸多史前遗址陶片情况，可以初步判断其为齐家文化陶片或近似齐家文化的陶片。

图下-55　旱峡玉矿遗址采集石头工具　　　图下-56　旱峡玉矿遗址采集史前陶片

① 乔治·奥德尔：《破译史前人类的技术与行为：石制品分析》，关莹、陈虹译，生活·读书·新知三联书店2015年版，第6页。

后来我把采集的陶片样品照片发送给中国社会科学院考古研究所王仁湘研究员，他的意见也是：该陶片特征，应不晚于齐家文化或四坝文化。冯玉雷把他采集的陶片样品带回兰州请教甘肃省文物考古研究所的资深研究员郎树德先生，其反馈的意见也是：近似齐家文化陶片。如果这两位中国西北地区新石器时代文化研究的专家的经验判断无误，那么敦煌玉矿应该开启于距今3500—4000年间，那正是齐家文化玉礼器生产的活跃时期。

敦煌古玉矿的发现，对于解决一个困扰国人多年的历史遗留难题，提供了非常实际的启示。这个难题是：为什么自汉代以来在河西走廊的西段不断出现以玉为名的地名，玉酒泉、玉门、玉门县、玉石障、玉门关、玉门军……？

与此相关的问题还有：为什么西汉玉门县在敦煌以东的地方，而玉门关却在敦煌以西的地方？自国学大师和敦煌学的奠基者王国维在《流沙坠简序》中提出玉门关最初不在敦煌而在玉门县以来，近百年争论不休。刚刚在玉门市召开的"玉门、玉门关与丝绸之路历史文化学术研讨会"上，两种观点针锋相对，甚至有剑拔弩张之势。还衍生出第三种乃至第N种新观点，林林总总，莫衷一是。敦煌玉矿的发现，足以给这类学术争论难题带来重新反思的根本契机：玉门县、玉石障等之所以在敦煌以东，是要迎接敦煌本地产的玉；而玉门关之所以在敦煌以西，是要迎接产自新疆的玉。就敦煌玉矿的开启时间而言，应该是在马鬃山玉矿和新疆若羌、于阗的和田玉矿之前。敦煌藏经洞内珍贵经卷被盗外国的始作俑者——英国考古学者斯坦因在其《西域考古记》中做出的一个判断："玉门县就是从后来的玉门关得名的"①。如今依据敦煌旱峡玉矿的存在重新审视，斯坦因的说法显然不能成立。如果有最早的玉门关，那就应该是迎接敦煌三危山旱峡玉矿东输的第一站，其地应在西汉的玉门县遗址所在②。因为西汉所置河西四郡不是同时设立的，而是先设置酒泉郡，之后才从酒泉郡管辖的领土中分出一部分来，再设为敦煌郡的。从由近及远的展开逻辑看，敦煌以西的玉门关，当在酒泉郡玉门县设置以后才有。

斯坦因能够在楼兰采集到第一件被考古人发现的"楼兰玉斧"③，却不能辨识出敦煌当地的玉矿资源，这是因为此类辨识非常难，考古专业人士也未必都能够胜任。玉石不分和玉石混同，成为十分普遍的认识障碍。

2015年第五次玉帛之路文化考察之结论，考察团针对国人的一个特殊的成见"玉出昆岗"说，提出"玉出二马岗"④说，即专指类似和田玉的优质透闪石玉矿，也出自甘肃肃北马鬃山和甘肃临洮马衔山。2017年5月完成的第十一次玉帛之路考察得出新认识：甘肃武山县渭河边的蛇纹石玉矿是最早输入中原地区的玉料，其开发时间在5000年以前。2017年8月的第十三次考察可以再次得出新认识，即在"玉出二马岗"和"玉出渭河源"的古老事实之外，还

---

① 斯坦因：《西域考古记》，向达译，商务印书馆2013年版，第186页。

② 河西地理研究专家李并成教授最近撰文论证，嘉峪关石关峡为最早的玉门关，目前学界尚未对此达成共识。参看李并成：《石关峡：最早的玉门关与最晚的玉门关》，见杨永生、李玉林主编：《火烧沟与玉门历史文化研究文集》，甘肃文化出版社2015年版，第402—407页。

③ 斯坦因：《西域考古记》，向达译，商务印书馆2013年版，第149页。

④ 叶舒宪：《玉出二马岗 古道辟新途》，载《丝绸之路》2015年第15期。有关第五次玉帛之路考察的成果，参看叶舒宪：《草原玉石之路与〈穆天子传〉——第五次玉帛之路考察笔记》，载《内蒙古社会科学》（汉文版）2015年第5期；叶舒宪：《玉石之路踏查续记》，上海科学技术文献出版社2017年版，第119—138页。

有"玉出三危"的古老历史真相。

　　如果说"玉出昆岗"是古代的国学常识，也标志着前人研究西玉东输的1.0版观点，那么"玉出二马岗"则为2.0版新知，"玉出渭河源"为3.0版，"玉出三危山"为4.0版的新知。探索无止境，中原文明对西部玉矿资源的认识是按照多米诺效应逐渐由近及远的。

　　三危山旱峡古代玉矿将成为继马鬃山古代玉矿之后，我国新发现的第二个古代玉矿。由于其地理位置处在河西走廊西端的交通要道旁侧，显然也比马鬃山玉矿的位置更容易得到开采和运输。其改写玉文化史的意义的是不言而喻的。至于它将在何种意义上改写我们国家西部开发的历史，还需要从多方面给予评估，尤其需要等待正规的考古发掘结

图下-57　今人用敦煌三危山玉石制成的玉器，与和田玉别无二致

果。从目前所得陶片的情况初步推断，敦煌旱峡古玉矿的开采年代很可能要比马鬃山玉矿还要早，或许是始于齐家文化至四坝文化时期。这个判断也还需要进一步的考古学调查认证。果真如此的话，那就意味着它是中国西部的兰州以西广大地区里最早被认识的玉矿之一。

（原载《丝绸之路》2018年第1期）

大地湾出土玉器初识

——第十三次玉帛之路文化考察秦安站简报

一、大地湾出土玉器的学术意义

文学人类学研究会组织的玉帛之路考察活动在2017年内共举行三次，其中后两次即第十二次和第十三次考察都是围绕河西走廊西段展开的，是为配合玉门市的学术调研和会议。第十三次玉帛之路文化考察，借玉门市召开的"玉门、玉门关与丝绸之路历史文化学术研讨会"之机，在8月26日至9月1日之间顺利完成。这次考察在几年来的调研基础上有一种补缺的性质，分别安排了对甘肃省境内三个站点的田野考察。第一站点金塔县羊井子湾四坝文化遗址考察。这是对6月举行的第十二次玉帛之路考察的后续补缺，得出的重要新认识是有关马鬃山玉矿资源最早的开发使用者为四坝文化先民。[①]第二站点为敦煌三危山史前玉矿遗址的探查，这也是具有重大学术意义和历史意义的一次实地调研。[②]在完成以上两个站点的考察之后，考察团仅有二人继续前往秦安大地湾博物馆参加第三站点的考察活动。

---

① 叶舒宪：《四坝文化玉器与马鬃山玉矿——第十三次玉帛之路考察（金塔）札记》，载《丝绸之路》2018年第1期。

② 叶舒宪：《玉出三危——第十三次玉帛之路考察简报》，载《丝绸之路》2018年第1期；柴克东：《"玉帛之路"文化考察丛书暨十三次考察成果发布会纪要》，载《百色学院学报》2017年第6期。

图下-58　大地湾在天水地区的地理位置图

　　2017年8月底至9月初前后参与第十三次三个站点考察的考察团成员有：《丝绸之路》杂志社主编冯玉雷，中国社会科学院民族学与人类学研究所研究员易华，四川大学锦城学院副教授杨骊，酒泉市房管局干部段平，酒泉电视台经济部主任杨栋春，兰州市退休干部刘继泽，敦煌市企业家、考察向导董杰，天水市委宣传部副部长宋进喜，大地湾博物馆副研究馆员张正翠，中国甘肃网总编张振宇、副总编亢兆宁等。笔者参与这次考察的总行程路线为：8月26日北京出发搭乘MU2412航班飞嘉峪关—酒泉。次日驱车去金塔县羊井子湾考察，当晚再乘火车自酒泉至玉门市。研讨会后乘火车自玉门市去敦煌市，驱车去三危山和莫高窟考察后，自敦煌飞兰州。住宿一晚后，于9月1日晨冒雨从兰州乘高铁直抵秦安县，调研大地湾博物馆的馆藏玉器后，再乘高铁从秦安出发，辗转天水—宝鸡，返回北京。全部行程为一周时间，总里程约5000公里。

　　自启动玉帛之路系列考察活动以来，我们已经多次来到秦安大地湾。2017年内这也是第二次来访。由于前往玉门市出席会议，就近的机场是嘉峪关机场，这样就做出顺势考察的活动设计：会前与会后先后安排实地探访玉门东西两端的玉文化站点，即金塔县羊井子湾的四坝文化遗址及玉器，敦煌三危山古代玉矿，并特意在返程中安排高铁路线去秦安县鉴识大地湾博物馆库存的出土玉器。在这样的安排下，第十三次玉帛之路考察时间紧凑，收获颇丰，取得意料之外的丰硕成果。谨在此向天水和秦安的接待方的热心帮助表示诚挚感谢。特别是以本简报向不幸在2017年年底因病逝世的宋进喜先生表示哀悼，用我们对大地湾玉器的初步探索性成果，告慰这位大地湾之子的在天之灵：你生于秦安县大地湾，将毕生奉献给这片养育了8000年文化的黄土地，你永远是大地湾人的荣耀后裔。

图下-59　2016年6月第十次玉帛之路考察在大地湾博物馆合影

9月1日上午抵达秦安县，专程从天水市赶来接待我们的宋进喜先生和司机老宋，已经备车等待在高铁站。我们一行四人在公路上奔袭两个小时，到达大地湾博物馆时，张正翠馆员已经安排好库房中的出土玉器标本，在馆内等候多时。

大地湾博物馆藏的这批玉器是大地湾遗址出土的有明确年代分期的文物，能够成为整个西部和中原的史前玉文化史的标尺，能够为其他地方的出土玉器提供参考和对照的标准坐标系，因而显得十分珍贵。因为2006年出版的考古报告《秦安大地湾——新石器时代遗址发掘报告》一书中对玉器和石器也没有做出明确区分，在文字陈述和图片展示时皆呈现为玉石混同的状况，即把玉器也归类为石器，这就很容易给人留下错误的印象，好像大地湾遗址的五期文化层中基本没有玉器出土。如翻阅《秦安大地湾——新石器时代遗址发掘报告》的目录，就可以看出，对遗址的五个时期出土文物介绍，都只有陶器、石器和骨、角、牙、蚌器，并没有单独标出玉器。整个目录只有最后的附录六题为"大地湾遗址玉器鉴定报告"。这个报告选取了19件标本逐一鉴定其物理成分，但与全书的文物陈述和图版标注并不统一对接，而是各说各的。除了附录的这一张表以外，全书中再无任何有关玉器的描述和标注。再如，同书下册的图版部分，将若干出土玉器标注为石器。如彩版"第二期石器"部分，就将彩版一八之5玉凿（出土编号T109③：16）标注为"B型石锛"[①]；将彩版一八之6蛇纹石玉料标注为石料。再如彩版"第四期石器"部分，将彩版四二之1大理岩坠饰标注为石坠，无误；彩版四二之2（出土编号T811②：55）标注为"B型石坠"[②]，有误，实际为玉坠（一说其材质为翡翠，笔者目验为绿松石）。彩版四二之3（出土编号T802③：6）标注为"C型石坠"，有误，实为标准的玉坠。诸如此类，不一而足。

---

① 甘肃省文物考古研究所编著：《秦安大地湾——新石器时代遗址发掘报告》下册，文物出版社2006年版，彩版一八。

② 甘肃省文物考古研究所编著：《秦安大地湾——新石器时代遗址发掘报告》下册，文物出版社2006年版，彩版四二。

图下-60　大地湾二期出土玉凿　　　图下-61　大地湾博物馆展出的
（张正翠供图）　　　　　　　　　四期出土半圆形玉坠

　　一般而言，专业考古工作者撰写的考古报告，是具有权威性的研究基础资料，被引用率很高。毋庸讳言，就《秦安大地湾——新石器时代遗址发掘报告》而言，该书缺乏对遗址出土玉石器的鉴别和区分，这是不利于研究者参考的，不能不说是一大缺憾。希望该书若有修订出版的机会，尽量弥补上这个明显的缺陷，给中原与西部的玉文化发生史提供宝贵的第一手编年实物资料。这正是文学人类学学派积极探索中的文化大传统的第四重证据。

　　张正翠馆员和一位助手将准备在案头的一盒一盒分装的出土玉器打开，让我们上手做近距离的观摩和电光检视。这二十多件玉器，有完整的，也有残损的，有的是她撰写的介绍文章中列举的，也有的是文中没有提及的。通过她的介绍，得到一个令人惊讶的信息：大地湾出土玉器的数量，其实不止这些。目前收藏在博物馆的这二十几件玉器只是该遗址出土玉器总量的三分之一左右。因为大地湾出土的玉器尚未得到权威部门的检测和鉴定，又分散放置在秦安本地和兰州的甘肃省文物考古研究所库房，过去一直没有对外公布，也没有一个总的数量统计和性质归档，因而基本上不为外界所知。在中国知网的论文索引中搜索"大地湾出土玉器",竟然没有一篇以此为题的文章,其受冷落的情况由此可知大概矣。

早些时候,在阅读"三十年磨一剑"的大地湾考古简报时曾认识到,这些简报在撰写时,玉石不分的现象比较普遍,许多因为年代早而显得异常珍贵的玉器都被安排在石器类别之中,甚至干脆被当作石器。自1979年开始发掘,至2006年终于问世的详尽考古报告《秦安大地湾——新石器时代遗址发掘报告》一书,情况基本没有变化。书中仅有委托闻广先生对19件玉石器采样做出成分检测报告表一张,再无对玉器的单独陈述文字。

第二个重要信息:大地湾二期就出土有用蛇纹石玉料制成的玉器,还有一件深色蛇纹石玉料的籽料,其最早年代在距今6500年的时候。这个年代里的出土玉料,对于整个中原与西部的玉文化萌芽具有重要意义。这个信息将我们第十次和第十一次考察所聚焦的仰韶文化蛇纹石玉器的起源期,从大约5300年前的庙底沟期,提前到6500年前的大地湾遗址二期,即仰韶文化的早期。换言之,"玄玉时代"开启的时间和地点,都要据此而重新确认。

图下-62 大地湾博物馆库房收藏的玉器

图下-63 大地湾博物馆展出的二期出土玉料被标注为石料

二、仰韶文化玉笄的起源

　　苏秉琦先生早在20世纪80年代就对大地湾遗址所代表的文化区系意义做出判断，他认为"甘肃东部泾渭流域自成体系，临近的陕西关中西部宝鸡、凤翔，宁夏的固原大致包括在内"[①]。这就意味着陇山两侧的史前文化具有同质性。泾渭两河流域对华夏文明起源具有非同寻常的奠基性意义。与此相对，西边以兰州为中心的洮河流域应属另一区系。大地湾文化因为年代早，具有中原与西部史前文化发源上的意义：在大地湾文化一期之后，才开始出现仰韶文化，如半坡类型和庙底沟类型。像彩陶、小口尖底瓶等，都是从大地湾文化起源而传播给仰韶文化的。本文要尝试论证玉笄起源于大地湾四期的仰韶文化。而玉笄的前身则是陶笄或骨笄。早在距今7800年的大地湾一期文物中就有4件骨笄。[②]在大地湾博物馆展厅中有14件二期文化层出土的骨笄排列在一起展出。从一期、二期到四期，看来这种束发器物一直耗费了2000多年时间的发展，才正式演变出玉笄，而最早的玉笄不是透闪石玉的，而是深色蛇纹石玉的[③]。我们依据《山海经》的本土话语，将此种玉料称为"玄玉"。[④]

　　早年阅读彩图册《西安文物精华》一书收录的客省庄二期文

---

　　① 苏秉琦：《大地湾会讲话》，见甘肃省大地湾文物保护研究所编：《大地湾遗址研究文集》，敦煌文艺出版社2016年版，第2页。

　　② 甘肃省文物考古研究所编著：《秦安大地湾——新石器时代遗址发掘报告》上册，文物出版社2006年版，第59页。

　　③ 施俊《论古代玉簪饰的发展演变》一文（载《文物春秋》2013年第4期），将骨笄的产生溯源于仰韶文化，未涉及更早的大地湾一期的骨笄。

　　④ 叶舒宪：《认识玄玉时代》，载《中国社会科学报》2017年5月25日。参看《丝绸之路》2017年第15期专号《探秘玄玉时代的文脉》。

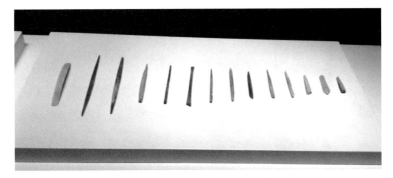

图下-64 大地湾二期出土的骨笄

图下-65 2016年第十次考察武山县村民手中的骨笄

化或陕西龙山文化玉器时，看到有两件玉笄，一白一黑，对照感十分强烈。白的一件是仰韶文化的石英岩笄，黑的一件则墨绿色的蛇纹石玉制成。该书对此的说明词是这样写的：

笄是古人束发的用具，古代男子把发绾于头顶，用笄横贯发中，不使散乱。玉笄最早见于良渚文化，延至明清，乃至现代兄弟民族仍在饰用。其形制一般为长椎形，商早中期即已定型化。笄杆多数呈细长圆形椎体，上粗下细，平顶，抛光，少数笄杆顶部雕琢纹饰。古代男子在十八岁时要举行成年礼，即

图下-66 史前期的玄玉标本：西安市未央区来家崖村出土龙山文化蛇纹石玉笄（摄于西安博物院）

开始蓄发着笄，因而称之为及笄之年。玉制的笄通常是贵族男子的发饰。[①]

2016年的第十次考察在大地湾博物馆参观时，只看到展出的第四期陶笄和石笄，并没有看到玉笄。在甘肃省文物考古研究所编著的《秦安大地湾——新石器时代遗址发掘报告》第619页给出的"第四期石笄度量和特征表"中，也全部标注为石笄，没有玉笄。其中出土编号为QDF824：1的残断笄，注明岩性为"砂岩"，这显然是疏漏和误判。这次专程再来大地湾博物馆库房调研，终于看到这件玉笄，明显是用蛇纹石玉制成的，透光处呈现为绿色。据此可以把玉笄的历史开端，从南方的良渚文化，北移到甘肃的大地湾文化。大地湾四期的年代在距今5500—4900年，这个年代明显要早于良渚文化。而且仰韶文化中有许多地方都有类似的玉笄出土，足以见证这中原玉文化起源期的特有玉器种类，值得关注。例如，在天水师赵村第五期出土文物中著录有石笄4件，分别为平顶型和椭圆形笄帽型，后者有3件。发掘报告称：

标本T212②：14，墨绿色。笄帽底部有一榫卯孔。大理岩。[②]

① 西安市文物保护考古所编：《西安文物精华》，世界图书出版公司2004年版，第29页。
② 中国社会科学院考古研究所编著：《师赵村与西山坪》，中国大百科全书出版社1999年版，第121页。

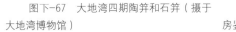

图下-67　大地湾四期陶笄和石笄（摄于大地湾博物馆）　　图下-68　大地湾博物馆库房鉴定蛇纹石玉笄

　　由于考古报告撰写中常有玉石不分的情况，笔者怀疑师赵村五期的这件石笄有可能是蛇纹石玉笄。因为，墨绿色正是蛇纹石玉的突出特征。它究竟是不是像发掘报告所称的"大理岩"呢？检视《师赵村与西山坪》书后的图版76:11，虽然只是黑白图片，但这件笄帽的表面仍呈现清晰可见的包浆之油润感。有朝一日若能找到其实物再做目验，才能确认其材质是否也为蛇纹石玉。毕竟，与秦安大地湾和宝鸡福临堡等遗址相比，位于天水的师赵村遗址地理位置更接近渭河上游的武山鸳鸯玉矿。

图下-69　玄玉标本:大地湾四期出土蛇纹石玉笄(残)(大地湾博物馆张正翠供图)　　图下-70　笔者在大地湾博物馆库房鉴识仰韶文化玉笄（杨骊摄）

三、大地湾与史前的玄玉起源

2005年，笔者第一次来甘肃调研，在兰州大学赵建新教授陪同下慕名走访秦安大地湾遗址。那时从天水到秦安还没有公路，走的是黄土山梁间的土路，要颠簸三个小时才能到大地湾。那时也还没有建博物馆，只有文管所的几间房子做图片性的展示。当时管理方一位叫程晓钟的专业人员接待我们，还送了书。在发掘现场，紧邻着清水河（葫芦河的支流）畔的台地上那座的"大房子"（F901），让我们感到十分震撼。从此对渭河支流葫芦河流域的史前文化留下难忘的印象。还看到苏秉琦、严文明等考古专家都对此发表过高见。

苏秉琦指出，大地湾一期与后边的仰韶之间有缺环，但在陇东并不乏这个时期的遗存，如从庆阳、宁县材料来看，与宝鸡北首岭中层相当，区别不大。①他建议把大地湾遗址与泾渭流域看成一个文化整体。严文明认为，大地湾的901号房子显然也不同于一般的公共建筑，这不但是因为它面积大、分间多、规格高，还在于它的前面有一些特殊的设置。那整齐排列的12个柱洞可能是供12个氏族竖立图腾柱的，也可能是供12个部落各自竖立旗杆的。柱洞前面的一排青石板则可能是各氏族部落处理牺牲以供祭享的，甚至是处理敌方重要俘虏的场所。这样它就很像是一个部落联盟的议事会堂和神庙。②严文明还提出，这样规格的建筑在陇东地区出现，这就是

① 苏秉琦：《大地湾会讲话》，见甘肃省大地湾文物保护研究所编：《大地湾遗址研究文集》，敦煌文艺出版社2016年版，第3页。

② 严文明：《仰韶房屋遗址和聚落形态研究》，见甘肃大地湾文物保护研究所编：《大地湾遗址研究文集》，敦煌文艺出版社2016年版，第6页。

从聚落中心向城镇发展的征兆，因而是文明起源史的生动体现。

2006年以来，甘肃省文物考古研究所等又组织在大地湾的新发掘工作，找出六万年前的旧石器时代的文化遗迹，这就使得大地湾在整个西部史前遗址中更显得底蕴十足，其连续性的文化积累之深厚，罕有其匹。①如今的大地湾博物馆入口处标注着N个第一：北方农业起源地，彩陶起源地，最早的地面绘画，最早的宫殿式建筑，等等。

2016年元月，第九次玉帛之路考察路过天水和秦安。当时在通渭县考察齐家文化遗址的发掘情况，耽搁了一些时间，夜间赶路从叶堡上高速路，却没有时间去大地湾遗址。2016年6月，第十次玉帛之路考察时，专程安排一天去大地湾博物馆补课。但还是不能得到系统的令人满意的信息。主要原因是展厅里的文物不能近距离观看，展出的资料也十分有限。2017年6月天水伏羲公祭大典及伏羲文化论坛发来邀请函，我希望利用这个机会观摩一下大地湾出土的玉器，就专门为伏羲文化论坛撰写了一篇《天熊伏羲创世记》的论文，到论坛上宣读。本想借此机会完成博物馆文物的近距离接触，谁知到秦安县拜谒女娲庙这天，大家都要跟随几辆大巴群体行动，如同旅行团一样，不能自己行动。就这样只能眼睁睁看着昏暗展厅里的文物，再一次与大地湾博物馆橱窗中的几件"玄玉"擦肩而过。那是在大地湾遗址二期文化层出土的距今6000年以上的绝对珍稀品级的文物：3件玉凿、4件玉锛。

---

① 张东菊、陈发虎、R. L. Bettinger等：《甘肃大地湾遗址距今6万年来的考古记录与旱作农业起源》，见甘肃大地湾文物保护研究所编：《大地湾遗址研究文集》，敦煌文艺出版社2016年版，第9—24页。

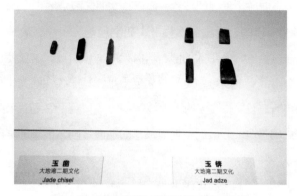

图下-71　大地湾博物馆展出的二期玉器7件

　　从隔着玻璃的摄影照片看，这7件玉器的玉质，十分类似蛇纹石玉的特征。但是也不能轻易就得出结论，需要做进一步详细考察。离开天水后，当月又去河西走廊的玉门市和肃北马鬃山考察，即第十二次玉帛之路考察。行程中一再催促考察团负责外联方面的易华研究员。直到8月12日，他转发来的甘肃大地湾文物保护研究所张正翠发来的出土玉器的介绍文章及图片。于是，就安排在8月借第十三次玉帛之路考察的机会，有针对性地再度来大地湾调研。8月31日从敦煌飞兰州，9月1日早乘高铁自兰州到秦安，仅用时一小时多一点，再度体会到高铁时代"天堑变通途"的出行便利。这一次如愿看到大地湾博物馆库房里的23件出土玉器，对困惑多时的玄玉起源的系列问题，似乎可以初步找出探索谜底的线索。

　　第一，中原和西部文化中最早的玉器是什么？所用玉料又是什么？

　　第二，玄玉即墨绿色蛇纹石玉器的起源地在哪里？

　　第三，玄玉玉器的时空传承谱系是怎样的？

第四，五千以年前的西部玉料都有哪些？

下文对这四个问题逐一做简单的讨论，最后再回到仰韶文化玉镯子的源流问题。

第一，从时间上看，无论是已经完成发掘和出版考古报告的灵宝西坡墓地，还是目前正在发掘之中的陕西高陵杨官寨遗址，虽然都有蛇纹石玉钺的出土，但都不是使用蛇纹石玉器的始源，而是流，相当于玄玉流行传播过程中的"二传手"。始源的"一传手"，目前看来应属于秦安大地湾。虽然这里出土的仅是用深色蛇纹石玉料加工成的玉质工具，凿、锛等，但是其年代却足足比仰韶文化庙底沟期要早约1000年以上。就已有的考古发现而言，将葫芦河流域的秦安大地湾遗址视为玄玉生产和使用的发祥地之一，并不为过。正是从6500年以上的渭河上游地区的玉工具，发展到5500年前渭河和泾河下游地区的玉礼器。其治玉的材料不变，功能则大变。这是一个催生中原与西部玉文化史的千年孕育过程。

第二，从空间上看，距离玄玉玉矿资源最近的非常古老的史前遗址大地湾，目前当选为玄玉玉器使用的发祥地。武山鸳鸯玉产地靠近渭河上游的西段，秦安县位于渭河上游的东段，两地之间相距100多公里而已。是什么样的地理纽带将最早使用的玉石种类鸳鸯玉，同最早使用的玉器联系起来的？答案无疑是河流。葫芦河是渭河上游地区的重要支流，葫芦河的支流清水河流域孕育出大地湾文化，这是目前所知中国西部最早的史前文化发祥地，也就理所当然地成为西部和中原玉文化的发祥地。除非日后又有新的考古发现证据，否则有关中原与西部玉文化起源的这个观点是不会轻易改变的。

 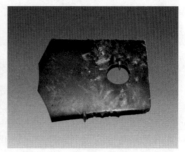

图下-72　大地湾出土蛇纹石玉斧残件　　　　图下-73　国家博物馆藏史前蛇纹石玉钺——玄钺

　　第三，甘肃天水地区和陕西宝鸡地区发现的距今5000年以上蛇纹石玉器的源头情况，在此皆有较合适的答案。天水西山坪第五期地层出土的马家窑文化的蛇纹石玉锛，宝鸡福临堡出土仰韶文化蛇纹石玉饰件，其所使用的原料，原来很可能全是拜渭河水流的输送道路之赐。这就无异于找出了中国境内可能最早启动的玉石资源输送之路，堪称"玉石之路渭河道"。800多公里的渭河流水，以及冬季的冰冻封河，就都成为那个史前时代远距离物资交换的最有利的运输通道。

　　葫芦河是渭河的支流，顺着河流的方向而传播运送物资，对于没有马，没有骆驼，也没有车的史前时代而言，应该是理所当然的选择。

　　下面谈谈在大地湾不同底层中出土的这些玉器。总体印象是，这里只有从石器生产中催生出的早期玉文化，尚未发展出明确的玉礼文化及其神话信仰的建构。或者说，在大地湾文化层一二三四五期的遗址中，中国东部地区史前玉石神话信仰体系还基本上没有传播到这边来，要等大地湾文化终结后的近1000年，即距今4000年前齐家文化崛起之际，才得以最终完成玉石神话信仰传播西部的历史使命。

在大地湾出土的23件玉器标本中，真玉即透闪石玉7件，蛇纹石玉9件，另外的7件为大理岩和石英岩、绿松石、翡翠（考古报告说是翡翠，经笔者目验鉴别应为绿松石）。由此比例来看，深色蛇纹石玉即我们说的玄玉，是大地湾出土玉器的大宗。不过数量上的大宗，未必能够代表当时用玉的主流素材。需要再从用玉的规模上考察一下：

在这23件玉器和玉料标本中，尺寸在5厘米以上的玉器或玉料共计10件，除了1件是玉石原料原石，1件玉镯是大理岩和1件玉锛是石英岩以外，其余7件全部都是蛇纹石的。这是很能说明问题的数据对比。看来对于大地湾先民来说，除了蛇纹石玉料比较容易得到以外，其他玉料都是较为稀有的。这样就不难得出一个基本判断，大地湾先民时代的用料是以蛇纹石玉为大宗和主流的。这样的一种认识，和我们玉帛之路考察团对中原与西部的"玄玉时代"起源于5500年前之判断，形成基本吻合对应的格局。

第四，中原与西部地区最早用玉的玉料情况：大地湾出土的玉器之外，还有两三件是没有加工的玉石原料，其中第二期文化出土的是蛇纹石的玉料。第二期的年代距今6500—5900年，这也应该算是一个惊人的发现。第四期文化也出土一块玉料，已经不是蛇纹石，而是真正的软玉。从照片看，灰色的石皮下透露出白色质地，乃不知产地的透闪石玉料。这也是很重要的发现：距今5500—4900年间，甘肃葫芦河流域的先民已经采用透闪石玉料资源了。而与此同时或稍后的陕西关中人（陕西高陵杨官寨先民）、河南人（河南灵宝西坡仰韶文化先民），都还只有蛇纹石和方解石的材料，没有真玉的原料呢！

不然的话，杨官寨的仰韶文化先民怎么会生产出石璧石琮，作为玉璧玉琮的替代品呢？

　　大地湾博物馆展厅里也展出一块璧，出自遗址的四期文化。展柜指示牌上标明是"玉璧"，此次考察目验的鉴定结果为"石璧"。原来的判断再次显示出玉石不分的尴尬局面。鉴别的理由很简单，古玉不论是出土的还是传世的，其玉质外表一般都有明显的包浆。而石制品则毫无包浆可言。这件大地湾石璧的年代和杨官寨出土的仰韶文化庙底沟期石璧一样，属于有璧之形而无玉料的状态，那正是中原玉礼文化的始源期，玉璧的神话观念已经传播到

图下-74　大地湾四期出土石璧

此，只因缺少足够大件的玉料去加工，只能退而求其次用石料加工"石璧"，这就是泾渭两河流域的两件距今5300年的石璧背后的潜含故事。可以比照的石璧，数量虽然不多，但是在渭河流域的同期遗址中也有零星地出现，如渭河边的陕西宝鸡福临堡遗址第三期出土一件直径6.8厘米的石璧，还有一件未钻孔的直径5厘米的半成品石璧。[①]此外，甘肃天水师赵村五期地层也出土有小件石璧[②]等。将这些同期的文物联系起来看，更清楚地说明在缺乏玉石资源供应的早期条件下，中原及西部的先民曾经按照退而求其次的方式，用石璧代替玉璧，而且数量

　　① 宝鸡市考古工作队、陕西省考古研究所宝鸡工作站：《宝鸡福临堡——新石器时代遗址发掘报告》，文物出版社1993年版，第165页。

　　② 中国社会科学院考古研究所编著：《师赵村与西山坪》，中国大百科全书出版社1999年版，第121页，图版76:3（标注为"环形石饰"，实为小石璧）。

很少。直到大地湾五期即常山下层文化和师赵村七期即齐家文化的年代，真正标准的玉璧才得以流行。①

从玉料出土的情况看，大地湾出土的玉石原料虽然仅有区区两件，但这毕竟是整个中原与西部地区发现的年代最久远的玉料。大地湾二期的这块蛇纹石玉籽料原石，也是迄今所知年代最久远的出土蛇纹石玉料。两个"最"，都具有全国纪录第一的意味。

通观大地湾出土的玉器及玉料，如果套用我们新提出的"玄黄两色二元论"②的标准去审视，则可谓"玄"和"黄"各半，平分秋色。当下国内学界对中原与西部玉文化发生晚于东部地区的现象，有很大的困惑。如柳志青的《新石器时代黄河中上游流域极少玉器和率先进入青铜时代的原因》一文指出："黄河中游流域，考古界指的是陕西、河南、山西三省；黄河上游流域，考古界指的是甘肃、青海、宁夏以及内蒙古的托克托县河口以西的广大地区。从裴里岗文化、老观台文化、大地湾文化、磁山文化，到仰韶文化、马家窑文化、带庙底沟因素文化、中原龙山文化早期、客省庄文化早期，在距今8200—4100年的时间间隔中，即使在红山文化和良渚文化玉器高度辉煌时，即使在周边的大汶口文化、凌家滩遗址、石家河文化玉器先后对其产生影响时，黄河中上游地区的先民们也极少使用玉器。该区甚少出土玉器已是不争的事实，但为什么在距今8200—4100年间甚少使用玉器？其实这种状况一直延续到商晚期之前。这是解不开的心结。国中有玉，玉器何以几千年不进入中

---

① 中国社会科学院考古研究所编著：《师赵村与西山坪》，中国大百科全书出版社1999年版，彩版4。
② 叶舒宪：《玄黄赤白——古玉色价值谱系的大传统底蕴》，载《民族艺术》2017年第3期。

原？"[1] 经过十三次玉帛之路考察的调研采样，如今对这个疑问的解答是，中原地区玉文化晚出主要因为缺乏有效供给的玉料资源。渭河上游的蛇纹石玉料是中原地区最早开发使用的玉料。大地湾出土玉器表明，从二期的蛇纹石玉料，到二期至四期的蛇纹石玉料加透闪石玉料，唯有陇山一侧的大地湾遗址在距今5000年以前能够拥有较丰富多样的玉料资源。皮之不存毛将焉附？巧妇难为无米之炊，唯有西玉东输的伟大运动将西部优质玉矿资源源源不断地向中原输送，才能有效开启中原玉文化的发展历程。

最后，回到仰韶文化玉镯问题。使用的是什么样的玉料？是男性还是女性佩戴？

图下-75 大地湾四期的大理石镯子

大地湾博物馆所展出的唯一一件"玉"镯子（H868:1）[2]，享受着用专柜展出的独尊待遇，但是我们除了能看出其透光性以外，怎么看都不像是真玉的。和判断石璧的经验一样，镯子表面毫无包浆可言。如今也算真相大白，这件微黄色的镯子原来是白色大理石做成的！与大地湾四期文化出土的这件玉镯子可以对照的是，灵宝西坡墓地M11出土的象牙镯子，内径6.2厘米，比较大，墓主人为一个成年女性和一个三

---

① 柳志青：《新石器时代黄河中上游流域极少玉器和率先进入青铜时代的原因》，载《浙江国土资源》2005年第12期。

② 甘肃省文物考古研究所编著：《秦安大地湾——新石器时代遗址发掘报告》下册，文物出版社2006年版，彩版四一：5。

岁婴儿。虽属于女性墓，但墓葬级别很高，推测墓主人身份应为部落领袖或女巫。要不然怎么会一次随葬3件玉钺和1件唯一的象牙镯子。这种待遇显然使其成为整个灵宝西坡墓地中最显眼的一座墓。

仰韶文化时期的人们喜欢佩戴手镯，石质的和陶质的十分常见，玉镯子极为少见，象牙镯则迄今只见发现于灵宝西坡墓地的这一件。第十次玉帛之路考察在漳县的晋家坪仰韶文化遗址采集到陶镯的残件，考察团成员寇淑茜还有幸采集到一件似玉的镯子残件，材质或与此大地湾四期的镯子同类，属于能够透光的大理石，假玉也，后代美称为"汉白玉"。这是十分迷惑人的名称。第十一次考察的第二站是陕西省考古研究院的泾渭基地文物库房，在杨官寨出土器物中，看到有一批灰色或黑色的陶镯残件。大地湾四期的年代距今5500—4900年，基本相当于仰韶文化庙底沟期。

现在看来仰韶时期戴镯子的人不只是女性，也有男性。大地湾的这一件似玉的镯子外径7.5厘米，内径6.5厘米，这种巨大尺寸显然不符合女性的纤细手腕，或为男性所佩戴。

（原载《百色学院学报》2018年第1期）

附

录

叶尔羌河的玉石与中国西部玉矿资源区

2016年9月3日，丝绸之路昆仑河源道科考活动的第三天一早，考察团从帐篷和睡袋中钻出来，享用一碗方便面，即从宿营的叶尔羌河谷月亮山下滩地出发，向叶尔羌河与塔什库尔干河的交汇处进发。在连续翻山越河的艰巨考验下，25辆越野车中已有两辆因为故障而中途退出，返回喀什，还剩下23辆车。不过，连续两夜在昆仑大山深处的睡袋露宿，并没有动摇考察团成员的豪迈之情。中午时分驱车抵达两河交汇处的边防站营地。武警官兵们临时杀羊为我们一行八十多人准备手抓饭，忙得不亦乐乎。

只见一座大桥横跨在即将汇入叶尔羌河的塔什库尔干河上。考察启程两天来，还没有真正找到叶尔羌河流域出产的玉石标本。就在这

图附-1　作者在考察途中

图附-2　老乡家房前玉石原料

里，我们看到路边的塔吉克族老乡摆放在房前一排玉石原料，有青白玉、青玉和墨玉。其中的墨玉最具特色，表面上看去是黝黑黝黑的，用强光手电照上去，则显现为豆绿色。质优者质地细腻坚韧，莫氏硬度达到6.5以上，成为近年来玉器市场的玉料新宠。由于产地属于塔什库尔干县的塔河流域，所以民间俗称"塔青""黑青""墨碧"。这种玉料也有籽料与山料之分，目前所知的储量有限。墨玉在古代的开采和使用情况不明，还缺乏系统的资料梳理和研究。从《尚书·禹贡》所言"禹赐玄圭，告阙成功"，到《穆天子传》所载"癸亥，至于西王母之邦。吉日甲子，天子宾于西王母。乃执白圭玄璧以

图附-3　随团王医生与墨玉料合影

见西王母"，黑色的玉圭与玉璧，在大禹开创的夏代到西周年代，显然都潜含着某种特殊的寓意。

2014—2016年7月，文学人类学研究会联合《丝绸之路》杂志和中国甘肃网等组织的十次玉帛之路考察，划出一个总面积约200万平方公里的玉矿资源区。目前所知其最东的玉矿点为渭河上游地区甘肃武山县的鸳鸯玉矿，其特色是黑色的蛇纹石玉，加工为薄片时则显出绿色。不过蛇纹石硬度不高，质地也不如透闪石那样致密，不为今日的玉器收藏界所重视。如今，根据塔什库尔干出产的多种颜色的透闪石玉，有理由把西部玉矿资源区的西界，划定在中国新疆的帕米尔地区，即古代所称的葱岭河。那无疑是国土最西的边境线一带，与塔吉克斯坦和巴基斯坦比邻。9月4日下午，考察团赶到塔什库尔干县城边的石头城和拜火教墓地调研，只见又一处群山环绕的风水宝地，巍峨的雪山连绵起伏，横亘在国境线一带，塔河在平坦的河谷地带伸展开来，显得柔美而旖旎。

图附-4　塔河风光

　　我国的西部玉矿资源区从帕米尔高原这里开始向东延伸，涵盖西昆仑山、昆仑山、阿尔金山、祁连山、马衔山，直抵西秦岭的渭河源地区。按照今日的公路里程来算，大约东西纵横3500公里。这样广大的玉石资源分布区域，一定会大大出乎人们的意料。不过这却和《山海经》所记录140座山出产玉石的现象更加接近了。古书中隐藏的真实信息，有待于用持久的田野考察去逐步揭开其真相。从塔什库尔干到西安的公路里程约4000公里，也基本吻合《管子》所说的美玉来自8000里之外的牛氏边山。

（原载《丝绸之路》2017年第9期）

河出昆仑神话地理发微

"河出昆仑"是中国式的神话地理观的一个核心命题，它关系到华夏国家文化认同与大中华地理版图的形成，具有十分重要的文化价值和历史意义。近代以来，西方科学的地理学观念传播到中国，《禹贡》和《山海经》等古籍获得"早期地理学著作"的桂冠，而"河出昆仑"的观念[①]却得到证伪，黄河之源被改判为青海腹地的巴颜喀拉山北麓（元代的考察认为是在该地的星宿海），"河出昆仑"说遂遭到学界的一致批驳和讨伐，如今类似被废弃的旧物，只是在讨论历史上的错误认识时才被偶然提起。本文基于文化自觉的再启蒙意识，依据中国文化基因中科学和哲学等均为弱项而神话信仰则是第一强项的事实，从"神话中国"视角重新审视"河出昆仑"说的观念由来，解释"河出昆仑"假象与"白玉出昆仑"的事实真相之相互关联，并在此基础上重新评估这一神话地理观的本土信仰基础和文化价值所在。

[①] 钮仲勋：《黄河河源考察和认识的历史研究》，载《中国历史地理论丛》1988年第4辑，第39—50页。

图附-5　黄河与中原：黄河流域示意图（作者绘）

一、"神话中国"视角VS西方"科学"视角

西学东渐以来，西方文明引以为荣的"德先生"与"赛先生"进入中国，产生了具有统治力的思想效果。伴随着西方式大学教育制度的确立，一批批受过西方科学熏陶的新学子彻底取代了过去国学培育出的传统知识人。他们在"打倒孔家店"的圣人偶像之后，让科学的权威发挥出法律准则一般的作用。时至今日，科学话语成为让人顶礼膜拜的东西。

在这种西风东渐的时代风潮作用下，一位剑桥大学生物化学专业的毕业生李约瑟，由于从1937年始受到三位中国留学生的影响，

开始思考"为什么中国人没有发展出近代科学"①的问题，并且一
发而不可收，写出多卷本《中国科学技术史》②，将西方学术分科
的视角一一落实到中国传统学术的再认识之中，取得举世瞩目的成
就。中国学界也以最高规格的礼遇，组织最强阵容的科学家和翻译
家队伍，翻译出版整套的《中国科学技术史》。影响所及，中国
学者按照西方视角撰写的分门别类的中国学术史如雨后春笋一般涌
现，诸如各种各样的《中国哲学史》《中国思想史》《中国地理学
史》《中国化学史》③大行其道，好像中国传统中自古就有这些学
科名目似的。久而久之，其混淆文化特质，遮蔽本土文化原貌的副
作用，就随着制度传播的效果而日益显现出来。

中国文学人类学一派秉承人类学研究本土文化的"内部视角"
原则，在20世纪90年代针对西方的"哲学"概念不完全适用于中
国的情况，提出"中国神话哲学"的修正性命题。在2004年出版
的《山海经的文化寻踪——"想象地理学"与东西文化碰撞》④一
书中，又针对西方"地理科学"概念，给《山海经》这部古书重新
定性为"神话政治地理"。2009年，再度针对西方"历史科学"
观的误导效应，倡导"中国的神话历史"的跨学科研究范式，并同

---

① 李约瑟1991年1月14日为《李约瑟与中国》一书写的序，参见王国忠：
《李约瑟与中国》，上海科学普及出版社1992年版，第3页。

② 李约瑟：《中国科学技术史》内部发行本，《中国科学技术史》翻译小组
译，科学出版社1975年版。李约瑟：《中国科学技术史》第1至第6卷新译本，科
学出版社、上海古籍出版社1990—2013年版。

③ 肖箑父、李锦全主编：《中国哲学史》，人民出版社1999年版。侯外庐主
编：《中国思想史纲》，中国青年出版社1980年版。王庸：《中国地理学史》，
商务印书馆1956年版。郭宝章编著：《中国化学史》，江西教育出版社2006
年版。

④ 叶舒宪、萧兵、郑在书：《山海经的文化寻踪——"想象地理学"与东西
文化碰撞》，湖北人民出版社2004年版，第51页。

时提出重新认识中国文化特质的重要学术命题——"神话中国"。其首先要反驳的偏见就是德国学者雅思贝尔斯提出的世界历史之"轴心时代"说。我们认为只有西方文明在所谓轴心时代（公元前五世纪前后）完成科学和哲学的突破，发展出其自身的科学观乃至近代的"历史科学"观，世界上其他国度并未出现同类性质的思想变革，不可同日而语。中国自夏商周到清末的太平天国，一直也没有发生过科学革命，所以始终笼罩在"天人合一"神话信仰的制约中。这样就不能催生出以探索自然为目标的自然科学体系，也不会有以形而上的理论思辨为特色的哲学学科。现代学人挪用外来的西方科学标准反观本土文化时，不加区分地采用非此即彼的两端论判断，致使许多富含文化特质的传统命题遭到"证伪"的厄运。类似情况就如同依据西医的解剖学或X光透视，去证伪和否认中医传统的经络穴位说一样。经历一个盲目崇拜西方的轮回之后，中国学界现在总算有了反思的自觉，回归到"中国有哲学吗？"这样的起点问题。有关黄河源问题的探讨，需要同样的反思和回归：中国传统的地理学是怎样一种"神话地理"？为什么会这样？

1982年问世的王成组著《中国地理学史》就是这样一个典型案例，其中凡是讲到河源的内容，都会摆出严肃批判的架势，以科学为标准，对古书中的相关记载给予否定性的评价：或否认其主观性想象，或扣上一顶"唯心主义"的帽子。如其对《山海经》的相关评述：

> 河（黄河）源潜流之说，和最下游的禹河稳定一说遥遥相对，同样是我国历史上发生过长期影响的主观思想。
>
> …………
>
> 以上几点互相影证，足以表明《山经》夸大河源遥远，费

尽心机，既用潜流，又用大泽，都是散布在冀州的西河以西。按西次三经，从东端的崇吾之山往西北六百七十里到不周之山，从此往西北八百四十里，折向西五百里，又转西南四百里到昆仑之丘。再往西二千一百里才到积石之山，距离临近西河的崇吾之山，共达四千九百七十里。这些中间所经过的其它好些山，这里一概从略。

《山经》的作者虽然一方面企图篡改《禹贡》的"导河积石"，一方面又不敢过于露骨。他一方面强调"出于昆仑之东北隅，实惟河源"，一面又说"积石之山，其下有石门，河水冒以西流"。积石既是在昆仑之丘以西二千一百里，河水说成从山下的石门冒出，就影射河源实际在昆仑之丘而潜流到积石。但是积石的河水竟然"冒以西流"，对于中国的河就风马牛不相及，这样就等于推翻"导河积石"，又不得不提到积石，造成前后矛盾。

…………

总之，《五藏山经》的大多数山名，都是作者意想中的仙山琼阁，信手拈来，中间却穿插着荒凉到无水、无草木的程度。河水的潜流和走向，因此也难以捉摸。汉代的开拓，继战国时代之后，从黄河上游推展到西域，汉儒就企图把昆仑和潜流等现象都在地面上落实，于是更加扩大《山经》的幻想和客观实际的矛盾。[1]

由于《山海经》所体现的是古人的神话地理或神话政治地理，其文化功能在于权力叙事和国家版图与物产的掌控确认，它既不可

---

[1] 王成组：《中国地理学史》上册，商务印书馆1982年版，第23—24页。

能是完全客观的地理描述，也不是纯粹主观幻想的创作产物，而是依托现实地理山河物产的实际情况加以整合再造的体系。①如果《山海经》只有"幻想"而没有客观实际的内容，"费尽心机"或"信手拈来"去造假的话，恐怕非但不能成为地理之书，反倒是能成为世界科幻文学的鼻祖了。很可惜，迄今为止也没有人出来论证《山海经》的科幻性质，反倒是越来越多的学人认识到这部奇书的本土知识价值，并尝试从各方面展开探讨。目前看来，较稳妥的探讨方式，还是从孕育《山海经》的上古人之世界观和文化观为出发点，而不是一味挪用本土文化所没有的外来标准。

　　《中国地理学史》写到秦汉时代的地理思想，对《汉书·西域列传》所表现的西域地理观做出如下评价："关于西域的水道，得到了进一步的了解。'其河有两源，一出葱岭山，一出于阗。于阗在南山下，其河北流与葱岭河合，东注蒲昌海。蒲昌海，一名盐泽者也，去玉门、阳关三百余里，广袤三百里。其水停居，冬夏不增减，皆以为潜行地下，南出于积石，为中国河云。'这次初记葱岭河和蒲昌海之名。以蒲昌海冬夏不增减立论，假定为潜行地下通中国河。明知蒲昌海又名盐泽，必然水咸，而河水不咸，显然相通之说是武断。河出昆仑和潜流通中国河的谬说，从此竟然流传得影响深远，把黄河河源问题，引入歧途。"②"河出昆仑"说来自远古华夏族群的坚定信仰，斥责其为"谬说"，就像对教堂里读《圣经》的信众说亚当夏娃和伊甸园都是不存在的"谬说"一样，有同风车作战的嫌疑，这或许更

---

　　① 叶舒宪、萧兵、郑在书：《山海经的文化寻踪——"想象地理学"与东西文化碰撞》，湖北人民出版社2004年版，第51—74页。

　　② 王成组：《中国地理学史》上册，商务印书馆1982年版，第41页。

是以今度古式的苛求于古人。对此更需要考虑的是，为什么会有一"老"一"新"两种不同的"河出昆仑"说，为什么《汉书》要特意强调"潜行地下"说，以此来调节新旧昆仑地望之间的矛盾[1]。"河水潜行"说还有另一个名称，叫"河出伏流"，始见于《淮南子·地形训》"河出积石"一句汉人高诱注。注云："河源出昆仑，伏流地中方三千里，禹导而通之，故出积石。"[2]这就把《禹贡》的"导河积石"说[3]与《山海经》的"河出昆仑"说，前后衔接为一个整体。

如果说《中国地理学史》对《禹贡》和《山海经》的批判还比较客气的话，那么同书中对北魏地理学家郦道元《水经注》的批判则显得更加严厉，认为它完全被《山海经》误导，是对有关河出昆仑的唯心谬说做出的最大的一次推波助澜。

> 对于较大水道的认识，发展到"穷源竟委"，必须经历沿线与各地居民的具体接触和交往。郦氏《水经注》的创作，抱有这一种雄心壮志，但是在十五个世纪以前的各种社会条件下，资料的来源不完全可靠。由于他过分信赖《山海经》（尤其是其中的《五藏山经》和《海内西经》部分），以及《穆天子传》一类的书，在自己的著作中，许多水道的注文既是广泛引用这些书的资料，经文里面就突出"河出昆仑"等等的谬论。以至在水道发源与潜流重发方面，《水经注》就成为唯心

---

① 姚丛喆：《黄河源与河出昆仑和积石山》，见芈一之主编：《黄河上游地区历史与文物》，重庆出版社2006年版，第214—218页；钮仲勋：《黄河河源考察和认识的历史研究》，载《中国历史地理论丛》1988年第4辑，第39—50页。

② 刘文典：《淮南鸿烈集解》，冯逸、乔华点校，中华书局1989年版，第150页。

③ 孙星衍：《尚书今古文注疏》，陈抗、盛冬铃点校，中华书局1986年版，第188页。

观念的大泛滥。

　　河水（黄河）干流五卷中卷一和卷二的开头部分，唯心观念最是严重。经文首先提出"昆仑墟在西北，去嵩高（嵩山）五万里，地之中也，其高万一千里"。这个昆仑墟远远不同于汉武帝的命名于阗南山为昆仑。"（河水）出其东北陬，屈从其东南流入渤海（这是幻想的海），又出海外，南至积石山，下有石门"。这个积石山影射《五藏山经》的积石，对于《禹贡》和汉儒的积石都不相关。以上在卷一。卷二前半又称："又南入葱岭山，又从葱岭出而东北流。其一源出于阗国南山，北流与葱岭所出河合，又东注蒲昌海。又东入塞过敦煌、酒泉、张掖郡南。又东过陇西河关县北，洮水从东南来，流注之。"

　　这些经文，前一半主要拼凑《山海经·海内西经》的有关各段；后一半修改汉儒的河出昆仑说，再加以制造出更多的错误。其一，分外夸大昆仑墟的距离与高度。其二，卷一以积石山收尾，而卷二以"又南入葱岭山"衔接，形成积石山位于葱岭之北，不同于汉儒所假定的部位。其三，蒲昌海以下，走向改为"入塞过敦煌、酒泉、张掖郡南"。避免明说潜流地下。下文讲到汇合洮水，才真正接触到河水的上游。全文除去蒲昌海的水系客观存在之外，都是出自主观想象。而蒲昌海水系实际上与河水无关。[1]

这种用"科学地理"观批驳"神话地理"观的做法，貌似公正合理，言之凿凿，其实不过是张冠李戴。因为"河出昆仑"是上古

---

[1] 王成组：《中国地理学史》上册，商务印书馆1982年版，第137—138页。

华夏所信奉的神话教义，具有民族国家认同的标的意义。之所以如此，一个重要因素是此说和玉出昆仑的事实纠缠在一起，尤其是白玉出昆仑的客观事实。在周代以来逐渐形成的白玉崇拜的国家官方意识作用下，白玉的存在使得昆仑的神圣性和重要资源意义大大增强①。古老的神话信念不但是不能轻易改变的，而且一定受到华夏最高统治者的青睐。一旦经西汉武帝的钦定性命名行为，将昆仑地望从甘青地区拓展到新疆南疆的于阗，这就必然在新旧观念之间催生出明显的矛盾，所有坚持信念的后人只能尽其所能去调和这些矛盾，如班固写《汉书·西域列传》时所做的那样，而不是推翻"河出昆仑"说本身。否则就等于抹杀了数千年来玉石宗教崇拜说及其新权威观点。换言之，"河出昆仑"是华夏神话地理观的第一条教义，在饮水思源的意义上成为所有生活在黄河流域的居民的共同信念。"黄河重源"说有效地将青海积石山下的实际黄河与被想象在西域的昆仑山河源串联起来，成为一个庞大水系的整体。罗布泊即古代的蒲昌海或盐泽，被视为昆仑河水向东流注的产物，由此潜入地下成为暗流，这是先民根据沙漠戈壁地带的水流经常干涸（成为无定河、秃尾河，现代又称内陆河，即不流向大海的河）的日常经验，想象出来的黄河上游情况。郦道元自己也没有实地考察过河西地区的水系，他只有遵循和采纳民间的说法。即使在清代，乾隆皇帝在乾隆四十七年（1782）派遣侍卫阿必达前往青海寻找黄河真源，将河源由星宿海再度上溯到噶达素齐老峰。乾隆钦定的《河源纪略》一书，仍然维持旧说与新说的调和观点，坚决不放弃"潜流地下"的想象景观。

----

① 叶舒宪：《白玉崇拜及其神话历史初探》，载《安徽大学学报》2015年第2期。

考自古谈河源者，或以为在西域，或以为在吐蕃。各持一说，纷如聚讼，莫能得所折衷。推索其由，大抵所记之真妄，由其地之能至不能至；所考之疏密，由其时之求详不求详。《山海经》称禹命竖亥，步自东极，至于西极，纪其亿选之数，其事不见于经传。见经传者，惟导河积石，灼为禹迹所至而已。故《禹本纪》诸书言河源弗详，儒者亦不以为信。汉通西域，张骞仅得其梗概，以三十六国不入版图故也。元世祖时，尝遣笃什穷探，乃仅至星宿海而止，不知有阿勒坦郭勒之黄水，又不知有盐泽之伏流。岂非以开国之初，倥偬草创，不能事事责其实，故虽能至其地，而考之终未审欤！我国家重熙累洽，荒憬咸归。圣祖仁皇帝平定西藏，黄图括地，已大扩版章。我皇上七德昭宣，天弧眚定。天山两道，拓地二万余里，西通濛汜，悉主悉臣；……与张骞之转徙绝域，潜行窃眑，略得仿佛者，其势迥殊。且自临御以来，无逸永年，恒久不已。乾行弥健，睿照无遗。所综核者，无一事不得其真；所任使者，亦无一人敢饰以伪。与笃什之探寻未竟，遽颟顸报命者，更复迥异。是以能沿溯真源，祛除谬说，亲加釐定，勒为一帙，以昭示无穷。①

由此可知，河源问题关系到华夏国家版图方面的意义，具有文化认同上的重要功能，"地下潜流"说能够在18至19世纪依然流行，这对于国家统治者而言，是宁肯信其有，不可信其无的。只有到西方科学话语在中国确立其绝对权威以后，本土的神话历史和神话地理观念才真正遭遇到被"驱魅"和放弃的命运。

———————————

① 永瑢等：《四库全书总目》，中华书局1965年版，第614页。

二、河出昆仑神话与华夏版图

"河出昆仑"说是古代中国的一个人文地理信念，如今看来属于神话地理观念，牵涉中原国家对新疆的文化认同。可以说，其最大文化价值在于，它对中国文化的构成和国家版图的扩大产生了决定性的观念引导作用。"河出昆仑"说起源很早，大约伴随上古华夏国家的夏商周三代而一脉相承下来。虽然迄今所知直接的文字记录见于战国时的《山海经》一书，但是间接的信息表明，至少在西周初年就流行这个神话地理观念了，因为周穆王西征昆仑是沿着黄河河套一线向西行进的。换言之，周穆王不是探索通往昆仑山之路的第一人，他走的是现成的路线。这一条路线大概始于史前时代，约相当于龙山文化和齐家文化时期。给周穆王的万里西行做出指引的，是在河套地区的河宗氏之邦用玉器祭祀黄河后，河神（河伯）显灵所给出的神秘启示。《穆天子传》卷一叙述的"披图视典"是这样描述的：

> 河宗又号之帝曰："穆满！示女春山之瑶，诏女昆仑□舍四，平泉七十，乃至于昆仑之丘，以观春山之瑶。赐语晦。"天子受命，南向再拜。
>
> 己未，天子大朝于黄之山。乃披图视典，周观天子之瑶器（郭璞注："省河所出礼图"）。[1]

没有河伯之神的亲自指示，昆仑的秘密宝贝是不为世人所知的。上古的这种神话信念一直延续到后世，依然为文人墨客所津津乐道。河伯又被改称为河灵。北周庾信《燕射歌辞·羽调曲四》

---

[1] 郭璞注：《山海经 穆天子传》，岳麓书社1992年版，第203页。

云："河灵于是让珪，山精所以奉璧。"倪璠注："言山川之精灵出此珪璧宝物也。"唐司空图《故盐州防御使王纵追述碑》云："早贻芳于闺范，宜应祷于河灵。"这些都反映着类似的河神信仰。就此而言，对于华夏传统而言，黄河及其源头，不是纯粹的科学问题、地理学问题，而是与本土信仰相关的神话问题。从甲骨文中祭河的记录可知，这种地方性的信仰至少在汉字体系一出现的商代时就被记录下来。

从殷商到西周，河神崇拜是一脉相承的。河神赐予穆王的礼图具体是什么样子，如今已经不可详知。但是这样的图如果存在于西周初年，或许就是《山海经》文字所依附的《山海图》一类珍稀秘籍。其制作者当有国家官方的知识背景，又与远古的神话信仰密切相关。河源与玉源是同一地点，这一条很重要，也是"河出昆仑"说的重要立论依据所在。玉源于昆仑的信仰有现实物产作为基础，这就使得"河出昆仑"说也随之顺理成章。道理很简单，因为上古的玉料是直接采集散落和沉淀在河床中的籽料，而不是到山上开采山料。河水被想象为来自上天，而晶莹剔透的美玉更被设想成天神恩赐人间的圣物。这背后有一整套天人合一神话信仰的体系在①，不宜套用西方的学术分科范式把昆仑玉山看成虚构的文学神话，或把河出昆仑视为谬误的地理学。

《穆天子传》接下来讲述穆王在河伯指示之下，"以极西土"的全过程，主要围绕祭祀昆仑之丘，观黄帝之宫和春山之宝物（卷二），以及晋见西王母（卷三）之类事件。从《穆天子传》的整个叙事看，黄河、黄河之神河伯、西土、昆仑山、宝玉、黄帝、西

---

① 叶舒宪：《女娲补天和玉石为天神话观》，载《民族艺术》2011年1期。

王母等重要母题是聚焦在一起的。这就是河出昆仑神话地理观的间接呈现。空间上的寻找河源与时间上的寻根问祖是交织在一起叙述的。

现代学者试图考证《穆天子传》的真实地理路线，将其中的昆仑山和西王母所在地落实到实际地理版图中，或以为是中国境内，或以为是境外很远的地方，各家观点分歧之大，也是让人无所适从。这同样是陷入误区的表现，即把中国传统的神话地理考证为科学地理。以岑仲勉1957年发表的《穆天子传西征地理概测》为例，有关昆仑和西王母之邦的推测，该文综述的前人观点已有十种之多：1.喀什噶尔；2.酒泉南山；3.阿拉伯之示巴女王国；4.塔里木流域；5.天山南路；6.青海；7.亚西里亚（Assyria）；8.欧洲大平原华沙附近；9.和田之东；10.里海、咸海之间①。追究一下造成这种分歧的原因，主要是"昆仑"一名在古汉语中有泛指和特指两种用法。昆仑的泛指用法流行于汉武帝之前，似乎在西部延绵不绝的大山都可以视为昆仑，由近及远的包括祁连山、阿尔金山、天山、昆仑山和喀喇昆仑山。如果连接起来，从东边的祁连山到西边的喀喇昆仑山，这条横贯中国西部的巨大山脉有2500多公里，即5000华里的长度。多为终年积雪，山顶为白色覆盖，兼有冰川。古人以为地上最大的水流是黄河，其水源一定是西部高山。上古时期缺乏对世界屋脊喜马拉雅山的认识，昆仑一名就成为西部最大的山之代称。河出昆仑的观念就这样顺理成章地自古流传下来，而没有经过什么严格的实地探查和技术测量。如此看，昆仑作为西部大山，其范围既可以在河西

---

① 岑仲勉：《穆天子传西征地理概测》，见《中外史地考证：外一种》上册，中华书局2004年版，第28—29页。

走廊两侧的青海和甘肃一带，也可以在河西走廊以西的新疆乃至中亚地区。

伴随着昆仑地望在西汉时代的西移，从泛指的众山到特指的一山，其所带来的直接效应是对西部关注范围的扩大，随后就成为国土之扩大。之所以会发生从泛指到特指的重要观念变革，是因为汉武帝根据张骞使团从西域带回的和田玉石，查验古书之后，特意将于阗南山命名为"昆仑"。自此以后，昆仑就可以专指新疆南疆的这一座盛产美玉原料的山了！到《千字文》中被写成"玉出昆冈"，这就积淀为国学知识中的常识信条，尽人皆知。

那么在西汉武帝之前的泛指的昆仑，是怎样的情况呢？以《山海经》为例，该书十多处讲到昆仑，其中有三个标志可以留意，即同为西王母、河源、玉源所在地。三个标志中的西王母为神话人物，河源为神话地理，唯有玉源地这一点是有其现实基础的，虽然也为神话化的氛围所笼罩。

没有更早的史料记述这条路始于何时何地，如今已经很难做出精确的考索。不过这个神话地理观的重要历史变迁，还是有迹可循的。从新石器时代后期逐渐形成的中原中国观，到后来的大中国观，经历了漫长的演变过程。在这个过程中，玉石资源地的扩大，实际起到引领国土扩大的作用。如果我们从张骞"凿空"的时代顺延至唐代，看那时的中国地图，就会明白1600万平方公里的版图，西至咸海，北至贝加尔湖，都在国境线以内。

三、和田玉：华夏对新疆的认识契机与过程

华夏认识新疆的契机，首先开始于对于阗国出产的优质透闪石玉的认识，就是现代人熟知的和田玉。要问究竟在何时中原人开始有对新疆和田玉的认识，应该说是自龙山时代至夏商周时代。比这更大胆的观点认为在距今五六千年前的仰韶文化时期已经有和田玉进入中原。①对此，笔者不敢苟同。目前的考古发现表明，"新疆境内真正的新石器时代文化寥寥无几，可以说基本上还没有什么像样的发现。过去关于新疆新石器时代文化遗址或墓葬的报道和介绍，实际上多不是新石器时代文化，而是属于青铜时代甚至是铁器时代文化"②。在这样的情况下认为五千年以前新疆与中原之间有了物资贸易和运输，显然证据不足。

从华夏文明起源看，从仰韶文化庙底沟类型的时代起，形成以中原为中心的文化认同趋势，伴随着虞夏商周四代王权的展开，铸就了一种华夏中原地域的民族国家认同，以四方的蛮夷戎狄之人为周边民族，区分种族的和文化的界限。这时对新疆的认识，当处于基本不知或完全模糊的状态，仅有个别的中土人士或许曾经抵达新疆，如周代第五位王——周穆王。这样就可以带回一些山川地理和人种、物产方面的见闻传说。以西王母和群玉之山为符号标记的西域知识，显然在现实的记录中夹杂着中原人对西域的神话化想象。这是《穆天子传》这部书长期被当成文学作品的主要原因。

---

① 杨伯达：《巫玉之光——中国史前玉文化论考》，上海古籍出版社2005年版，第199页。

② 陈戈：《关于新疆石器时代文化的新认识》，见中国社会科学院边疆考古研究中心编：《新疆石器时代与青铜时代》，文物出版社2008年版，第25页。

比这部书稍早的地理之书还有两部，《尚书》中的《禹贡》篇和《山海经》。这两书孰先孰后？顾颉刚认为先有《山海经》后有《禹贡》；谭其骧则认为先有《禹贡》，后有《山海经》的《山经》。谭其骧论证的理由之一是，《禹贡》所述地理范围比较小，议黑水和流沙为西部边界。其认识范围还没有延伸到新疆。其中提到的昆仑、析支、渠搜西域三国，均在甘肃青海一带。《山经》的情况有所扩大，不过对新疆的认识也还局限在南疆方面。谭氏写道："《山经》地域虽较《禹贡》九州范围大得多，但比我国现在的版图又少得多。东北辽、吉、黑三省全部不在内，内蒙古、河北东北部也不在内，西北新疆最多只有东南一小角，绝大部分不在内。"[①] 如今我们可以略补充一下谭先生的观点：中原人认识新疆始源于南疆的原因是什么？那就是玉教信仰支配下的华夏古人对没有玉石资源的地方本没有多少探究的兴趣。对新疆的认识是从产玉之地的认识开始的。随后才逐渐波及其他地方。大体而言是，先南疆，后北疆；先若羌、和田，后叶城和龟兹；等等 。《千字文》的"玉出昆冈"说[②]非常典型地代表这种资源依赖类型的新疆观之由来。对于中原文明而言，昆仑玉山瑶池西王母足以成为整个西域最早的神圣象征。

四、玉石资源区的西扩与白玉崇拜——从甘肃到新疆

东亚洲石器时代后期的美学思想引导当时的人们漫山遍野寻求美玉。当然驱动这种玉美学的是崇拜玉石的史前期宗教信仰。在

---

① 谭其骧著，葛剑雄编：《求索时空》，百花文艺出版社2000年版，第167页。

② 周兴嗣：《千字文》，朱兰编写，南京大学出版社2013年版，第2页。

距今3000年前后，受到极度推崇的各色美玉让位于一种颜色的美玉，那就是来自遥远的西域之和田白玉。《山海经》的叙事模式往往把某大河的发源地视为白玉的特产地。如《西山经》讲到的鸟鼠山，就以出白玉而闻名，那里也是渭河源头。

> 又西二百二十里，曰鸟鼠同穴之山，其上多白虎、白玉。渭水出焉，而东流注于河。①

此处所言之白虎，若不是现实中的基因变异之虎，就是儒家发明的神话动物——仁义之兽驺虞。黄河源的情况也被描述为在昆仑一带，那是瑶池和玉山同在的地方。甚至有个别的山，居然能被说成是"有玉无石"的。为充分认识古文献中有关西部玉山的记录，2014—2016年，文学人类学研究会联合《丝绸之路》杂志组织十次玉帛之路田野考察，玉料采样范围覆盖西部七省区，大致摸清中国西部玉矿资源区的分布和其向西不断扩张的基本年代顺序。在此基础上提示"移动的昆仑"概念，并依据近年来新发现的产玉之山，将下列的各山（自东向西排列），视为在古代足以冠名"昆仑"的产玉之山：

马衔山（祁连山余脉）为昆仑；

酒泉南山（祁连山）为昆仑；

马鬃山（天山余脉）为昆仑；

敦煌南山（阿尔金山）为昆仑；

若羌南山为昆仑（昆仑山脉）；

于阗南山为昆仑（昆仑山脉）；

叶城南山为昆仑（昆仑-喀喇昆仑山脉）；

---

① 袁珂校注：《山海经校注》，上海古籍出版社1980年版，第64页。

喀什南山（喀喇昆仑山）为昆仑。

以上这些产玉的山，其玉料多为透闪石，也有个别为蛇纹石，如酒泉南山盛产的祁连玉。但是大量出产优质透闪石白玉的地方，仍然集中在新疆和田一带（古代称于阗南山）。最近二十多年来新发现的青海格尔木白玉矿藏，同属于昆仑山脉。

图附-6　青海格尔木昆仑山（摄于2015年8月第八次玉帛之路考察时）

据多次调研的玉石取样和排比，并同考古发掘的史前玉器情况对照，认为比以上所有这些玉种都要先登场的玉料，来自甘肃渭河上游的武山县鸳鸯山鸳鸯玉。这是一种典型的蛇纹石玉，直观其颜色为墨色，用光照射则会显露出深绿色，墨色与绿色的交错纹理，很像是蛇皮的花斑样外观。从目前已经发掘的文物看，这样的深色蛇纹石玉料早在五六千年以前的仰韶文化时期就被开采利用。如河南灵宝西坡仰韶文化大墓出土的十余件蛇纹石玉钺，皆为此类用料。陕西宝鸡福临堡仰韶文化后期遗址也出土过同样玉料加工的玉器。稍后一些的龙山文化和齐家文化玉器中，鸳鸯玉更是较为常见的玉种。如第十次玉帛之路考察团在武山县博物馆拍摄到的齐家文化玉琮一件，馆长告诉我们这就是四千年前先民就地取材鸳鸯玉制作的玉礼器。据此推测，渭河上游一带的武山鸳鸯玉是最早开启西玉东输运动的玉料种类，并大体上延续近两千年。随之而来的第二批西部玉料，就是以马衔山、马鬃山为代表的优质特产透闪石玉。其颜色以青玉和青黄玉为主，夹杂着褐色、绿色和糖色的玉料，成为齐家文化大量生产和使用的玉器之原材料。①

图附-7　武山蛇纹石鸳鸯玉籽料，2016年7月第十次玉帛之路考察采样　　图附-8　河南灵宝西坡出土仰韶文化蛇纹石玉钺（2013年摄于河南博物院）

---

① 叶舒宪：《齐家文化玉器色谱浅说》，载《丝绸之路》2013年第11期；叶舒宪：《序一·找寻齐家文化玉器的"底牌"》，见马鸿儒：《齐家玉魂》，甘肃人民出版社2015年版，第1—5页。

图附-9　临洮马衔山透闪石玉矿是齐家文化玉器的重要原料（2015年4月第四次玉帛之路考察时摄）

　　从华夏用玉观念的历程看，先民前后花费了数千年时间才终于完成这场观念的革命，使得透闪石白玉的价值后来居上，压倒此前数千年的绿色和青色蛇纹石玉的崇拜传统。如果说这场玉石崇拜的种类变化有其前身的话，那一定是齐家文化的用玉传统。其与中原地区仰韶文化的用玉情况有明显区别：仰韶文化以墨绿色（严格说是墨色中不均匀地透出暗绿色）蛇纹石为顶级玉材，从灵宝西坡仰韶文化后期大墓出土玉钺，到蓝田新街仰韶文化晚期遗存中的玉料[①]，再到宝鸡福临堡仰韶晚期遗存中的玉器[②]，其用玉的情况是一脉相承的传统，均在距离渭河或黄河岸边不远处，就近取得沿着渭水东流而运输得到的武山鸳鸯玉，或许还有关中本地的蓝田玉（也是蛇纹石）。

---

　　① 陕西省考古研究院：《陕西蓝田新街遗址发掘简报》，载《考古与文物》2014年第4期。
　　② 张天恩：《陕西省宝鸡市福临堡遗址1985年发掘简报》，载《考古》1992年第8期。

中国的白玉崇拜及其神话叙事，萌生期为商周两代，告成于西周至东周时期。按照文字之前的传统为大传统、文字书写传统为小传统的新划分标准，白玉崇拜的萌生和形成都属于小传统范畴内的新发明，其文化再编码意义是将史前期各种地方性的杂色玉石崇拜的大传统，引向一个前所未有的一元性的昆仑山和田玉崇拜之小传统。自此以后，不论是赤峰的红山、辽宁建平的牛河梁山、江苏的小梅岭、浙江的瑶山、安徽的含山、甘肃武山的鸳鸯山和甘肃临洮、榆中交界处的马衔山，都只能是地方性的圣山，产玉之山，而不可能成为象征大一统国家性质的神山。唯有远在西部边地的一座昆仑山，独超众类地成为唯一具有中华国族性文化认同价值的神圣之山。不仅华夏第一位署名诗人屈原的《楚辞》里要歌颂"登昆仑兮食玉英"的人生理想，就连率先统一中国的秦始皇修筑陵墓都要想方设法模拟昆仑山的形状：

> 骊山封土外观，仿效昆仑三山。传说昆仑山上有三山：凉风之山，悬圃之山，樊桐之山。若从昆仑山，登上了凉风之山，长生不死；若从凉风之山，登上了悬圃之山，能使唤风雨；若从悬圃之山，登上了樊桐之山，乃成神。
>
> （秦始皇陵）一级台阶，仿效昆仑之山；二级台阶，仿效凉风之山；三级台阶，仿效悬圃之山；三级台阶顶部的平面及其上，就是天帝之居樊桐之山了。[①]

秦始皇希望死后通过人造的昆仑（骊山皇陵）而升天永生；汉武帝则通过张骞使团带回的昆仑山玉石标本确认华夏最神圣之山，他的求仙事迹则在其身后演绎为一系列与西王母有关的文学传奇，

[①] 刘九生：《秦始皇帝陵与中国古代文明》，科学出版社2014年版，第21—22页。

如《汉武帝内传》《海内十洲记》。后者旧题西汉东方朔撰，并号称是西王母传旨给汉武帝的。其中压轴描述的是昆仑，奠定此山成为中国万山之祖的地位：

> 昆仑号曰昆陵，在西海戌地，北海之亥地，去岸十三万里。又有弱水，周回绕匝。山东南接积石圃，西北接北户之室。东北临大活之井，西南至承渊之谷。此四角大山，实昆仑之支辅也。积石圃南头，是王母告周穆王云：咸阳去此四十六万里，山高平地三万六千里。上有三角，方广万里，形似偃盆，下狭上广，故名曰昆仑。山三角。其一角正北，干辰之辉，名曰阆风巅；其一角正西，名曰玄圃堂；其一角正东，名曰昆仑宫；其一角有积金，为天墉城，面方千里。城上安金台五所，玉楼十二所。其北户山、承渊山，又有墉城。金台玉楼，相鲜如流，精之阙光，碧之堂，琼华之室，紫翠丹房，景云烛日，朱霞九光，西王母之所治也，真官仙灵之所宗。上通璇玑，元气流布，五常玉衡。理九天而调阴阳，品物群生，希奇特出，皆在于此。天人济济，不可具记。此乃天地之根纽，万度之纲柄矣。是以太上名山，鼎于五方，镇地理也；号天柱于珉城，象网辅也。诸百川极深，水灵居之。其阴难到，故治无常处。非如丘陵，而可得论尔。乃天地设位，物象之宜，上圣观方，缘形而着尔。乃处玄风于西极，坐王母于坤乡。昆吾镇于流泽，扶桑植于碧津。离合火精，而光兽生于炎野；坎总众阴，是以仙都宅于海岛。艮位名山，蓬山镇于寅丑；巽体元女，养巨木于长洲。高风鼓于群龙之位，畅灵符于瑕丘。至妙玄深，幽神难尽，真人隐宅，灵陵所在。六合之内，岂唯数处而已哉！此盖举其标末尔。臣朔所见不博，未能宣通王母，及上元夫人圣旨。[①]

---

① 东方朔：《十洲记》，上海古籍出版社1990年版，第7—8页。

　　从书面记录的上古神话叙事看，和田白玉想象衍生出人格化的形象，其男性人格化形式表现为黄帝吃白玉膏并播种玉荣的叙事（《西山经》）。和田白玉想象的女性人格化形式则表现为昆仑玉山瑶池西王母的叙事（从《穆天子传》到《汉武帝内传》，再到《西游记》）及西王母向中原统治者献白玉（白环）的叙事。

　　从周穆王时代到20世纪末，和田玉当之无愧地主宰着中国的白玉市场。在1990年代，几乎同时发现青海格尔木产的白玉和俄罗斯贝加尔湖产的白玉。从此以后的白玉玉料市场，呈现为新疆玉、青海玉和俄罗斯玉三足鼎立的局面。在此以前，玉器市场的历史上始终没有出现过大批的"准和田白玉"供应的情况。所以人们一说到白玉自然就会联想到新疆和田的昆仑山，以及该山下流淌不息的白玉河（玉龙喀什河）。

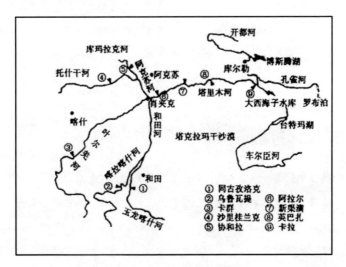

图附-10　和田河与叶尔羌河水系示意图，和田河由玉龙喀什河（白玉河）和喀拉喀什河（墨玉河）汇流而成

图附-11　陕西宝鸡渭河泮关桃园前仰韶文化层出土白玉环

用四重证据法看白环传说，其产生之古老，比任何文化都早。陕西宝鸡关桃园遗址位于渭河河道上，出土前仰韶文化的白玉环（编号为H183）[①]，其年代达到距今7000年以上。这是目前中国中原和西部地区发现最早的玉器，也是发现最早的白玉质玉器。然而，对此件早期玉器还没有做相应的物理检测，关于其玉料产地，暂时不得而知。笔者推测为一种地方玉料，近似石英岩，对应的文献依据是《山海经》讲到16座山出产白玉。不过这些山所产的白玉信息，绝大部分在后代湮没无闻了。

五、西部玉矿开发的多米诺现象

从中国玉文化史的全景视野看，玉文化起源于距今10000年前的东北地区，然后逐步向南传播，先后催生兴隆洼文化、红山文化、凌家滩文化、良渚文化、石家河文化和齐家文化等。相对而言，中原和西部地区的玉礼器生产起步较晚。主要原因和玉料供应的限制有关。从武山玉、蓝田玉等蛇纹石玉的率先登场（仰韶文化、常山下层文化，约距今6000—4500年），到马衔山、马鬃山的透闪石玉（龙山文化、齐家文化、先周文化，约距今4500—3500年），再到新疆昆仑山的透闪石玉（齐家文化至商周时期，约距今4000—3000年），大致经历了两三千年的持续演变

[①] 陕西省考古研究院、宝鸡市考古工作队编著：《宝鸡关桃园》，文物出版社2007年，第93页，彩版一八。

过程。到《山海经》和《穆天子传》成书的战国时期，中原人对西部玉矿资源如数家珍一般的推崇和艳羡之情，在两书中表现得淋漓尽致。从史前到商周两代的用玉传统看，呈现为西部的优质透闪石玉取代蛇纹石玉的总趋势。到东周以下，昆山之玉源源不断输入中原，蛇纹石玉已经基本被主流玉礼器生产淘汰出局。正所谓"青山遮不住，毕竟东流去"。在这方面，玉矿资源的物质条件变化和玉教神话观念的双驱动作用是人文学科方面最值得探讨的生动本土案例。

　　玉石之路的形成，也就相当于丝绸之路中国段的初始和由来。采用《汉书·西域传》的本土说法，就叫"开玉门通西域"①。不过这条路在史前期并不是一条跨洲的直接通道，而是先民局部的地域性的玉石之路，以渭河道为最早，引出后来的河西走廊道和更偏北方的草原玉石之路，黄河道和泾河道等，再引出通达于阗南山下的和田玉主产地的昆山玉路。换言之，仰韶文化时期雏形状态的玉石之路仅有数百公里到一千公里，完成时的玉石之路则扩展为四五千公里长，用《管子》的话，是"八千里"②，约四千公里，和今日国内最长的高速公路——连霍高速的长度相当。

　　西玉东输的多米诺过程，依次从甘肃天水地区延展到兰州地区，再延展到河西走廊和北方草原，最后才抵达新疆南疆。依据玉矿资源的不断发现过程，而形成复杂的路网状态。这和当代人想象的一条线式的丝路截然不同。

---

① 王先谦：《汉书补注》，中华书局1983年影印版，第1643页。
② 房玄龄注：《管子》，见缩印浙江书局汇刻本：《二十二子》，上海古籍出版社1986年版，第187页。

六、《山海经》的昆仑：中国话语的再认识

　　人是世界上唯一的话语动物。每个文化的成员都必然生活在本土特有的话语之中。河出昆仑神话作为强力话语，与华夏文明的多族群构成和多元一体格局密切相关。玉出昆仑的现实，拉动中原与西域的物资互动，派生出玉帛交换的民间礼俗，建构出的华夏认同与中国式的社会理想——化干戈为玉帛。

　　要了解中国的山，需要从万山之祖昆仑入门。要了解中国的河，自然首先面对河源神话地理。黄河在古汉语中叫"河"，专名变成概称，才被引申指一切河流。黄河被建构为大地上的万川所归，万川经由黄河流入东海。《山海经》所记"流注于河"的各支流河水，总计有54条，从浴水、汤水开始，到洛水、渭水为止。《水经注》也用前面五卷的篇幅记述黄河的情况。虽然河伯在文学家庄子那里已经是被讽刺的对象，但在春秋之前，则一直是被尊崇的对象。甲骨文敬称之为"高祖河"。不只是华夏族人尊崇，而是包括黄河中上游沿线的所有当地族群在内，都是尊崇的。看《穆天子传》中周穆王所在河套地区拜会的河宗氏，就可知矣。从地理位置上看，沿着河套一带，正是秦汉两代修筑长城抵御外来的游牧者文化之地，河宗氏的族属问题，应该联系胡汉之间对立与融合这一族际背景来认识。近年考古工作者在河套地区发现朱开沟遗址和石峁遗址，表明早在草原游牧族形成和崛起之前，这一地区的文化发展已经达到很高的水准，尤其是石峁石头城的面积达到400多万平方米之大，号称中国史前最大的城市。而孕育城市产生的文化要素主要是人流和物流的高度集中，关系到物资运输和贸易活动。目前需要改变以往的中原中心观念，以重新学习的态度审视河套地区依

托黄河水道展开物资贸易和文化传播的史前真相。在金属冶炼的规模性生产以前，似乎唯有玉石资源的远距离调配，最适合黄河水道及其支流的漕运功能。西玉东输从渭河道拓展到黄河道，使得我们有理由建构中华文明起源的"黄河摇篮新说"：黄河上游到河套地区，是中原农业文化与西北方游牧文化互动融合的间性地带。不同族群之所以能够沿着黄河的走向而渐次融合，其连接的纽带就是共同的河神崇拜与相关的信仰、仪式行为。《穆天子传》讲述的周朝统治者与河宗氏共同举行祭拜河神的仪式就是明证。争夺河神祭祀权的争斗，必然十分激烈，且富有深意。正是一条由西部屋脊的崇山峻岭流经整个黄土高原，再流淌到东部平原和东海之滨的万里大河，铸就华夏文明的人文地理基础。神话的观念的话语建构功能就是确认河源为饮水思源的向往目标和朝圣目标：用神话想象将华夏祖先文化投射到昆仑，黄帝、西王母、羿、后稷等一一和昆仑神话相互勾连起来，形成中国版的奥林匹斯山神谱体系。

那些认为中国没有神话的汉学家们，只要熟悉了昆仑，就可以附带熟悉中国神话的体系及其核心观念。有关昆仑的描述，最集中地出现在《山海经》中。至少有三种不尽相同的记载：其一是《西山经·西次三经》的昆仑之丘，同时讲到的还有西王母、河源、玉源三个要素。

> 西南四百里，曰昆仑之丘，是实惟帝之下都，神陆吾司之。其神状虎身而九尾，人面而虎爪；是神也，司天之九部及帝之囿时。有兽焉，其状如羊而四角，名曰土蝼，是食人。有鸟焉，其状如蜂，大如鸳鸯，名曰钦原，蠚鸟兽则死，蠚木则枯。有鸟焉，其名曰鹑鸟，是司帝之百服。有木焉，其状如棠，黄华赤实，其味如李而无核，名曰沙棠，可以御水，食之

使人不溺。有草焉，名曰薲草，其状如葵，其味如葱，食之已劳。河水出焉，而南流东注于无达。赤水出焉，而东南流注于氾天之水。洋水出焉，而西南流注于丑涂之水。黑水出焉，而西流于大杅。是多怪鸟兽。①

这里同时讲到有四条水发源于昆仑山，洋水，郭璞注云"或作清"。果真如此，四条水中的三条皆以颜色为名：赤、清（青）、黑。唯独河水未点明其颜色，估计也是有色的，但不是中下游所见的黄色。河水流注的方向是"无达"，应该是指一种无定河，或称内陆河。其水流最终消失在沙漠或沙漠中的湖泊。塔克拉玛干大沙漠中确有这样的湖泊，今称罗布泊。其古代的称谓有两个：一个叫蒲昌海，一个叫盐泽。《汉书·西域传上》："于阗在南山下。其河北流，与葱岭河合，东注蒲昌海。蒲昌海，一名盐泽者也。去玉门阳关三百余里。"②距离昆仑之丘以西不远处，是西王母所在的玉山。

又西北三百五十里，曰玉山，是西王母所居也。西王母其状如人，豹尾虎齿而善啸，蓬发戴胜，是司天之厉及五残。有兽焉，其状如犬而豹文，其角如牛，其名曰狡，其音如吠犬，见则其国大穰。有鸟焉，其状如翟而赤，名曰胜遇，是食鱼，其音如录，见则其国大水。

又西四百八十里，曰轩辕之丘，无草木。洵水出焉，南流注于黑水，其中多丹粟，多青雄黄。

又西三百里，曰积石之山，其下有石门，河水冒以西流。

---

① 袁珂：《山海经校注》，上海古籍出版社1980年版，第47—48页。
② 王先谦：《汉书补注》，中华书局1983年影印版，第1605页。

是山也，万物无不有焉。①

《山海经·北山经》有如下一段记载：

> 曰敦薨之山……敦薨之水出焉，而西流注于泑泽。出于昆仑之东北隅，实惟河原。②

与此记载相关的是《汉书·西域传上·于阗国》的一个说法："于阗之西，水皆西流，注西海；其东，水东流，注盐泽，河原出焉，多玉石。"③ 仍是要强调河源即玉源。

《海内西经》又一次讲到昆仑和河源：

> 海内昆仑之虚，在西北，帝之下都。昆仑之虚，方八百里，高万仞。上有木禾，长五寻，大五围。面有九井，以玉为槛。面有九门，门有开明兽守之，百神之所在。在八隅之岩，赤水之际，非仁羿莫能上冈之岩。赤水出东南隅，以行其东北。河水出东北隅，以行其北，西南又入渤海，又出海外，即西而北，入禹所导积石山。
>
> 洋水、黑水出西北隅，以东，东行，又东北，南入海，羽民南。弱水、青水出西南隅，以东，又北，又西南，过毕方鸟东。
>
> 昆仑南渊深三百仞。开明兽身大类虎而九首，皆人面，东向立昆仑上。开明西有凤凰、鸾鸟，皆戴蛇践蛇，膺有赤蛇。开明北有视肉、珠树、文玉树、玗琪树、不死树。④

这一段有关昆仑的描写显得神话色彩异常浓厚，昆仑不仅高大

---

① 袁珂：《山海经校注》，上海古籍出版社1980年版，第50—51页。

② 袁珂：《山海经校注》，上海古籍出版社1980年版，第75页。

③ 王先谦：《汉书补注》，中华书局1983年影印本，第1612页。

④ 袁珂：《山海经校注》，上海古籍出版社1980年版，第294—299页。

无比，而且四水环出，并用珠玉代表不死的幻想。不过没有突出玉的颜色。《海内东经》也讲到昆仑和白玉山，一般认为应属于《海内西经》的文字错简放置在《海内东经》里的：

> 西胡白玉山在大夏东，苍梧在白玉山西南，皆在流沙西，昆仑虚东南。昆仑山在西胡西，皆在西北。[①]

郝懿行注云："《三国志》注引《魏略》云：'大秦西有海水，海水西有河水，河水西南北行有大山，西有赤水，赤水西有白玉山，白玉山西有西王母。'今案大山盖即昆仑也，白玉山、西王母皆国名。《艺文类聚》八十三卷引《十洲记》曰：'周穆王时，西胡献玉杯，是百玉之精，明夜照夕。'云云。然则白玉山盖以出美玉得名也。"[②] 要追问白玉山出产什么样的美玉，则非羊脂白玉莫属。直至今日，羊脂玉的价值还是在其他玉料之上的。

以上引文表明，《山海经》一书对昆仑的描述大同小异：从泛指的玉山和西王母之山，最后集中到特指的白玉山，也暗示着昆仑"从众山到一山"的聚焦现象。为什么会这样？其原因的揭示，应当就在玉教的"新教革命"方面：其结果是让华夏统治者从崇拜所有地方的地方玉，到只崇拜一种玉——和田玉，尤其是和田白玉，体现为《礼记·玉藻》篇的"天子佩白玉"[③]教义制度规定。

古代的现实情况是，只有于阗南山下有专产白玉的河——玉龙喀什河，俗称白玉河。如果按照河出昆仑的神话地理，则白玉河也是黄河发源之河。汉代纬书《河图玉版》的说法足以代表两千年前

---

① 袁珂：《山海经校注》，上海古籍出版社1980年版，第328—329页。
② 袁珂：《山海经校注》，上海古籍出版社1980年版，第329页。
③ 阮元校刻：《十三经注疏》下册，中华书局1980年影印版，第1482页。

的国人对此的感觉。《山海经·西山经》记黄帝食玉膏，"其原沸沸汤汤"句郭璞注：

> 玉膏涌出之貌也。《河图玉版》曰："少室山，其上有白玉膏，一服即仙矣。"亦此类也。[1]

众所周知，求仙得道，追慕长生不死的境界，本为秦皇汉武的共同梦想。一旦确认白玉或白玉膏有这样的神奇作用，昆仑及其周围的山系也就自然被抬高为神山或仙山。本文结论是，河出昆仑神话地理观不是向壁虚构的文学，也不是错误的地理科学，其发生的根源在于玉教崇拜的思想，特别是玉教的"新教革命"。新疆昆仑山的神圣性和神话化过程之所以发生，主因在于其特产的和田白玉。这在古代一直被国人奉为最有价值的物质。所谓"黄金有价玉无价"。三千年来，直到今日，中国人还习惯用"白璧无瑕"这样的成语来表达中国式的完美理想。

（原载《民族艺术》2016年第6期）

---

[1] 袁珂：《山海经校注》，上海古籍出版社1980年版，第41—42页。

昆仑河源道科考组诗四首

从帕米尔看中国

万山之祖非虚传

万水之源本通天

西望身毒罽宾近

东走鸠摩张棉远

若无希腊东征举

何来佛像入中原

琉璃天珠青金去

青稞牦牛永冰川

图附-12　塔什库尔干的唐代古城

瓦罕瓦罕

鸡鸣四国岭

六七八九连

今日边塞禁

往昔驼铃喧

生业看农牧

人种黄白间

东归唐三藏

西去汉张骞

穿越梦欧亚

走廊高五千

玉帛化干戈

一路大同天

图附-13 瓦罕走廊

夜宿帕米尔兵营

华夏边塞远

西望路八千

近有陇关山

留子曰张棉

遥看明铁盖

四国比邻关

苍鹰依旧在

乌鹊逐人烟

戍犬通灵吠

旱獭笑迎团

图附-14　中国阿富汗边界的界山

白圭玄璧颂

贝加尔水为饮

帕米尔冰当餐

呼伦湖上忆鲜卑

瓦罕走廊尝奶饭

白玉万年出边山

西接昆仑路八千

联通先驱看禹氏

黄帝玉膏白变玄

唐尧虞舜太平世

西母来献白玉环

周王觐见瑶池女

白圭玄璧藏密关

上接万载黑曜岩

下启祆教色二元

图附-15　冰封的高原

河图洛书化太极

道家阴阳宇宙观

时空交替变万千

国旗认同演南韩

于阗白玉名千古

山经十六处有案

今朝笑看黑羊脂

冰润塔什库尔干

2016年9月6日凌晨4时，当夜宿营于塔什库尔干乡卡拉其古边防连兵营三楼，海拔3643米。

玛雅与中国玉石神话比较研究

——文明起源期"疯狂的石头"

引言：华夏文明起源之特质

为了对国际上关于中国文化来源问题的独立演化与外来传播两派之争有所回应，夏鼐先生于1983年在日本发表了题为《中国文明的起源》的讲演。在这次讲演临近结尾的部分，他专门提示了当时学术界所关心的中国文明起源理论问题的关键所在，即"中国文明是否系独立地发展起来的？"为此，夏鼐给出了一个肯定性答案，我们可称之为"中国文明独立发生说"。然而，和中国学者所持观点相对立的，便是西方汉学界所倡的"中国文化西来说"，这自19世纪开始已经流行起来。其中苏联学者瓦西里耶夫就是晚近的代表人物之一，他从20世纪60年代以来，相继以俄文发表了诸如《外来影响在中国文明起源中的作用》《中国文明的起源问题》等一系列论著，主张中国文明起源并不完全是西来的，亦不完全在本土独立发生。同时，他认为旧大陆上的文明发生具有西亚苏美尔文明这一总的源头，占据主导地位的当属外来影响。苏美尔文明要素通过向四周进行文化传播，进而催生出其他的古文明，其中所采取的路径就包括远程贸易、移民迁徙等。鉴于中国文明地处东亚地区，与苏美尔文明相距最为遥远，获取其文明要素的传播过程自然也最漫长，因此，中国文明成为旧大陆上最后形成的一个古文明，而这体现着文化传播的循序渐进性。中国学术界对于瓦西里耶夫的上述观点，基本上都持否定态度，本土学者们一贯坚持的是文明独立发生说。夏鼐基于所坚持的独立发生说前提，也不完全排斥传播影响说，其观点可以概括为"独立加传播说"。

　　我以为中国文明的产生，主要是由于本身的发展，但这并不排斥在发展过程中有时可能加上一些外来的影响。这些外来的影响不限于今天的中国境内各地区，还可能有来自国外的。但是根据上面所讲的，我们根据考古学上的证据，中国虽然并不是完全同外界隔离，但是中国文明还是在中国土地上土生土长的。中国文明有它的个性，它的特殊风格和特征。中国新石器时代主要文化中已具有一些带中国特色的文化因素。中国文明的形成过程是在这些因素的基础上发展的。[①]

夏鼐是一位曾经留学英国的考古学家，所以在考察中国文明起源问题时就具有了国际性视野，他基本依据国际学术界判断文明产生所惯用的三大标志——城市、青铜器和文字，来具体讨论中国文明问题。他在20世纪80年代所做的《中国文明的起源》讲演，正是因为安阳殷墟乃中国境内唯一同时具备前述文明产生三大要素的最早文化遗址，所以夏鼐先生才将其视作主要的考察对象。

　　现今史学界一般把"文明"一词用来以指一个社会已由氏族制度解体而进入有了国家组织的阶级社会的阶段。这种社会中，除了政治组织上的国家以外，已有城市作为政治（宫殿和官署）、经济（手工业以外，又有商业）、文化（包括宗教）

----

① 夏鼐：《中国文明的起源》，文物出版社1985年版，第100页。

各方面活动的中心。它们一般都已经发明文字和能够利用文字作记载（秘鲁似为例外，仅有结绳纪事），并且都已知道冶炼金属。文明的这些标志中以文字最为重要。欧洲的远古文化只有爱琴-米诺文化，因为它已有了文字，可以称为"文明"。此外，欧洲各地的各种史前文化，虽然有的已进入青铜时代，甚至进入铁器时代，但都不称"文明"。[①]

如果将文字的有无作为衡量中国文明的判断标准，那么商代晚期都城遗址也就成为独一无二的选择。夏鼐在总结殷墟文化的独有特征时，这样指出：

> 除了上述三个文明的普遍性特点以外，殷墟文化还有它的一些自己独有特点。但是这些不能作为一般文明的必须具备的标志。殷代玉石的雕刻，尤其是玉器，便是这种特点之一。别的古代文明中，除了中美洲文明之外，都没有玉器，但是它们仍够得上称为文明。[②]

然而，夏鼐认为除中国以外的旧大陆古文明中"都没有玉器"的说法，显然值得一番商榷，这毕竟是唯中国人崇玉说的典型性描述。我们首先有必要对"玉石雕刻"和"玉器"一类词语进行严格的界定，因为从它们的狭义与广义理解来分析，彼此间存在的差异还是很大的。若只是把今天中国人所熟知的玉石种类（软玉、蛇纹石玉和透闪石玉）视作"玉"，而将其他美石排除不论，势必就会对我们所要考察文明起源期的人类共有玉石神话观以及史前信仰根源有所遮蔽，这并不利于就文明标准的普遍性认知达成共识。晚近的考古发现已经表明，黑曜石作为一种美石，不仅仅在旧大陆北

---

① 夏鼐：《中国文明的起源》，文物出版社1985年版，第81页。
② 夏鼐：《中国文明的起源》，文物出版社1985年版，第90页。

部、西部、南部与中部的史前文化遗址中有出土，还在东亚地区得
以发现，以至于早在旧石器时代后期，它已经被史前先民们挑选出
来作为原料，用于工具和装饰品的加工制作了。如近年来在吉林省
和龙市崇善镇一带发现了面积超过100万平方米的旧石器时代晚期
人类遗址，出土大量石制工具，其中99%都是用黑曜石作为材料。
鉴于该遗址距离长白山天池不足100公里，可推测这里的黑曜石矿
乃当地长白山火山喷发期之遗留物。由于今日的一般中国民众对于
黑曜石和青金石一类石材缺乏起码的认知，而普遍注重以和田玉为
核心，兼及中国境内各地出产的地方性玉种的玉石文化，这使得黑
曜石和青金石的位置基本缺失，文明起源研究也大体上忽视了这方
面的因素。

一、文明起源期的圣物崇拜

从当下的国际学术打通视界予以审视，世界各大文明古国存在
的差异并不在于玉石神话和玉器加工技术的有无，而恰恰在于玉石
神话能否在后世传承相继，再者即玉器生产所使用材料方面存在的
差异。归根究底，文明初始之际的玉石信仰普遍具有跨文化与跨地
域的特点。但是，因地域性差别所导致的被神圣化和神话化的玉石
种类存在着诸多不同，这就使得各个文明都呈现出玉器生产多样化
的发展态势。在苏美尔、阿卡德、巴比伦、埃及、克里特米诺斯、
希腊迈锡尼、印度等古文明中，史前期的黑曜石以及文明期的青金
石、绿松石等美石都成为同时被崇拜信奉的宝物，它们深受当时统
治者的狂热追捧，并且由此牵引着对诸如铜、锡、铅、金、银等有
色矿石的神圣化过程。这就驱动着人类最终脱离漫长的石器时代，
从而进入金属时代与文明化过程之中。除中国以外，在其他所有

早期文明的文学叙事中，能够与黄金这种最贵重的金属相媲美的玉石，也无非青金石和绿松石等为数不多的寥寥几种。事实上，青金石是最重要的玉石，在堪称世界第一部史诗的巴比伦作品《吉尔伽美什》中，第七块泥板第157行即具体描述了天神恩赐给人间国王的三大圣物："他将给你黑曜石、青金石和黄金！"[①]

在这类文学表述之中，我们能够非常直观地审视早期文明的玉石神话观，此外还可以大致体认出从黑曜石到青金石，再到稀有金属之圣石，它们依次发生的具体程序。伴随着文明的逐渐展开，社会财富观念与珍宝观念也在发生着相应变化，致使黑曜石这一最早圣物渐渐从社会的聚焦视野中慢慢消退。而相较于这种现象，晚于黑曜石并且更具稀有价值的另外一种玉石——青金石开始独占鳌头，成为苏美尔文明之中优于黄金的唯一圣物，这在该文明发掘出土的顶级宗教艺术品中，有着鲜活具体的呈现。其中，非常具备典型性的文物就是大英博物馆所藏乌尔城出土的神树和羊雕塑，雕塑中的羊角与羊眼为青金石所镶嵌，除此之外，通身采用黄金铸造。另外，还有用整块青金石制作而成的"乌尔的徽章"，现今同样藏于大英博物馆。苏美尔文明对埃及文明产生了重要影响，古代埃及人进一步将青金石与绿松石加以神圣化和神话化。在举世闻名的埃及图坦卡蒙法老墓葬中，采用黄金镶嵌青金石和绿松石制作而成的神圣法老像，成为古埃及文明中极具代表性的形象标志。当年参与制作这件稀世珍宝的艺术大师还有一个画龙点睛的神来之举，那便是采用经过精细琢磨抛光的上等黑曜石，对法老金面具的眼球部分

---

① Andrew George, translated, *The Epic of Gilgamesh*. London : Penguin Books, 1999, p.59. 赵乐甡中译本《吉尔伽美什》将"青金石"译为"蓝宝石"，不确切。今据英文本改为"青金石"。

进行了镶嵌处理，这些举措都在向世人诠释神圣的"金玉组合"神话理念。

图附-16　苏美尔文明乌尔城出土神树　　　图附-17　古埃及法老图坦卡蒙墓
和羊雕塑，黄金镶青金石，现存大英博物馆　　出土黄金像，眼睛和眉毛为黑曜石镶嵌

　　在中美洲的玛雅文明和阿兹特克文明，同样具备玉石神话信仰的突出表现。这是夏鼐先生在提示中国殷商玉器生产的独特传统时特别提到的。当地出产的主要玉石材料是绿松石和绿色的翠玉。用这些具有鲜明色彩的玉石来标志神庙和上层人物的身份，表明玉石作为物质符号同时具有神圣价值，并由此而派生出巨大的经济价值。美国学者西尔瓦纳斯·G. 莫莱《全景玛雅》指出，玛雅考古所发现的镶嵌绿松石器物，充当着不同文化间的远距离传播的证据。该书中有关镶嵌工艺即"马赛克艺术品"的小节指出：

　　　　古典时期浮雕上的绿玉马赛克有许多含义；从后古典主义时期的伦帕克的2号墓坟中的绿玉碎块复原成一个精细的面

具。后古典时期的绿松石马赛克的杰出艺术品是埋藏在奇岑伊策萨的祭祀井中后被发掘出的四个圆盘。它们不是在尤卡坦制造，因为在尤卡坦没有绿松石矿。它们来自墨西哥中部，在14至16世纪，在那里这种技术十分普通。第一个是华盛顿的卡耐基研究所在后来被武士金字塔掩盖坎佩切的庙宇的地板下的封闭的石灰矿口瓶中发现的圆盘。盘子的背面是木头做的，但现在早已腐烂了。复原的盘子在墨西哥城的人类与历史国家博物馆，另三个相似的盘子是墨西哥政府在奇岑伊策萨的卡斯蒂罗下掩埋着的庙宇中发掘的——其中的两个与上文提到的绿玉雕都在同一盒中，第三个在红色美洲虎宝座的座位上。①

从这些情况判断，玉石是玛雅社会中统治阶级拥有的贵重物品。该文明的中心以城市为标志，城市则是以神庙为核心的建筑群。这种情况也大体上类似于苏美尔城市起源。

以玛雅文明最大的城市蒂卡尔为例，可以看出马赛克艺术品的使用背景。那里的庙宇和政府管辖区覆盖将近1平方公里。

蒂卡尔最显著的建筑特色，即它的六座金字塔神庙，金字塔神庙是玛雅地区最高的建筑。从地平线到神庙顶端的测量数据如下：神庙1，高155英尺；神庙2，高143英尺；神庙3，高178英尺；神庙4，高229英尺；神庙5，高188英尺。②

在武士神庙里面的恰克穆尔庙里，发掘出著名的翠玉马赛克圆盘。圆盘外缘呈现为十四个花瓣形，圆内分八个等份。翠玉圆盘发

---

① 西尔瓦纳斯·G.莫莱：《全景玛雅》，文静、刘平平译，国际文化出版公司2003年版，第353—355页。

② 西尔瓦纳斯·G.莫莱：《全景玛雅》，文静、刘平平译，国际文化出版公司2003年版，第235页。

现时放在石头盒中，显然是某种神秘异常的圣物，不是一般常见的用品。此类庙宇建筑的背景，决定了特殊玉器制品是作为圣物而存在于宗教场所，并非一般日常所用的装饰物。

从石器时代末期到文明初期，特定社会所看中的战略性的资源是什么？先是黑曜石和各种颜色的玉石，随后才是金属。黑曜石是生产工具的制作原料，玉石则是宗教信仰的显圣物原料。这些物质本身就由神话观念赋予了神圣性，成为至高无上的精神体现，因而激发出朝圣一般的渴求和驱动力。美索不达米亚文明的发生期，最初的远距离贸易出现，就与黑曜石和玉石的交换有关。在伊拉克北方的特尔哈拉福，当地居民接受土耳其西南地区发明的彩陶文化，建立起最为光彩夺目的彩陶生产。"哈拉福人的生活方式与其先辈们相差无几，没有做出什么惊人的农业改进或技术发明。但是他们在相距数百英里的村庄之间建立了新的广泛联系，从事黑曜石、半珍贵的宝石和其他奢侈品之类商品的贸易。"[①]黑曜石的用途是生产工具的制作，这一点不会有很大的争议。但是也有少量证据表明，黑曜石作为非工具性的奢侈品原料的情况，在古文明中不是孤例。如中美洲的玛雅文明和阿兹特克文化中，也有类似于古埃及文明的用黑曜石镶嵌神像眼睛的工艺，还有用黑曜石雕刻的神圣面具。

二、 中国与玛雅玉石神话对比

"在大约公元500年的顶峰时期，特奥蒂瓦坎主宰了历史学家称之为中美洲古典时期的一段繁荣期。商人们向北旅行到达墨西哥

---

① B. M. 费根：《地球上的人们——世界史前导论》，云南民族学院历史系民族学教研室译，文物出版社1991年版，第420—421页。

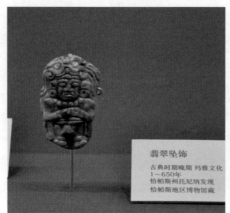

图附-18　古典时期玛雅文化翡翠神像，公元1—650年（2013年摄于北京故宫"山川精英：中国与墨西哥古代玉石文明展"）

图附-19　翡翠马赛克面具，眼睛为黑曜石镶嵌，玛雅部落领袖宇克努翡翠神像，出土时罩在宇克努脸部，约695年（2013年摄于北京故宫"山川精英：中国与墨西哥古代玉石文明展"）

高原，向南则到危地马拉。他们用陶器、花瓶、香料以及黑曜岩制作的工具进行交易，然后带回佩滕丛林的翡翠、美洲虎皮和可可豆、墨西哥西部的绿松石和绿玉，以及太平洋和墨西哥湾海岸的海螺壳。"[1]绿松石和翡翠（绿玉）都以深绿色而引人注目。这一颜色与羽蛇神名字中隐喻的大咬鹃羽毛之色是吻合的，那种珍禽的羽毛也曾经是奢侈品贸易的重要对象。初读《穆天子传》的读者大都难以理解一个细节，西周王朝的最高统治者周穆王不辞辛劳而西行万里的目的，除了为求取西域之美玉外，为什么会对一些鸟羽那样感兴趣呢？对照中美洲古文明的玉石神话颜色类比情况，就会有豁

---

[1]　时代生活图书公司编：《太阳与献祭众神——阿兹特克与玛雅神话》，孙书姿译，中国青年出版社2003年版，第9页。中译本将"绿松石"误译为"土耳其玉"，引者改正。以下引文同此。

然开朗之感。

大咬鹃又名绿咬鹃，此一名称旨在突出这种神鸟的颜色特征。这里潜藏着支配中美洲玉文化发展的神话观底蕴："所有的中美洲民族都认为绿色原料比其他任何原料都珍贵，他们使用翡翠、绿松石或者大咬鹃绿色的羽毛。科尔特斯（殖民者——引者注）很快就发现了这一点，他用绿色的玻璃珠子与阿兹特克人交换，以得到黄金。"[1]由此可以推导出一种神话性的色谱象征公式：

绿松石之绿色 = 翡翠之绿色 = 绿咬鹃羽毛之绿色

神话思维的类比原则就是这样在完全不同的物质之间建立起对等和相互认同的关系，将两种矿物和一种生物的外观色泽抽象出来，作为神圣礼仪活动建构的标志性符号。如果说大规模的经济贸易活动，特别是非生活必需品的社会奢侈品贸易，构成所有古老文明的发生条件，那么通过探索玉石神话信仰的普遍性，就能找到宗教神权的需要对早期文明奢侈品生产与贸易活动的驱动性作用。

对羽毛及其制品的描述在汉语古籍中就不乏其例，过去对此研究得很少。如《山海经·海外西经》开篇描述原书中的地理图景，称"海外自西南陬至西北陬者。灭蒙鸟在结匈国北，为鸟青，赤尾"。这表明在原有的山海图上，自西南方至西北方之间的位置，绘有一种神秘的鸟，身体为青色，尾羽为红色。如果了解到华夏色谱的中青色实际也包含绿色在内的话，对于青鸟的神话类比意义，或许就会有所察觉。经文在介绍青羽赤尾的灭蒙鸟之后，紧接着讲到夏王朝第一位圣王夏启的仪式性舞蹈表演，突出描写的是他身体上和手上的仪式性圣物，其中就有一件是用鸟羽制作的：

---

[1] 时代生活图书公司编：《太阳与献祭众神——阿兹特克与玛雅神话》，孙书姿译，中国青年出版社2003年版，第69页。

大运山高三百仞，在灭蒙鸟北。

大乐之野，夏后启于此儛九代；乘两龙，云盖三层。左手操翳，右手操环，佩玉璜。在大运山北。一曰大遗之野。[①]

乘两龙的夏启，头顶上方有三层的"云盖"（或是状如车盖的云，或是形容龙车之车盖），衬托在祥云之中，一幅统治者白日升天的景象。阮籍《咏怀》之二三云："六龙服气舆，云盖切天纲。"大概是夸张描绘的同类情景。除了对夏启身外的升天道具之描绘，《海外西经》还具体写出夏启身上的三件升天道具：双手操持的翳和玉环，颈下系佩的玉璜。三件圣物中有两件为玉质，一件为羽毛质。这两种材料也正是周朝天子穆王西行边疆所寻求的珍稀宝物。《说文·羽部》："翳，华盖也。"从翳字从羽的造字结构看，当是指用美丽的鸟羽做成的华盖。《晋书·舆服志》："戎车，驾四马，天子亲戎所乘者也。载金鼓、羽旗、幢翳，置弩于轼上，其建矛麾悉斜注。"

华盖有遮蔽作用，故"翳"字又有引申义，指遮蔽或隐没。屈原《楚辞·离骚》云："百神翳其备降兮，九疑缤其并迎。"王逸注："翳，蔽也。"由此看出，早期华夏文明同美洲文明一样突出表现升天与降神所用的仪仗性羽饰。翳字本为鸟羽产品的命名，又反过来用作鸟名。如《山海经·海内经》说的："有五彩之鸟，飞蔽一乡，名曰翳鸟。"国人心目中的五彩鸟以神话想象的凤凰为代表，夏启以翳作为神圣仪仗，也明显带有神话学的意蕴。

先秦时代有一种驱邪消灾的祭祷仪式，也用翳字命名，称为"翳酿"。《战国策·齐策五》："中人祷祝，君翳酿，通都小县

---

① 袁珂：《山海经校注》，上海古籍出版社1980年版，第209页。

置社，有市之邑，莫不止事而奉王。"远古时初民视鸟为神，鸟羽于是具有仪式意义和通神象征意义。从夏启左手操翳右手操玉环的形象看，他乃仪式行为的主角，是身兼通神升天能力的巫师王。由于古老的翳无法保留至今，华夏巫师王操持的鸟羽仪仗是什么色彩的，今人无从得知。不过从《山海经》多处提到青鸟的情况看，也许是和中美洲文明崇奉大咬鹃绿色羽毛的情况类似，不排除有类比青玉之色的可能。

美国时代生活图书公司编著的《太阳与献祭众神——阿兹特克与玛雅神话》一书中，有"神的化身"一节，介绍所谓"神圣的包裹"（Sacred Bundles，简称"圣包"），是中美洲宗教和一些北美土著信仰的共同特征：他们都遵奉"圣包"，其中包含着对一个特定神灵表达崇拜的神圣物品。阿兹特克人圣包里可能有神的斗篷，据说是过去神为给世界带来生命牺牲自己时传给后继者的信物。此外还有翡翠、珠宝、蛇皮、虎皮，以及其他一些圣物。这些圣物由称作"神的代言人"的祭司收藏。他们通过这些圣物可以获得特殊的力量，并能揭示预言。

综上所述，对于阿兹特克人来说，翡翠玉石之类的圣物，乃是人神之间沟通、传递信息的中介物。它们的功用不仅是代表神灵给人间传达神圣的法力，而且还能够兼具传达神谕，即"揭示预言"的效果。这些描述基本吻合世界各主要文明的玉石信仰的普遍特征。

美国哈佛大学的焦天龙博士对玛雅玉器的形制与功能所做的专门研究表明："玉器在玛雅宇宙观里也是重要的象征物。对古代玛雅人来说，玉与水和玉米有密切的关系。玉的颜色多为绿色，这与水和玉米的颜色是一致的。Thompson从文字学的角度对玛雅玉所表达的信息进行了阐述。他发现玉的玛雅象形文字符号，有时被用来对水体进行描述。他同时也发现，'Kan Cross'这一文字符号，可能代表蓝颜色，也可能是玉的字符。在Chichen Itza的祭祀井里有大量的玉制品和玉片被发现，这一现象被解释为了祈雨或占卜来年庄稼的丰收状况而祭祀雨神。"① 有人类学家报道说，楚尔蒂玛雅人近些年又回到古代的祭祀中心去上供，在祭祀地方埋下了成百的玉石珠。当代的祭玉礼俗是对古老传统的复兴。

玛雅文明不仅在祭神用玉方面与华夏文明相似，在丧葬礼仪上的用玉，也有和华夏同类的现象。考古发掘表明，墓主人的口中常常被放入玉珠或玉片。这样的仪式礼俗一直延续到16世纪。民族志方面的材料也给出相关记载，如北普库曼玛雅人（Pokom Maya）就常在死者口中放一片玉。他们相信玉会吸附人的灵魂，当人断气的时候，他们用玉轻轻地揉搓他的脸。"根据这些记载，一些考古学家认为，玉是玛雅人死后的特殊食物，他们相信玉可以吸附死者灵魂，并确保他的灵魂不灭。"② 中国西周时期玉敛葬的一种特殊形式是玉覆面，这一形式也出现在玛雅文明中。在古典时期最大的城市遗址蒂卡尔（Tikal），国王的墓葬中都有随葬玉器出土，其中引人注目的即玉覆面。据多数考古学家的看法，支配着玉覆面葬俗行为的观念要素是有关死后世界的神话信仰：玛雅国王被认为是天神血统，他们死后需要通过阴间重新回归天界，玉覆面是保证王者们穿越阴间再生的重要道具。探考这一神话观的由来，有必要追溯到玛雅神灵信仰中的主要角色——羽蛇神盖查尔柯亚脱尔

① 焦天龙：《论玛雅玉器的功能》，见邓聪主编：《东亚玉器》第二册，香港中文大学中国考古艺术研究中心1998年版，第411页。
② 焦天龙：《论玛雅玉器的功能》，见邓聪主编：《东亚玉器》第二册，香港中文大学中国考古艺术研究中心1998年版，第412页。

图附-20　羽蛇神面具：镶嵌绿松石及贝壳，公元15世纪

（Quetzalcoatl，又译为"魁扎尔科亚特尔"等）。

　　玛雅神话讲述说，羽蛇神兼为太阳神、风神、黎明之神，又为天文神话中的晨星或金星之神。他的行为特征总是在上演死而复活的循环旅程，这既是生命的循环，也是宇宙天象的循环。羽蛇的人格化形象是一个用绿色玉或绿松石制成的面具。日神的这一标志性的玉质面具，给玛雅王者葬仪上使用的玉覆面带来解读线索。为什么逝去的王者葬仪要将死者模拟成日神的模样呢？玉面具代表的日神将把逝者亡灵引向何方？

　　"盖查尔柯亚脱尔"这个名字由两个词根组合而成："盖查尔"（Quetzal）意指一种叫大咬鹃的珍稀之鸟，其羽毛以翠绿色而著称，象征生命之色，这也是其绿色玉面具的符号意蕴；"柯亚脱尔"兼有蛇或双胞胎的意思。蛇、鸟和绿色的象征组合，带给这个形象以丰富的神话联想。在一幅15世纪的绘画中，描绘着羽蛇神下阴间后通过变形而复活升天的过程：

　　画面上层：羽蛇神穿越由大地母神的身体构成的帷幕，下降到阴间的冥国地火之中。

　　画面中央下方：羽蛇在母神的腹中点燃火种。

　　画面中央：羽蛇通过火中冶炼而恢复生命力，化为太阳。

　　画面底层：羽蛇脱离阴间，以太阳的形象升出天空。[1]

────────────

　　[1] Stanislav Grof, *Books of the Dead: Manuals for Living and Dying*. London: Thames & Hudson, 1994, p. 22.

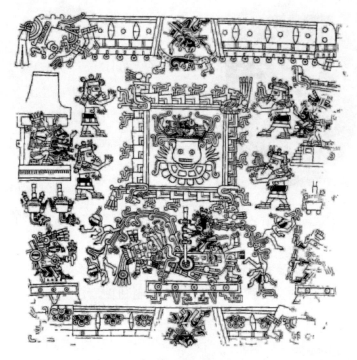

图附-21　羽蛇神死而复活的转化过程图，15世纪，Codex Borgia

　　比较神话学家在玛雅文明羽蛇神的死而复活过程中，看到和古埃及文明中法老死后乘太阳船穿越阴间的旅程十分相似的神话想象。对于死去的玛雅王者而言，玉覆面保证他们像羽蛇一样顺利穿越阴间世界的再生之旅。中国文明中自史前玉敛葬到周代的玉覆面，再到汉代金缕玉衣的奇妙葬俗①，是否也能够在这样的国际性玉石神话信仰参照下，获得所以然层面的文化解析呢？神话学之所以又称为比较神话学，主要由于其跨文化的分析对照方式能够给局限于单一文化内不易解决的疑难问题，带来求解的启示和借鉴。

　　① 参见叶舒宪：《金缕玉衣何为》，载《能源评论》2012年第5期。

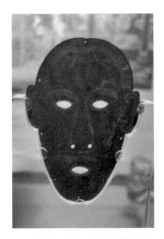

图附-22　湖北荆州秦家山楚墓出土玉覆面（2011年9月摄于荆州博物馆）

华夏玉敛葬中的玉覆面和金缕玉衣是否也象征太阳神及其阴间旅行呢？鉴于古汉语文献叙事方面的材料匮乏，目前还难以做出这样的判断。但是有一点是可以肯定的：玉石代表着穿越生死界限的永生和永恒。

玉敛葬的目的中包含着保护尸身不朽。借用葛洪《抱朴子·对俗》中的说法："金玉在九窍，则死人为之不朽。盐卤沾于肌髓，则脯腊为之不烂，况于以宜身益命之物，纳之于己，何怪其令人长生乎？"①

美国古典学家南诺·马瑞纳托斯教授能够成功解读米诺文明的阴间旅行神话，也是参照苏美尔文明和古埃及文明的同类阴间神话观之结果。她在新著《米诺王权与太阳女神——一个近东的共同体》第11章"米诺的彼世信仰"中写道：

在埃及与近东，死者要经历艰难的旅程，因为亡灵要通过冥界到达最后的归宿地天堂。但对于现代读者而言，"天堂"一定是一个具有误导性内涵的词语。在公元前2000年，冥界并非一个独立的地方，而是整个的宇宙，其中还有多样的土地与复杂的地理形态：高山、河流、湖泊。死者的旅行非常艰辛，充满了危险，因为他要穿越这些界限。因此，死者必须借助于各种可视的或文本形式的工具，这样他们便能够安全通过"那

① 王明：《抱朴子内篇校释》，中华书局1985年版，第51页。

些从未被发现的国度，从来就没有旅行者渡过这些地方，他们甚至是有去无回"。需要加以说明的是，米诺石棺上那些场景图是地形图，用来指引亡灵下到冥界，并表明了他们的最后归宿。①

据比较分析，希腊史诗《奥德赛》中也描述过一种生死两界穿越式旅行，极具宇宙性，正如巴比伦史诗中的英雄人物吉尔伽美什一样，奥德修斯成功抵达了喀耳刻（Circe）的岛屿，这里是类似天堂的世界边缘，是"日出之地"（《奥德赛》12.4）。然而，神明喀耳刻和太阳家族存在着某些关联，她在岛屿上放养有神圣的牛群，并最终指引着奥德修斯到达了太阳岛。我们不难理解，奥德修斯的所有海上历险都象征着围绕宇宙的大旅行，其叙述原型是古埃及阴间神话讲述的亡灵下到冥界的历险旅程。马瑞纳托斯教授从跨文化的比较视野中把握每一单个文明中的叙事模式的共同性，以此为阐释原则，回到米诺文明的石棺图像材料，指出它们很可能就是一种以图像叙事方式表达出的死后旅行路线指南。其主要的神话意象是：花园抑或岩洞，一棵圣树，一轮太阳。在进到花园以前，能够通过一些场景看到所刻画的带有棕榈的岩洞、百合花，还有其他枝叶卷曲的植物。在克里特考古遗址帕莱卡斯特罗出土的石棺上就表现出了太阳形象，同时还有一只格里芬紧挨太阳而出现，而我们从克诺索斯王宫御座室内就可以看到，格里芬即为太阳女神的陪伴者。格里芬的形象与太阳盘以及纸草植物紧挨在一起，这个场景表述的是天堂，即米诺人神话想象中的天堂永生世界。这是有别于希腊神话中的黑暗冥府的。

马瑞纳托斯还举出荷马史诗的例子，展开进一步的比较。《奥

---

① 南诺·马瑞纳托斯：《米诺王权与太阳女神——一个近东的共同体》，王倩译，陕西师范大学出版总社2013年版，第179页。

德赛》中还有这样一段文字描述，表达了珀涅罗珀自己欲寻死并祈盼能够抵达奥克阿诺恩河流的愿望："哦，请把我的灵魂带走，或者让风暴带走去，带我经过幽暗昏冥的条条道路，把我抛进环流的奥克阿诺恩的河口。"（《奥德赛》20.61-65）实际上，《奥德赛》的最后一卷中已经对幽暗冥界的地形进行了简洁性总结。当珀涅罗珀的求婚者们被杀死后，他们的亡灵就必须要渡过奥克阿诺恩河流，然后再经白色岩石、太阳之门、梦幻之境（《奥德赛》24.1-14）。这种表述与希腊神话之间具有某种分歧，它向我们表明，爱琴文明与近东文明之间拥有相通的神话宇宙观和生命观，这足以构成一种文化共同体和宗教共同体。根据米诺文明的图像材料可知，太阳在两座山的地平线上升起，阳界与冥界的边界由两座山而确立。米诺冥府景观的独特之处恰恰就在于，其中的许多景观都被想象为居于大海的深处。海平面同样是来世与冥界的边界，其范围却深不可测。冥界位居大海的深处，其间遍布着各种植物、鱼类和软体动物，而章鱼就在软体动物景观中占有重要地位。凯弗洛克里曾出土一具石棺，其上具体刻画了海洋深处的世界：在石棺左侧能够看到一棵棕榈树，树上还有一只小鸟栖落，而在树下有一只软体动物，再往下就是一架载着死者驶向冥界的双轮战车，它载着死者驶向冥界。①十分巧合的是，西文中的词语"墓"（tomb）与"母体子宫"(womb)有明显的同根和谐音关系。②古汉语的词汇"墓"与"母"，也是这样。难怪老子能够说出"死而不亡者寿"

---

① 南诺·马瑞纳托斯：《米诺王权与太阳女神——一个近东的共同体》，王倩译，陕西师范大学出版社总社2013年版，第185页。

② 参看金芭塔丝《活着的女神》第一部第三章"坟墓与子宫"，叶舒宪等译，广西师范大学出版社2008年版，第60页。

这样的话，同时号召个人"复归于婴儿"。

从玛雅文明与华夏文明的玉敛葬俗比较中，能看出相近似的神话观念动机，那就是希望借助于玉石的神圣性，保证死者的永生之旅。在效法太阳神的穿越性旅程而建构死后世界的想象方面，玛雅文明、古埃及文明、苏美尔-巴比伦文明、米诺文明和华夏文明也表现出大同小异的性质。对于米诺人而言，所有亡灵旅行的终极目的即为抵达太阳之地，而这一层寓意能够在双面斧图像中得以体现。笔者比较研究的华夏英雄后羿与巴比伦史诗《吉尔伽美什》主人公，都是以追随太阳行程的方式去探求永生的。假如马瑞纳托斯的解读确切可靠——双面斧形象是隐喻升起的太阳，那就可以得出推断说，米诺文明石棺图像表现的太阳主题，同玛雅文明用玉石面具表达的太阳神主题，几乎是异曲同工的。

图附-23 双面斧作为升起的太阳，公元前13世纪米诺文明石棺画（采自南诺·马瑞纳托斯：《米诺王权与太阳女神——一个近东的共同体》陕西师范大学出版总社2013年版，第88页）

就玉敛葬的墓主人而言，在华夏文明和玛雅文明中均一样，没有例外都是社会上层人物。而米诺文明的石棺却比较普及，并不局限于社会的统治集团。此种情况类似于汉代墓葬中的画像石情况，有相当一部分属于中层人士。米诺石棺中死者的社会身份经过确认，以中等民众为主。这就意味着，普通民众能够享有彩绘的石棺图像作为通往另一世界的神话指南。这样的送葬传统持续了很久，宫殿时代的陶器上同样刻画出这些图像。在宫殿时代衰落之后，这些图像仍然被广泛接受。这些相互呼应的图像反映了一种关于冥界的知识，如果没有业已定型并且被进行系统编撰过的神话，那么这种知识是很难广为传播的。不过，此类神话在宫殿时代即已被具体化，这一点是值得肯定的。与此同时，相关叙述以及视觉性宇宙成为一种标准，这足以跨越整个克里特地区。

　　玛雅文明的宗教礼仪性用玉情况还有一点与华夏文明相似，那就是以打碎的或焚烧的玉器作为仪式上奉献给神灵的祭品。在塞罗斯（Cerros）遗址发现被有意砸碎的玉珠、玉耳坠等；在尤卡坦半岛的奇琴伊察（Chichen Itza）遗址祭祀井中，发掘出5000余件玉制品，其中不少被人为地焚烧或打破。祭祀井所在地是玛雅信徒的朝圣中心，考古学家汤普森（Thompson）从井中打捞上来的祭品丰富多样，包括玉器、金器和人骨。后者表明当年的祭祀活动中包括人祭。托泽（Tozzer）认为玛雅人对此井的膜拜有两个目的：祭祀雨神而祈雨；占卜农业收成。[1]对照华夏文明的上古时期祭祀用玉，至少有两个重要遗迹可资比较研究：其一是四川广汉三星堆遗址7座祭祀坑，加上盐亭县和汶川县的，共有10座祭祀坑，多数坑内仅埋藏玉石礼器，而三星堆的一号二号坑内还有大量青铜器和少量金器等。学者们推测其用途为祭祀祖神或岷山山神，也有说是封禅仪式所用。此外还有火葬墓说和窖藏说等，众说纷纭，莫衷一是。[2]其二是1965年山西侯马秦村发现晋国盟誓遗址及祭祀用玉，

---

① 焦天龙：《论玛雅玉器的功能》，见邓聪主编：《东亚玉器》第二册，香港中文大学中国考古艺术研究中心1998年版，第416—417页。

② 四川省文物考古研究所编：《三星堆祭祀坑》，文物出版社1999年版，第440—441页。

出土的5000多件盟书中，三分之一为玉石质料，有圭、璜等礼器形式。在存放盟书的壁龛中还有大量祭品用玉，形式多样，用料为青玉和白玉。①对照《山海经》《穆天子传》中记录的祭祀用玉情况，从神话与仪式的对应关联中可以拓展出新的比较研究空间，对一些疑难问题做出跨文化大视野的"会诊"。有一点可以明确，玉器作为神人沟通的中介物而存在是中外文化共有现象。礼仪用玉与丧葬用玉的现象，均需要做世界性广泛比较。

根据以上的跨文化材料情况可以充分认识到，将整个玉器生产视作中国文明独有特征的流行观念，在某种程度上，有必要做出一定的修正与补充。总而言之，"玉器时代"说非常需要国际性打通视野，而文明起源研究同样不能置玉石神话观的作用于不顾。在这方面的跨文化打通视野，将带来丰富的启示性。针对不同玉石生产传统而开展的比较与辨析研究，也足以有效彰显中外文明之间存在的差异，进而揭示出中华文明用玉制度特色的"旁证"所在。

夏鼐先生在对殷墟文化追根溯源的过程中，也曾提及郑州二里岗文化与偃师二里头文化。不过，他所探讨中国文明起源问题的眼界却大致局限在中原地区。随着越来越多的考古发现不断问世，现在已经有充分的证据表明，中国史前玉器的生产之源并不在中原地区，时间最早的是西辽河岫岩玉以及稍后的裴李岗文化绿松石。然而，距今3000多年前的二里头文化二期以后出现的绿松石制作传统，究竟能否与距今7000年前的裴李岗文化绿松石制作传统彼此联系起来，目前并不能十分确定，毕竟各个史前文化之间的缺环较大。但是兴隆洼文化中的玉器生产，经过红山、小河沿以及龙山诸文化的沿袭

---

① 中国社会科学院考古研究所编著：《中国考古学·两周卷》，中国社会科学出版社2004年版，第428页。

发展，已然成为二里头文化玉器生产的源头所在。后又历经中原统治
王朝的聚合效应，吸收内化南方地区良渚与石家河、西部地区齐家等
文化之中的玉礼器要素，最终把东西南北四方之史前玉文化整合成为
一体，并能够一直在夏商周三代礼乐制度中贯穿延续，从而形成中国
式的金玉组合理念（以青铜器镶嵌绿松石为主的器物原型）。由此
观之，这一脉络大体上是比较分明的。

图附-24　1995年陕西　　　图附-25　二里头遗址的绿松石作坊照片
扶风黄堆村出土西周玉覆面　（2009年摄于首都博物馆）

结语：玉石神话——文明起源的驱动力

　　《哈利·波特与魔法石》是当代最为流行的文学作品之一，文
字记载中就曾透露出这样的信息：存在着一种被称作"魔法石"或
者"哲人石"的玉石，它从遥远的史前时期一直传承至今，这就代
表了典型的西方玉石神话观念，并且催生出源源不断的文学想象与
创作灵感。就神话传说而言，魔法石是稀有宝石的象征物，原本应
该藏于龙脑之中。据此，美国知名学者戴维·科尔伯特在著作《哈
利·波特的魔法世界》中，尝试去解读这样一个问题，即"火龙的
脑袋里有什么？"他还提示读者，必须趁着火龙存活之时取出，如

此方能确保魔法石的原有硬度，否则就无法称之为宝石。因此，这一类被视作"龙石"的魔法石，理所当然地成为西方文学作品中检验英雄是否具备勇气的一块试金石。据传东方的国王就佩戴着这种神奇的白色宝石。在西方世界的民间想象中，人们将龙神话与中国帝王的和田玉神话巧妙嫁接在一起，而魔法石的故事也就建构出西方文化对东方龙崇拜、玉崇拜的一种近乎妖魔化的他者表现。我们基于文明史发展的分道扬镳之状不难发现，自始至终，东西方文化中所存在的玉石神话都发挥着无法替代的意识支配作用。而将某种石头神圣化的玉石神话信仰及观念，却是构成世界各大古文明发生期的共同要素。

从新石器时代的"疯狂石头"黑曜石，一直到文明发生期的青金石、绿松石乃至和田玉，神圣化与神话化的玉石，既体现着神灵的意愿，又代表着一种永生不死的物化符号，它们在显示自身圣洁价值的同时，彰显着生命轮回的永恒。归根结底，文学中所有关于宝石叙事的描述，都植根于史前文明时代的某一种神圣化的石头。与探宝、寻宝、夺宝等一系列后现代文学主题相比较而言，在文明起源期里，玉石神话观念曾发挥着宗教信仰和意识形态的重要驱动力作用，这足以支配当时人们包括政治行为和经济行为等在内的诸种行为。与《穆天子传》一样，苏美尔史诗《恩美卡与阿拉塔之王》也是描述了一位权倾众人的国王，历经千难万险，到万里之外的异国他乡寻求一种本土所缺玉石的故事。距今3000年前的西周统治者周穆王，期望能够得到新疆昆仑山地区特产的和田玉；而距今四五千年前的苏美尔国王，却是希望可以获取来自阿富汗北部地区出产的青金石。如果将两种玉石的自身差异暂且搁置不议，那么单凭玉石神话所驱动的欲求以及跨区域的贸易往来尝试，就足以发现二者惊人的相似之处，而这也恰恰给东亚文明与西亚文明的分别发生植入了根本性的原动力。我们需要将前述这些被当作文学作品的远古文本，重新还原到"神话历史"的真实语境之中，适时做出"同情之理解"，此外还需进一步综合多重效力十足的证据加以考察验证。唯有如此，才能发掘出文学表象背后被遮蔽的历史真相，进而使其清晰地呈现在今人的视野范围内。

（原载《贵州社会科学》2017年第1期，有改动）

石家河新出土双人首玉玦的神话学辨识

——《山海经》"珥蛇"说的考古新证

　　文学人类学研究所倡导的方法论称为四重证据法，将出土的
或传世的文物及图像作为考证历史文化现象的第四重证据，尤其重
视汉字产生以前的文物和图像，将其作为先于文字符号的文化大传
统之视觉符号，从而建构出一种从无文字大传统到文字书写小传统
的完整的文化文本生成演化脉络。再从文化文本的整体脉络出发
去解读文字文本留下的未解难题，形成文物图像叙事研究与文本
叙事研究的对接，实现大传统研究与小传统研究的贯通。就华夏文
明而言，比甲骨文更早而且能够充分体现史前宗教神话意识形态特
色的视觉符号是玉礼器。传世文献中的玉器名称虽然已经十分繁
复，但是还不足以涵盖史前玉器的多样和变化。一些重要的新出土
文物形象，前所未见，文献中也没有记录，需要多学科协作来解释
其形制和用途。2012年辽宁考古工作者发掘和公布距今5000年的
红山文化玉雕蛇形耳坠之后，笔者先后撰写《龙-虹-璜》①《蛇-

---

　　① 叶舒宪：《龙-虹-璜——天人合一与中华认同之根》，载《中华读书报》
2012年3月21日。

图附-26　2015年湖北天门石家河文化出土玉玦：双人首—蛇身并珥蛇的意象（采自新华网）

《玦-珥》①《红山文化玉蛇耳坠与〈山海经〉珥蛇神话》②等文章，以考古出土文物提供的神话图像为新参照物，解读《山海经》中九处写到却古今无解的"珥蛇"之谜，为四重证据法研究如何注重新发现的出土文物图像，寻求跨学科知识整合的文化整体方略做出尝试。

2015年年底，湖北省考古工作者又在天门市石家河文化古城中心区的谭家岭遗址发现高等级墓葬区，其中五个瓮棺中发掘出距今4000多年的众多玉器文物。本文即针对这批史前玉器中的三件特殊造型者，做出神话学辨识，在图像学解析的基础上对其命名提出意见。

一、出土文物的命名问题

2015年12月19日，湖北省文物考古研究所在天门市召开的"纪念石家河遗址考古60年学术研讨会"上首次正式披露，在天门石家河遗址最近新发掘出土240余件距今4000多年的精美玉器，专家认为其代表当时中国乃至东亚琢玉技艺最高水平，并且改写了对中国玉文化的认识。此次对外披露的石家河文化玉器中，在艺术造型方面最有特色的有三四件，其中包括媒体所称的"大耳环玉人头

① 叶舒宪：《蛇-玦-珥——再论天人合一神话与中华认同之根》，载《中华读书报》2012年4月18日。
② 叶舒宪：《红山文化玉蛇耳坠与〈山海经〉珥蛇神话——四重证据求证天人合一神话"大传统"》，载《西南民族大学学报》（人文社会科学版）2012年第12期。

像""连体双人头像""鬼脸座双头鹰"等。不过由于发掘者撰写
的正式的考古报告还未发表，这次率先对外披露的玉器名称是以官
方媒体人士的命名为主。不同的媒体对同一器物的称谓有所不同，
如《湖北日报》所称"鬼脸座双头鹰"，新华社记者的报道则称为
"虎脸座双鹰玉玦"。针对这样容易产生误导的轻易命名现象，本
文从神话学视角切入，对其中的三件玉器的艺术意象做出尝试性的
解析，并根据辨识结果提出对这三件玉器的命名建议。

20世纪80年代以来，中国史前玉器不断有新的考古发现，丰
富多彩的玉雕形象，有很多是以往闻所未闻、见所未见的，如何命
名的问题十分突出。语言符号的使用具有约定俗成的特点，一旦传
播开来，就会一发而不可收。明明是错误的叫法，但是也难以再
去纠正，只能以讹传讹，这毕竟是非常可惜的一件事。试想，华
夏的先民们在数千年以前的时代创造出来的精美艺术品，本来就数
量稀少，由于深藏地下的缘故，不能为后世人所知。一旦有机会借
助于考古大发现，获得千载难逢的重见天日的契机，却因为文化传
统的断裂和我们当代人的无知，被扣上一个误读的名目，堂而皇之
地出现在专业出版物中，或写在博物馆的文物解说标签上，这确实
是不应发生的。举例而言，在北方的红山文化玉器中有一种形似桶
状而中空无底的器物，一般出土时位于墓主人头顶上方，于是有的
专业人士直接命名为"玉发箍"，也有的专业人士命名为"玉马蹄
形器"。红山文化时代，整个东亚地区还没有见过家马，野马也不
常见，在这种情况下，红山文化先民怎么会想到要用珍贵的玉石原
料加工出一种所谓的"马蹄形器"呢？这实在是以今度古的典型叫
法，也是令人哭笑不得的称谓，反映出考古文物命名的随意性，以
及由这种随意性而造成的荒诞性。"玉发箍"的得名依据是今人推

测的玉器功能，"玉马蹄形器"的得名依据只是该器物的一个平面的几何形状，似乎没有人愿意去考虑5000年前批量地生产此类玉器的红山文化先民抱有怎样的一种设计理念。如今比红山文化玉器大约晚1000年的石家河文化玉器，又一次批量地出土了，从造型特征看，其所承载或表达神话信仰的想象、观念的情况十分明显，这就再度启迪今人，史前玉器的命名工作需要带来一种必需的知识维度，那就是宗教学和神话学的知识维度。若不能有效理解史前先民的神话想象和信仰特点，仅靠望形生义式的命名策略得出一个想当然的名称，会产生长期误导后人认识的负面效果。

在这方面，看以往的惯例，通常是由主持考古发掘的专业工作者自行命名，一旦写入发掘简报或考古报告，就成为专业领域引用和流传的依据，难以改变了。但是在撰写报告时，一般不会像火车票涨价那样召开社会各方面专业人士的听证会，也没有一个公示和听取学界意见的机会。这就给定名方面的主观性和随意性留下可乘之机。例如2004年12月21日新华网浙江频道报道，在桐乡姚家山良渚文化遗址出土一件4500年前的文物，发掘主持人称之为"玉耘田器"，而且是世界上第一次发现的此类器物——玉质的农具。"耘田器"这个称谓专指在稻田中用于除草的农具。此前，已经发现有类似的石质或玉质农具，相关的文章发表在《农业考古》杂志上。[①]后来，这件形状奇特而神秘的带刃玉器，又被改称"玉石刀""玉弧刃刀"。也有文博专家撰文改称"介字形冠"[②]。从

---

① 参看刘斌：《良渚文化的冠状饰与耘田器》，载《文物》1997年第7期；蒋卫东：《也说"耘田器"》，载《农业考古》1999年第1期。

② 邓淑苹：《远古的通神密码介字形冠——写在姚家山玉耘田器出土后》，见《古玉新诠——史前玉器小品文集》，台北故宫博物院2012年版，第189—202页。

工具到冠饰，出现文物名称叫法上莫衷一是的混乱局面。不同的叫法，对该器物的形状和功能的理解相差甚远。对此，笔者的一个建议是，需要在考古文博学界有意识地培养具有跨学科知识结构的人才，形成一个专家团队，参照医学方面给疑难病症采取专家会诊的集体磋商研讨的范式，来给新发掘出的文物慎重命名。为了更好地集思广益，甚至可以用招标的方式，让专业工作者先发表各自的见解，最后择善而从。采纳的原则是，最好能够让新的命名在某种程度上体现或反映出该文物生产和使用的时代人们的观念，尽量减少当代人的臆测和偏见成分。

二、双人首连体蛇身并珥蛇形玉玦

对2015年石家河文化新出土的这件造型奇特的玉玦，希望能够在定名时慎重考虑各方意见，再做出慎重的抉择。笔者建议的命名方案是，简称用"双人首玉玦"，全称用更加全面而精准地体现玉器特征的"双人首连体蛇身玉玦"或"双人首连体蛇身并珥蛇形玉玦"。后者虽用字稍多一些，却能够让观者大致把握住该文物的基本外形特征，揭示玉玦形象的潜在神话蕴含。以下通过对器物的造型特征的具体解析，说明如此命名的理由。所遵循的分析原则是，首先针对具体的神话意象做出细部辨识，然后将此意象放回到中国新石器时代以来的神话意象系统的语境中，从其渊源与影响的关联上，做整体透视的把握。最后再根据古代文献中的相关名目，提出重新给予命名的理由。

这件因为造型奇特而罕见的玉玦，至少包含着如下四个层次的图像母题意蕴，即人首蛇身意象、人耳上的"S"形小蛇意象、蛇形玉玦的本义对应文献中的"珥蛇"说、龙蛇形玉玦产生于史前的虹蛇或虹龙信仰。试依次解析和辨识如下：

第一，人首蛇身意象。

石家河新出土玉玦最明显的造型特点就是其梦幻想象一般的双人首共一身形象。目前的媒体把这个形象称作"连体双人头像"，显然不够妥当。因为玉玦上所刻画的头是人头，形象鲜明，无可置疑，但是二头下的那个身体，却根本不是什么人体，充其量可以视为蛇的躯体，呈现为滚圆的条状弯曲形。这就吻合华夏先民想象的"人首蛇身"的一般特征。而双人首共一蛇身，虽属于较为罕见的想象，但也不是没有考古先例和旁证的。

图附-27　1975年扬州市郊蔡庄五代寻阳公主墓出土"木雕双人首蛇身俑"（现藏扬州博物馆）

例如，1975年在江苏扬州市郊蔡庄的五代时期寻阳公主墓发掘出土"木雕双人首蛇身俑"，被称为国内仅见的一件双人首蛇身形象。博物馆的解说词："该俑通高23.8厘米。该俑蛇身，两端均为人首，两颈相交使蛇体呈圈状竖立，两首相背，配有长方形片状底座，人首头戴风帽，双目垂闭，表情安详，技法上深、浅刻并用，运刀凝练，造型饱满，呈现了唐代艺术的遗风。"现在，石家河文化的双人首玉玦重见天日，给仅见于扬州五代时期墓葬中的木雕双人首蛇身像的解读，找到史前大传统的实物原型，其对神话图像认识的解码作用，于此可知矣。木雕双人首蛇身俑是距今1000余年的神话形象，不可谓不古老。但是在距今4000年前的玉雕双人首蛇身玉器面前，其神话想象的一脉相承性却更加令人惊叹。它可以为笔者在2009年提出的"神话中国"概念，做出民间想象传承不衰的生动诠释。

无独有偶，2013年3月，也是在扬州，位于西湖镇司徒村曹庄的房地产建设工地发现两座砖室墓，扬州市文物考古研究所申报考古发掘执照，开展抢救性发掘。4月中旬，在一号墓出土的墓志中发现有"隋故炀帝墓志"等文字，受到各方重视。11月16日，国家文物局和中国考古学会在扬州组织召开扬州曹庄隋唐墓葬考古发掘成果论证会，专家一致确认，扬州曹庄隋唐墓葬为隋炀帝墓，是隋炀帝杨广与萧皇后最后的下葬处。当日下午，中国考古学会召开新闻发布会宣布此项成果：一号墓和二号墓分别考证为隋炀帝杨广墓和萧皇后墓。在萧后墓中出土一件奇特的陶器，也被命名为"双人首蛇身俑"。2014年4月16日至7月16日，扬州博物馆举办"流星王朝的遗辉"为主题的隋炀帝墓出土文物特展，精选新出土的百余件文物展出。在萧皇后墓中清理出的双人首蛇身俑，居然与同一个博物馆中收藏的1975年发现的五代寻阳公主墓双人首蛇身俑，构成两相对应的奇观。

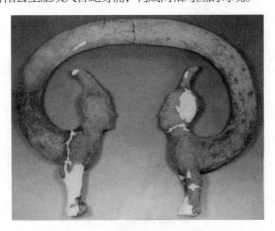

图附-28 2013年扬州曹庄隋代萧皇后墓出土"陶质双人首蛇身俑"（现藏扬州博物馆）

所不同的是，首先，隋代的双人首蛇身俑不是木俑，而是陶俑。其选材和制作工艺截然不同。其次，造型上的差别。隋代陶俑表现的双人并不仅仅是人头，而且有上半身；其姿势也不是交缠向上的，而是两个造型相似的人头顶高高的发髻，两人面面相对，双手撑在地上，胸部以下的身体是长长的蛇身形状，向后卷上去，并在头顶上方形成一个环形，让同一个蛇身将两个人形连接在一个有缺口的椭圆环形中，犹如一个变形的玦。文物虽然在地下沉睡1000多年后重新和世人见面，但是其名称和意义却扑朔迷离。当地的考古专家表示，这件隋代双人首蛇身俑，"作为陪葬品，表明死者在另一个世界，仍然可拥有在人间一样的权力和富贵"。这样的解说虽然不能说完全不靠谱，至少也是未经深入研究和讨论的想当然之词，显得空泛和不着边际。

如今，面对湖北新出土的史前双人首共一蛇身形象的玉玦，此类神话化造型器物在大小传统中的源流关系，终于可以获得一目了然的系统认识。对应的文献证据是《山海经·海内经》记述的苗民守护神延维，其特征也是人首蛇身，而且是双头的。其描述如下：

> 南方有赣巨人……有人曰苗民。有神焉，人首蛇身，长如辕，左右有首，衣紫衣，冠旃冠，名曰延维，人主得而飨食之，伯（霸）天下。①

郭璞注"苗民"为"三苗民也"，注"延维"一名时说是"委蛇"，注"左右有首"为"岐头"，注"人主得而飨食之"一句时则引出一个典故："齐桓公出田于大泽，见之，遂霸诸侯。亦见庄周，作朱冠。"袁珂校注加按语云：

---

① 袁珂：《山海经校注》，上海古籍出版社1980年版，第456页。

　　《庄子·达生》篇云："桓公田于泽，管仲御，见鬼焉。公抚管仲之手曰：'仲父何见？'对曰：'臣无所见。'公反，诶诒为病，数日不出。齐有皇子告敖者，曰：'公则自伤，鬼恶能伤公？'桓公曰：'然则有鬼乎？'曰：'有。山有夔，野有彷徨，泽有委蛇。'公曰：'请问委蛇之状何如？'皇子曰：'委蛇其大如毂，其长如辕，紫衣而朱冠，其为物也，恶闻雷车之声，见则捧其首而立，见之者殆乎霸。'桓公辴然而笑曰：'此寡人之所见者也。'于是正衣冠与之坐，不终日而不知病之去也。"是郭注之所本也。闻一多《伏羲考》谓延维、委蛇，即汉画像中交尾之伏羲、女娲，乃南方苗族之祖神，疑当是也。①

　　以上材料表明，双人首一身的蛇形象即是先秦文献中记录的著名鬼怪——委蛇或延维。其左右各有一头的形象，被视为"岐头"，是该鬼怪外表上的突出特征。不过由于《山海经》文字叙事所依据的《山海图》在晋代以后失传了，后人就弄不明白委蛇究竟是什么样子的。以至于到明清时期给《山海经》重新绘图的出版物，一般只能按照后人的推测和想象来刻画延维神怪的形象，流传至今。如给《山海经》重新绘制图片的明代蒋应镐绘图本《山海经》，按照郭璞注的提示，将延维形象描绘为一条蛇分歧出两个人头的样子。

　　今日学界一般认为《山海经》的写作时间是战国时期，其中所描述的延维神的形象，在约1000年后出现在隋代和五代时期的统治者墓葬的陶俑和木俑中。可见此类神话意象不是空穴来风，

---

① 袁珂：《山海经校注》，上海古籍出版社1980年版，第457页。

图附-29　明代蒋应镐绘图本《山海经》的延维形象（采自马昌仪：《古本山海经图说》，山东画报出版社2001年版，第629页）

它上有原始的出处，下有同类造型艺术的因袭传承。比《山海经》早约2000年的石家河文化双人首蛇身玉玦，目前虽然仅能看到一件出土的实物，毕竟给延维形象的辨识找到真切的史前期神话意象之原型表现，所以其学术意义非同一般。

第二，人耳上的"S"形小蛇意象。

如果把审视的目光聚焦到玉玦两端对称表现的那一双人首上，那么其头像的形状、面部五官的刻画等都比较中规中矩，并没有出人意外的特殊点，唯有头顶上所戴的巨冠和耳朵上的S形饰物，是史前玉匠人最留心加以强调的"点睛之处"。纵观石家河文化已经出土的玉人头像数十件，其基本的共同特征之一就是皆戴头冠[1]。有专家将此类人头形象区分为"玉神人头"和"玉人头"，并推测前者为祖先神[2]。2015年新出土这件双人首玉玦，其人首所戴冠的特色在于没有戴在人头的正上方头顶，而是偏倾于脑后的位置。至于在两个人头上耳部装饰着完全一模一样的"S"形

① 荆州博物馆编著：《石家河文化玉器》，文物出版社2008年版，图版1至图版15。

② 杨建芳：《长江流域玉文化》，湖北教育出版社2006年版，第179页。

的饰物，发掘者和媒体人士都尚未给予足够的注意。笔者的发问是：这装饰在耳轮上的"S"形，其体积要比人耳大一倍，显然不可能是随意刻画的，那么它究竟代表什么含义？其原型又是什么？

如同辨识其连体为蛇体一样，人头之耳上的"S"形也是蛇的简化形象。从造型艺术史的情况看，盘蛇形象通常便可呈现为螺旋纹，或为S形纹、Z形纹。专门研究世界新石器时代象征符号的学者艾丽尔·高兰在其《史前宗教：神话与象征》一书中，论述"S"形符号的起源时指出，根据原始人所表现的象征符号解释，有一类叫作"S形蛇"的符号。如图附-30.2中那刻划为波浪形的蛇身人首形象，在古人心目中被想象为地下世界之神的化身。"这就是这个象征符号的起源。这是大神的化身，即全能的和可怕的神，那正是

图附-30 西方艺术表现中的"S"形蛇符号：1和2，公元前三千纪的伊兰图像；3和4，瑞典青铜时代的符号；5，瑞典19世纪的符号；6，新石器时代的希腊符号（采自Ariel Golan, *Prehistoric Religion*: *Mythology*, *Symbolism*. Jerusalem,2003, p.168）

可怜的人类所依赖的神圣存在，也是人类所害怕和试图谋求其好感的对象。"① 蛇因为能够冬眠和蜕皮的生理特性，被史前人类视为生命能量的代表，认同其为"生命—死亡—再生"的最常见象征物，获得广泛的神圣化理解。

据女神文明理论家金芭塔丝的观点，蛇女神崇拜起始于旧石器时代晚期，一直持续到中石器时代和新石器时代，是人类宗教史上最早和最持久崇拜的动物之一。② 在我国，神话学家萧兵较早论述过龙蛇意象产生的宗教崇拜原理，他写道："上古的龙蛇意象或造型，包括所谓'交尾蛇'，往往跟祈求蕃育、祈求甘雨等相关，意在控驭不羁的自然力和无定的命运，并且诉求着财富、寿命或霸权话语。齐桓公遭逢'委蛇：延维：庆忌'就是铁证。红山文化的所谓'三孔器'，无论竖置或横摆，都应该看做上述'委维'即交缠着的二蛇之造型，代表墓主人的权位。认知或吞食它们，特别是叫出它们的名字，就能驱遣它们，支配权力。这些在太平洋东西两岸都有许多参照物。就连常见的羲娲人首蛇身交尾像，都有标识'圣俗'二重权威性之意味。"③ 萧兵先生对龙蛇形象发生原理的解说，主要还是依据文献记载的内容。晚近出土的大量新图像材料表明，《山海经》记录的延维，不是个人性的文学创作，而是来自大传统的神话信仰，属于国族性的集体意识，其根源异常深远。

① Ariel Golan, *Prehistoric Religion: Mythology, Symbolism.* Jerusalem, 2003, p.168.

② 金芭塔丝：《女神的语言》，苏永前、吴亚娟译，社会科学文献出版社2016年版，第133页。

③ 萧兵：《委维或交蛇：圣俗"合法性"的凭证》，载《民族艺术》2002年第4期。

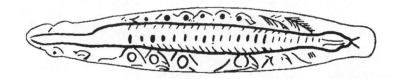

图附-31　欧洲旧石器时代的鹿角图像蛇与鸟，距今14000年（采自金芭塔丝：《女神的语言》，社会科学文献出版社2016年版，第134页，图189）

既然石家河玉玦形象明显刻画出两个人耳部的对称"S"形，那就是在表达耳玦总体的一只大蛇形象的同时，套有两只小蛇的形象。这在数量关系上或许还暗喻着道生一、一生二、二生三的宇宙论蕴意。同类的隐喻着神话生物数量衍生关系的形象还出现在石家河文化新出土的另一件罕见玉器上，媒体暂且称之为"鬼脸座双头鹰"或"虎脸座双鹰玉玦"。双鹰下方的立座形象究竟代表什么？这件玉器以上面的三尖冠和两侧的大圆眼为标志。三尖冠是良渚玉器上常见的通神符号，圆形车轮眼和旋涡眼一样，是猫头鹰即鸱鸮的标志符号。所以这件玉器的造型应该称为"鸮首立双鹰"形象，与此相关的史前信仰包括猫头鹰女神兼掌生与死、阴与阳的宇宙论观念，以及鸮与鹰之间的变形互换、蛇与鸟之间变形互换等观念。这件"鸮首立双鹰"玉饰形象与"双人首连体蛇身并珥蛇形玉玦"所隐含的数量生成关系是一致的，值得对照起来加以深入探讨。以上管见仅为抛砖引玉之用。

第三，龙蛇形玉玦的本义与"珥蛇"。

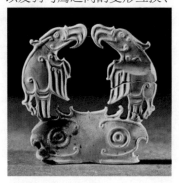

图附-32　2015石家河新出土对立双鹰形玉饰（采自新华网）

石家河文化双人首玉玦的蛇身特征与"珥蛇"特征一旦得到神话学的系统诠释，则玉玦这种中国乃至东亚玉器发展史上最古老的器形所蕴含的本义，也就可以再度彰显出来。那就是玉玦代表人工制作的神圣龙蛇，耳上戴玉玦的行为暗示着某种通天通神的特殊身份和特殊能量，对应的是先秦古籍《山海经》所记录的"珥蛇"现象。换言之，最早产生的玉玦和随后产生的玉璜一样，均为天地之间和神人之间的沟通者形象——龙蛇的人工模拟产品。而神话想象中的龙蛇除了能够升天入地和潜渊之外，还会幻化为彩虹、雷电、云彩等自然现象。这就是为什么远古的玉器生产自始至终都要突出刻画龙、蛇、鸟（包括鸮和鹰）等动物形象，以及彩虹桥（玉璜）、天门（玉璧）、卷云纹等天体神话象征的意义所在。

综上所述，研究玉玦的神话功能之关键，在于合理解释为什么要在人耳上装饰象征龙蛇的环状玉器。从人体外观看，作为两足动物的人，其站立姿势是标准的"顶天立地"形象。人体顶端位置的人头，是指向天空的。人头上凸显出来的双耳，就犹如发挥通天作用之"天线"。早在8000年前最初的玉器生产便集中在玉耳饰的制作上（以赤峰地区的兴隆洼文化玉玦为代表），神话的人体观或许能够充当玦的起源奥秘之解答线索。

从汉字"天"的取象原型看，其字形就写作一个突出头顶部位的人形。"天"字的造字原理在于，这是以两足动物人为基准，用"近取诸身"的方式来表示人头上方即天空的指示性符号。笔者一直感到好奇的一个现象：甲骨文"天"字上方的人头形象，一般都写成平顶的方形[1]，而不是按照象形原则写成真实人头的圆形。这

---

[1] 参见中国科学院考古研究所编：《甲骨文编》，中华书局1965年版，第2—3页。

又是为什么呢?

系统考察石家河文化玉人头像后，得出的一种推测：所有的玉人头像都突出刻画其头顶的冠饰，而大多数冠形都是平顶的。《石家河文化玉器》一书著录的15件玉人头像中，除了1件头戴尖顶冠，2件头戴弧形顶冠，1件是高冠以外，其余11件都是头戴平顶冠。这和甲骨文中"天"字的最常见写法如出一辙。

图附-33　罗家柏岭T20出土玉人头像（采自荆州博物馆编著：《石家河文化玉器》，文物出版社2008年版，第36页）

图附-34　肖家屋脊W6：14出土玉人头像（采自荆州博物馆编著：《石家河文化玉器》，文物出版社2008年版，第27页）

甲骨文中的"天"还有一种异写形式，那就是在人头形象的上方再增加一横线。若是以甲骨文产生之前的史前玉器人头像为参照，可推知甲骨文中"天"字异体写法的人头上多一横线，就是所谓的"通天冠"之素描简化形。这样写的"天"字也是有其观念依据的，其蕴意或在于强调天即神，那不是一般俗人所能企及的，需要社会中有特殊禀赋的专业通天者。此类通天者与常人之间的区分标志就在于头顶上的特殊法器——通天冠。早于石家河文化的长江下游地区的良渚文化率先塑造出通天冠符号的标准玉器形式——三尖冠或介字形冠，并由此而形成一种造型艺术传统。上面引述的石家河文化新出土对立双鹰形玉饰，下部是生出双鹰的鸮首（面），其正上方刻画的就是来自良渚文化的玉三尖冠的变体。而2015年新出土的石家河文化玉人头像，也是突出刻画出头上所戴的平顶型的通天冠。在头冠下方和耳朵上方，还突出刻画了对称的龙蛇形符号。而本文图附-34所示肖家屋脊W6：14出土玉人头像的平顶冠饰正面，清楚地刻画出三个勾连在一起的螺旋纹。根据前引史前神话符号研究专家高兰和金芭塔丝等人的意见，螺旋纹也和"S"纹一样，属于蛇神崇拜的标志性符号。据此，则该件玉人头像所戴之冠可推测为象征灵蛇的螺旋纹平顶冠。

图附-35　2015年石家河文化新出土玉人头像（采自新华网）

这样看来，蛇纹冠和龙蛇形玉玦的宗教功能是一致的，那就是给社会成员中的少数通神者配备专属的符号标记。二者的由来都不仅限于距今4000年的江汉平原之石家河文化。尤其是玉玦，其自公元前6000年出现时，就有可能是模拟性表现龙蛇神话的。

对于频繁出现在史前文化大传统中的龙蛇意象和相关抽象符号，其象征意义的解读已经在国际学界基本达成共识。下文拟用希腊神话中著名的神使之蛇杖的符号解读，作为神话思维取象原理的参照系。

蛇杖是赫耳墨斯（墨丘利）的标志，那是反向缠绕着两条蛇的一根神杖。它使蛇象征的两个方面得到平衡：左和右，白昼和黑夜。蛇具有双重的象征意义：

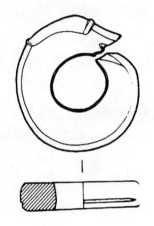

图附-36　肖家屋脊W6:26出土龙蛇形玉玦(采自荆州博物馆编著：《石家河文化玉器》，文物出版社2008年版，第96页)

一方面代表吉祥，另一方面预兆凶险。可以这样认为，赫耳墨斯神杖显示了它们之间的对抗和平衡；而这种平衡和极性，主要指通常是由两条螺旋线表示的宇宙流的平衡和极性。赫耳墨斯神杖的传说与创世之初的混沌状态（双蛇相争）和分化（赫耳墨斯将两蛇分开）有关，两条蛇最后缠绕在神杖上，实现了各种对立动向围绕着世界轴心的平衡。因而，人们有时也说赫耳墨斯是神的使者，也是人们生老病死的引路者。盖侬指出，后者同蛇所显示的"上升和下降"的两个趋向相吻合。

上述象征意义还表现在下列形象中：婆罗门教中双蛇缠绕的神杖；围绕宇宙支柱，最终结合之前的伊邪那岐和伊邪那美；特别是蛇尾相交，互相交换标志物量规和角规的伏羲和女娲。[①]

在分析双蛇或对蛇意象时，有一点值得区分，那就是双蛇交尾型和双蛇分立型。汉画像石中表现的伏羲女娲人首蛇身交尾图，已经在学界内外广为人知。石家河新出土玉玦的双人首共一蛇身的形象之所以让人感到新奇，就因为其与常见的交尾双蛇形象明显不同。如果需要追问这个神话意象的发生原理，比较神话学提供的现成解说大致有三类：

第一类解释基于成双事物的生理学原型追溯：人类和动物生育的双生现象，现实存在的两头蛇、连体婴儿等。对此类现象的神话化，主要在于少见多怪的心理机制。如今国人还把双胞胎称为"龙凤胎"，这是一种美化的神话式命名，其想象的渊源来自大传统造型艺术。

第二类解释称为"模拟双生：巫术性复制"（Imitative Twinning, Magical Duplication）。神话学家约翰·拉什在《双生与成双》一书中提出，旧石器时代晚期的欧洲洞穴壁画表明，一种模拟性的巫术仪式活动在30000年前已经流行：萨满-猎人一旦装扮成猎物的模样，一个生命体就复制成为两种形式，面具、化妆舞蹈和名称，都具有这种"一生二"的复制功能。表现在岩画上，就是成双成对的形象大量出现。在如今社会中，模拟性的双生复制已经脱离其神圣宗教领域，被广告形象制作者大肆利用。[②]

---

① 《世界文化象征辞典》编写组：《世界文化象征辞典》，湖南文艺出版社1992年版，第806页。

② John Lash, *Twins and the Double*. London: Thames and Hudson, 1993, pp. 92-93.

图附-37　双龙与日月，17世纪炼金术木雕形象（采自John Lash.
Twins and the Double.London: Thames and Hudson,1993,p.94）

第三类解释基于天文神话的对立原型：日月二元论。认为日月
意象代表着宇宙运行的法则：昼夜交替，光明与黑暗、生命与死亡
的交替变化，循环往复而无穷尽。用成双的生物意象，特别是双生
子形象来寄寓这种二元对立观念，就有了双头蛇分别象征日月的造
型艺术作品。

与上述解说相应，在我国荆门出土的战国时期一件铜戈图案
中，既能清楚地看到人物珥蛇（两耳贯蛇）的意象，又有日月意
象的同时出现。这样的神话图像不但十分有益于解说《山海经》
"珥蛇"说的远古真相，也能给史前的双人首共一蛇身玉玦形象
提供神话表现的变体对照：双蛇共贯一人的双耳，双蛇双蜥蜴对
照太阳和月亮。

追溯文明时期的神话意象由来，一般的成功研究案例都是诉
诸文明之前的史前文化。这方面较新的代表作可以举出大卫·里维
斯-威廉姆斯、大卫·皮尔斯合著的《走进新石器时代的心灵》。

图附-38　湖北荆门出土战国太岁避兵戈图案：人物头戴羽冠，双耳珥蛇，双手持蜥蜴，双足分别踏着日和月（摄于荆州博物馆）

其中讲到新石器时代的造型艺术中表现的鱼形象有三类，此外还有鳗鱼——一种介乎鱼和蛇之间的生物，它将水和蛇的象征组合于一身，因而能够代表转化的意义，同时表示死亡与再生。[①] 该书还认为，新石器时代的人对生物的分类虽然明显不同于如今通用的林奈分类法，但如果能够从新石器时代的宇宙观和神话观来看的话，将是意味深长的。举例而言，蛇在现代生物学中被分类为爬行动物。蛇的生活形态，既能在地上爬行，又能钻入地下。蛇还能蜕皮，这就能代表生命的转化和复活。两位作者提示，只有从这种神话宇宙观和生命观的层面去审视史前的葬礼行为上出现的种种象征动物，才能获得语境化的理解和解释，那是将死亡作为宇宙论意义上的一种转换活动时必须诉诸的神话符号。[②] 对照本文引用的所有文物和图像的原初语境，那基本上是配合丧葬礼仪活动而使用的神话道具。两位的神话学提示显然适用于对前文出土器物的分析。中国的分类体系将蛇与虹视为同类，这显然也是神话类比逻辑作用的结果。相关

[①] David Lewis-Williams, David Pearce, *Inside the Neolithic Mind*. London: Thames and Hudson, 2005, p. 191.

[②] David Lewis-Williams, David Pearce, *Inside the Neolithic Mind*. London: Thames and Hudson, 2005, p. 192.

的神话学分析拟在下文展开。

第四，龙蛇形玉玦与史前宗教的虹蛇或虹龙信仰。

《山海经》中九处写到神祇或巨人"珥蛇"，即以蛇为耳饰。自从《山海图》在晋朝以后失传，后来的人们再也没有见过珥蛇的具体样子，现在有多件出土文物足以说明，珥蛇原是来自比《山海经》时代更早的大传统的礼俗，以龙蛇为天地之间、神与人之间的沟通使者，耳上戴蛇（如图附-38，图附-39，图附-40）或龙蛇形玉玦（如图附-36，图附-41）标志着主人的通神能力。

图附-39　佩戴人面蛇身耳饰的神人形象，台北故宫博物院藏龙山文化玉圭图像，距今约4000年（采自邓淑苹：《古玉新诠》，台北故宫博物院2012年版，第29页）

玉玦与玉璜都与史前的龙蛇信仰有关，或模拟彩虹。虹字从虫，表明造字者心目中的彩虹是龙蛇幻化而成的[1]，桥状的虹则象征天地沟通之桥。台北故宫博物院所藏山东龙山文化玉圭上的珥蛇神人头像，2012年辽宁考古研究所披露的新发掘红山文化玉

———————

① 叶廷珪《海录碎事·帝王》："太史令康相言于刘聪曰：'蛇虹见弥天，一岐南彻，三日并照，此皆大异，其征不远也。'"

图附-40　辽宁出土红山文化蛇形玉耳坠，距今5000年（采自新华网）

蛇耳坠等，相当于给《山海经》记载的哑谜找出了形象生动的直观答案。这样的考古案例表明第四重证据在解读古籍疑难方面的特殊效用，也给《山海经》研究找到突破口，预示出广阔的学术前景。

彩虹、虹桥、闪电、打雷等自然天气变化现象，在初民的神话想象中，怎样被指认为是一条宇宙性的大蛇、龙蛇、羽蛇或飞蛇在活动的结果呢？高兰综合分析世界各地的民间文学材料后，这样认为，一则俄罗斯童话故事说大蛇的飞翔是这样的：它打雷，大地便会震动，茂密的森林弯下它的王冠，因为三头的大蛇飞过来。这是一个引起打雷现象的生命意象。一则希腊神话给上述的俄罗斯意象提供了可以比照的镜子：一个像蛇一样的怪物身上覆盖着羽毛，名叫提丰（Typhon），他在制造出风暴时，能够口中吐出烟火来。由此看，风的神话化，后来也被人格化为某一位神明。美洲印第安人信仰一种头上长角、身有羽翼的神话之蛇，它是闪电的人格化表现，能够给土地送来具有繁殖力的雨水。在澳洲原住民神话中，一条龙变成云朵，随后又再变成一条蛇。在澳洲的神话中还有彩虹蛇的母题，一条巨大的蛇，其身体伸展开来，如同一座划过整个天空的彩虹桥。它表达自己愤怒的方式就是打雷和闪电。据说这个巨大的蛇怪控制着女人的月经周期，而且它还被视为一位伟大的治疗师。求雨的巫师们和巫医们在其祭祀仪式上用海贝来向它祈求保佑。①

　　这个比较神话学的分析凸显出蛇与女性的特殊关联，相关的周期性变化意象或许还应加上阴晴圆缺的月亮。这就能让人们对《圣经·创世记》的伊甸园神话为什么讲述蛇引诱女性夏娃先吃禁果的现象，有一个女性主义视角的反思契机，同时也对上文提到的两件较为罕见的双人首蛇身俑分别出自公主墓和皇后墓的现象，有所领悟。或许还可以反问：同为高等级墓葬，为什么隋炀帝本人的墓中没有随葬双人首蛇身俑，偏偏把这个"待遇"留给萧皇后呢？蛇的意象在中国文化中衍生出"美女蛇"的主题，难道会是偶然的吗？②如今，文化大传统的新材料不断积累，新知识也不断丰富起来，如果能够参照中国新石器时代通天通神的标志性玉器——玉璜，大多出自女性墓葬的现象，就会产生更多的体悟。苏州博物馆的考古工作者张照根等就明确提出一个观点："根据各遗址的人骨鉴定情况看，大部分出土玉璜的人骨为女性，且随葬器物比较丰富。如：瑶山墓地出土有玉璜的墓葬，随葬品就丰富得多。很明显墓主人不仅具有崇高的宗教地位，而且占有最多的财富，拥有最高的权力。似乎可以得出这样的结论：史前时期随葬玉璜的墓，其墓主人为女性巫师，同时又是部落的首领。"③我国考古工作者做出的如上判断，不是从女性主义理

---

　　① Ariel Golan, *Prehistoric Religion: Mythology, Symbolism*. Jerusalem, 2003, p.198.

　　② 参看叶舒宪：《千面女神》，上海社会科学院出版社2004年版，第176—185页。

　　③ 张照根、古方：《璜为巫符考》，见杨伯达主编：《中国玉文化玉学论丛四编》上，紫禁城出版社2006年版，第499页。

论立场出发的，而是从出土文物的实际情况出发的。如果能对所有出土玉玦、玉璜的史前墓葬做出定量的统计数据分析，其结论一定更为坚实可信。

三、龙蛇神话的史前原型与功能

本文从"双人首蛇身并珥蛇形玉玦"的神话学辨识入手，揭示"珥蛇"母题的深层宗教意蕴，自然涉及龙蛇并称和龙蛇不分的中国文化现象。十二生肖中辰为龙，紧随其后的巳为蛇，又称小龙。现实中莫须有的动物龙，无疑和现实存在的爬行动物蛇有密切关系。它们同样在新石器时代就已经被先民的信仰和想象塑造为神话化的生物。从新石器时代到文明社会的商周时代，龙蛇形玉玦的形制居然能够完全一脉相承地保留下来，如安阳出土的商代晚期玉玦（图附-41）。如图附-36展示的石家河文化玉玦一样，虽然当代人倾向于命名其为"龙形玦"，或干脆称之为"龙"[①]，但是生产和使用这类玉玦的先民究竟怎么看待这样的神话动物形象，他们到底称之为"龙玦"还是"蛇玦"？这显然还是悬而未决的疑问。作为专业研究者而非博物馆的讲解员，我们不得不时刻带着

图附-41 安阳殷墟出土龙蛇形玉玦（摄于殷墟博物院）

这样的问题意识去接近研究对象，否则很容易被人云亦云的名称和说法误导。

---

① 荆州博物馆编著：《石家河文化玉器》，文物出版社2008年版，第96页。

在信仰万物有灵的史前时代，蛇无疑是最神秘的神灵化身之一。与蛇崇拜相关的造型艺术表现一直传承到文明史中，文献中所谓珥蛇者、践蛇者和操蛇之神，皆为其余绪。把史前文化的神话和信仰传承看作源远流长的大传统，则文字记载的书面文化为后起的小传统，二者的重要区别在于符号的编码方式：图像与文字。21世纪在河南偃师二里头遗址新发现的所谓"绿松石龙形器"①，究竟应该命名为蛇还是龙，当然也需要听证会和专家"会诊"。二里头遗址被学界看成夏代晚期都城所在地，迄今发现的最大一件玉器造型就是这件绿松石"龙"形器，位于一座贵族墓墓主人骨架的上身，由2000多片绿松石拼合粘贴而成，长达64厘米，只有眼和鼻用白玉镶嵌而成。仅从外观上看，其无疑更似蛇。若是按照后世区分龙与蛇的简单标准：龙有足而蛇无足（参考成语"画蛇添足"），那么二里头的"绿松石龙"则应改称"绿松石蛇神"。二者对应着古文献上记录的夏族神话圣物。

如《国语·周语上》记载的"内史过论神"一段说："昔夏之兴也，融降于崇山。其亡也，回禄信于聆隧。……是皆明神之志者也。"② 注释家多认为崇山即河南的嵩山，靠近夏都阳城。融即大神祝融。《墨子·非攻下》也说天命融隆火于夏之城间西北之隅。这两个关于夏代的记录都说融来自上天。钱大昕《十驾斋养新录》称"融""熊"读音与"龙"相同。闻一多则从字形上考察，认为

---

① 许宏、赵海涛、李志鹏等：《河南偃师市二里头遗址中心区的考古新发现》，载《考古》2005年第7期。

② 左丘明：《国语》上册，上海师范学院古籍整理组校点，上海古籍出版社1978年版，第30页。

"融"字从虫，"本义当是一种蛇的名字"①；原始的龙即蛇之一种。按照闻一多的看法，从虫的"融""蛮""禹"等字，均与夏族的龙（蛇）图腾崇拜有关。

"它"字专指世俗意义上的蛇。造字者对来自大传统信仰的圣物之蛇，则又专造一个字"螣"。《说文解字》："螣，神蛇也，从虫，腾声。"②《荀子·劝学篇》还说"螣蛇无足而飞"，此一说法中保留的是史前遗留下来的蛇神信仰神话。先秦时代有一个君王（秦文公）梦到黄蛇的事件，该蛇和融一样，也是来自上天的。司马迁《史记·封禅书第六》记载："文公梦黄蛇自天下属地，其口止于鄜衍。文公问史敦，敦曰：'此上帝之征，君其祠之。'于是作鄜畤，用三牲祭白帝焉。"③史敦代表当时知识界的权威，在他眼中，来自天上的蛇就是上帝的象征，所以他建议秦文公祭祀这梦幻中的黄蛇。神蛇从天上垂下的自然方式就是幻化为彩虹。汉字"虹"也是史前虹蛇神话联想的二级编码产物。要问作为自然现象的"虹"，何以在汉字中要用代表蛇的"虫"旁？离开史前大传统神话联想的一级编码，是难以解释的。

总结本文，考古出土史前的神话图像是大传统神话的直观性符号，作为文史考证的第四重证据，它们不仅自身承载着初民的信仰、感知和联想，是探求文明之源和思想之源的有效媒介，而且还有助于揭开古书记载的疑难问题，求解历史遗留下来的未解之谜。

（原载《民族艺术》2016年第5期）

---

① 闻一多：《伏羲考》，见闻一多：《闻一多全集》第一卷，生活·读书·新知三联书店1982年版，第39页。

② 许慎：《说文解字》，中华书局1963年版，第278页。

③ 司马迁：《史记》第三册，中华书局1982年版，第1358页。

九千年玉文化传承的意义

一个国家的文化何以获得自信？这还需要从文化的根源说起。根深叶茂是文化生命力最好的诠释。

世界上有五大文明古国。最早的苏美尔文明崛起于5000多年前的西亚地区两河流域，堪称全球第一。但是不幸早在4000年前就已经被阿卡德-巴比伦文明取代。如今世界上70亿人中竟然没有人能证明自己是苏美尔人的后裔。这是文化断根的无奈。第二古老的是埃及文明，也早在距今5000年前兴起于尼罗河流域，经历了大约3000年的发展兴衰之后，于公元前30年被罗马帝国攻克并吞并。今日的埃及国家，地理位置没有变，却改换为信奉伊斯兰教的国家。5000年前的象形字，早已无人能懂。阿卡德-巴比伦文明因为继承了苏美尔人的楔形文字，而得以进入世界少数最古文明之列，位列第三。可惜巴比伦文明在公元前16世纪为赫梯王国所灭，除了一部汉谟拉比法典还为后人记住以外，文化也全然断了根。位列全球第四位的古老文明是印度文明。在公元前第三千纪的印度河流域，形成一个文明城邦，以其代表遗址所在地，考古学称为"哈拉帕文化"。在公元前两千纪时，由于未知的原因，哈拉帕文化走向衰落乃至毁灭。其所留下的印章文字至今还没有得到破译，其文化也难免断根的命运。取而代之的是由西北方进入印度的印欧民族的雅利安人。其所使用的文字为梵文，以最早的梵文圣典的名字命名，则又称为《吠陀》文明。今天的印度人使用印地语等多种语言。被英国殖民以后又通行英语，除了极少数的专家以外，如今的印度也没有多少人能读懂古代梵文。

中国文明之所以在五大文明中位列末位，主要是商代才有甲骨文字的记录，距今仅有3000多年，与苏美尔的楔形文字和古埃及的象形文字相比，在年代上差距不小。不过我们今日使用的汉字，还是从甲骨文时代一脉相承地延续下来的文字，也是各大文明古国中唯一存活至今的的象形字。文字符号的延续不断，有效保障文化传统之延续生长。

按照国际学界判断文明与史前的标准，有三个要素是必备条件，那就是文字、城市和青铜器。按照这三个标准来看，华夏文明只有到商代才有甲骨文字出现，夏代及夏代以前的文字，除了少量不成体系的陶文符号外，迄今尚没有成规模的发现。所以国际上一般只承认商朝之后才是文明史，夏代以前只能当成神话传说来看。目前我们国家上上下下都还秉承古代传承而来的信念，把中国视为五千多年的文明连续体。这里自然就需要有一个科学证明的问题。

笔者在《中华文明探源的神话学研究》中提示，如果不过于拘泥国际流行的判断标准，需要先确认有没有一种先于甲骨文而流行的表意符号系统。好在近百年来的中国考古学大发现，已经找出了这个系统，那就是作为一种承载神圣意义的符号物——玉礼器。伴随着新时期而来，人文研究新流派——文学人类学率先倡导用四重证据法来看待历史和文化，不再拘泥在文献记录的史学格局小天地中。特别是近年来，文学人类学倡导文化大传统理论，关注汉字产生以前的神话历史表现形态——非文字的符号传承。先是关照彩陶图像等，随后聚焦于出土的玉礼器符号，并据此方面的玉器实物系统线索，将中华文明探源的神话学研究视野，拓展到8000年前的兴隆洼文化玉器解读。

文化大小传统再划分的理论，把甲骨文作为文字小传统的开端，把先于和外于文字记录的文化传统作为大传统①。这种本土化的文化理论给神话学和历史研究都带来一种改观，就是能够超越文字牢房的局限，到史前期玉石雕刻的神像和玉礼器的系统资料那里，去做神话解读和思想观念的重构工作。比如说，过去的中国神话研究以《山海经》《楚辞》等传世文献为基础资料，其视野只能是两千多年的小传统视野。如今则通过红山文化的玉龙和玉蚕，良渚文化的玉蛙和玉神徽，把神话研究和史前史研究结合为一体，拓展到8000年之前。

据新华网哈尔滨2017年9月27日消息，位于乌苏里江边的黑龙江饶河县小南山遗址考古发掘现场，出土数百件玉器、陶器和石器等新石器时代早期文物，包括30多件玉璧、玉珠、玉环等玉器，400多件石器标本。根据考古学研究和测年数据专家判断，出土文物的年代为距今9000年左右。从黑龙江史前玉器到兴隆洼文化的玉器，其间的渊源关系，若从玉器形制上看，是一目了然的。一个9000年延续至今而从未中断过的玉文化，一定对华夏文明的创世想象带来不可磨灭的奠基性作用。暂且不说后世想象的天空主神玉皇大帝，就连举世皆知的盘古创世神话，也要特别强调盘古尸体化生的精髓部分去向如何，那就是人间所见珍稀玉石

---

① 参见叶舒宪、章米力、柳倩月编：《文化符号学——大小传统新视野》，陕西师范大学出版总社有限公司2013年版。

的来源！

> 首生盘古，垂死化身。气成风云，声为雷霆，左眼为日，右眼为月，四肢五体为四极五岳，血液为江河，筋脉为地里，肌肤为田土，发髭为星辰，皮毛为草木，齿骨为金石，精髓为珠玉……（徐整《五运历年记》）

如今的考古知识已经明确，金属文化进入中原华夏国家是距今4000年前后的事；而玉文化的出现大大早于任何金属，甚至也要大大早于任何有关盘古或伏羲的创世景观想象。这就给出了从大传统新知识，重审小传统叙事知识的条件。

新材料和新理论的支持作用，给中国文化的溯源寻根带来今非昔比的格局。本土理论的建构和引导，也是中国本土文化自觉精神的体现。如何尊重和关注9000年没有中断的文化连续体——中国玉文化，成为一个引导性的问题。若考虑到"中国"这个概念是在距今3000多年的商周时期萌生的，或可改称"东亚洲玉文化"。这是用科学研究的实际成果，为新时代的文化自觉提供学术支持和启迪。在此基础上的再讲文化自信，或能更有底气吧。

（原载《经济日报》2018年1月7日）

附录七

玉帛之路上的敦煌

——序冯玉雷《敦煌遗书》

　　玉，在外国人眼中，就是山上的石头；在中国人看来，则是一种有生命的宝贝，用曹雪芹的叫法就是"通灵宝玉"。早在孔子的时代，《论语》中就出现"蘧伯玉"这样堂而皇之的美名。自从东汉许慎在《说文解字》中一下子列出124个从玉旁的汉字，古往今来，不知多少中国人的名字中有"玉"。文学虚构的贾宝玉和林黛玉自不必说了，今日现实中像唐圭璋、琼瑶、李玲玉一类的美名，大家早已司空见惯，不足为奇。他们一生的业绩或许和玉或玉器没有多少关系。名字只是名字而已。甘肃的冯玉雷则不然，其隐喻意思似乎是"逢玉则为雷（人）"。他所生活的这个省份以及他的作家和编辑生涯，终于让他在接近不惑时和玉结下不解之缘。那是一块4000年前甘肃本地先民留下的素面玉璧。

　　2006年初夏，我在兰州大学客座一个月期间的某个周末，冯玉雷找来一辆中巴车，带着我和两位文学人类学专业的研究生去临夏看马家窑彩陶和齐家文化玉器。在半路上一个叫三甲集的地方，我们走进一家路边小店，柜台角落里堆放着许多史前时代的石斧和石凿之类。戴白帽的老店主弄明我们的来意，特意从后房中取出一块约十七八厘米的青白玉璧。玉璧在土吃和沁色的表面下透露出神秘的灵光，根据我们当时的文物知识判断，这是一块品相完好的典型的齐家文化玉器。由于玉质优良，要价很高，我们和这一块玉璧失之交臂。但这一幕却永久地留在我们的脑海里。随后，我在2008年出版的《河西走廊——西部神话与华夏源流》一书第153页，用彩色照片形式留下这块只有眼缘的精美玉璧的样子。冯玉雷则在2009年出版的《敦煌遗书》中加了第17章"玉璧"，写斯坦因西域探险时代的玉璧。这部小说里的人物除了西洋人斯坦因是采用其本名，中国人物的名字都和本土神话或玉文化相关，如昆仑、八荒、大夏、蒋孝琬（琬字从玉）等。由这些人物组成沙州商骆团队，也被比喻为"会走路的玉璧"。斯坦因时代留下的轰动世界的关键词，如喀什古道、楼兰王国、和田废墟、敦煌藏经洞等，都和这位探险家所走过的路线密切相关。这条路在斯坦因13岁那年（1877）就被一位到过中国河西走廊的德国人李希霍芬第一次命名为"丝绸之路"。从小生活在这一条文化大通道上的冯玉雷对此情有独钟。天命所钟，他后来居然当上《丝绸之路》杂志的主编。他的工作性质从往昔的"敦煌书写"，转向编辑来自各地的书写丝路的文章。不过工作内容的变化并没有改变他心中的那一块玉璧的灵光。这促使他随后机缘巧合地参与到中国文学人类学研究会组织的玉帛之路文化考察活动，并且一发而不可收。该活动至2016年7月已经举办了十次，总行程两万多公里。

在中国分省地图上，敦煌位于甘肃省西端。甘肃的形状犹如哑铃，有着细而长的腰身。为什么是这样？因为那是华夏的中原文明国家与西域相连接的一个地理形势的瓶颈所在，即巍峨的祁连山北侧形成的天然的狭长通道——河西走廊。由于有了河西走廊，甘肃成为一个桥梁省。敦煌作为一个神奇的文明象征，其因缘就在于它位于河西走廊的西端出口，扼制着通往新疆和中亚的道路。反过来看，域外的文化，不论是中亚的波斯，还是地中海和南亚的印度，都要先进入新疆，再沿着大戈壁边缘绕过来，从陆路经过这里，继续向东方输送传播。敦煌的意义就此凸显出来，它是中外文化交流的一个桥头堡、中转站。过去我们看中它的佛像和壁画，还看中其藏经洞中的各族文字书写的文书。如今，我们更看中的东西已经不止于这些，因为这些都属于文字书写的小传统，我们更看中的是先于文字而存在的文化大传统，希望弄明白大传统的文化运动及其驱动力所在，那就是中原文明的"玉教"信仰驱动的西域玉石东输现象。其持续时间之久，不亚于我们这个古老的文明本身。

过去我们不明白，为什么会出现历史上的敦煌莫高窟？如今经历过十次玉帛之路的实地调研后，可以大致明白了，佛教石窟的由来是沿着喀什到和田一带的古代道路进入我国的。这条道路就是新疆和田玉进入中原国家的道路。我们如今可以确凿地说，比丝绸和佛教更早在这条路线上传播的重要物质就是两种，一种是玉，另一种是马。不信的话，可以去阅读司马迁《史记·大宛列传》的具体记录。西域的美玉和马匹输送中原的意义，既有物质方面的，更有精神和神话信仰方面的。可以把甘肃在历史上发挥的最重要文化传播作用，视为一山一河连成的巨大走廊，甘肃西半部为河西走廊，甘肃东半部是黄河及其支流渭河、泾河构成的河道走廊。

着眼于敦煌，英国探险家斯坦因要寻找的东西是藏经洞里的遗书。这属于我们说的小传统。没有莫高窟的修筑，就没有敦煌，也不会有这一座宗教艺术宝库。佛教怎么来的？十次玉帛之路考察的结论是，"玉路"置换出"佛路"。张骞来到于阗国的时候，根本没有丝毫提及佛教的内容，只有两种东西引起中原王朝统治者的极大兴趣，这种兴趣甚至驱使汉武帝做出两个非同寻常的举动，都被司马迁如实写在《史记》中：一个是查对古书，为出产玉石的于阗南山命名，那便是在中国文化中一言九鼎的名称"昆仑"；另一个举动是艳羡乌孙和大宛所产的良马，专门为马而写下赞歌《天马歌》。直到明清两代，这条路上最繁忙的进关贸易物资仍然是玉和马。由此看，敦煌的经卷和佛教艺术都是派生的辉煌，华夏"玉教"神话驱动的西玉东输和玉门关的确立，才属于原初的辉煌。而将中原文明与西域率先联系起来的西玉东输运动，一定和四千年前西北地区的崇玉文化——齐家文化密不可分。这就是冯玉雷近十年来从敦煌书写，转向齐家文化遗迹踏查的内在因素吧。

我们所接受的现代教育中，本来没有大传统的内容。从国学传统看，以《尚书》和《诗经》为首的四书五经，代表知识和学问的核心内容。从文字书写的文本，转向玉石书写的文化文本，是问题和对象把我们引入文化大传统，引入人类学和考古学的新知识领域。按照陈寅恪的说法，一个时代有一个时代的学问格局。其言外之意是，学者需要与时俱进。走在前面的，引领着时代知识的变革；走在后面的，则难免陷入被拖着走的尴尬局面。既然如今的大、中、小学都没有玉文化的知识传授，怎么办？除了自学，别无他路。

古人云："它山之石可以攻玉。"比《敦煌遗书》早50年，日本作家井上靖的长篇小说《敦煌》问世。井上靖精研中国历史，没有被德国人提出的"丝绸之路"说蒙蔽。小说把这条横贯东西方的贸易之路描绘成一段异彩纷呈的玉石通道。从小说设定的地点——灵州（今吴忠）、凉州（今武威）、甘州（今张掖）、肃州（今酒泉）、瓜州、沙州（今敦煌）等地的往返途中，玉石不仅是受人崇拜的圣物，同时还充当流通货币，具备商品买卖等价物的职能。两串碧绿色的玉石饰物——月光玉项链如同一双现世之眼，贯穿小说的始末，见证四位主人公的多舛命运和悲欢离合，历经劫难，最终悄然消失在茫茫大漠之中。如果不是自己钻研中国玉文化，根本写不出这样以玉为魂的作品。从三位主人公的命名看：赵行德之德，对应儒家的以玉比德说；朱王礼的礼，对应孔子所言"礼云礼云，玉帛云乎哉"（《论语·为政》）；复姓尉迟，谐音"玉痴"，名为"光"，引申出宝玉发光的想象。上古活跃在河西走廊以西的部落号尉迟，后来成为于阗国王族的姓。于阗又正是盛产和田玉之地。这样匠心独运的编码命名，完全来自东方玉文化的深厚学养基础。如此的编码创作法，也直接上承曹雪芹的《石头记》中宝玉、黛玉、贾瑞、贾琏等名字的隐喻复调笔法，可谓得中国古典文学之神髓。

在经历十次玉帛之路田野考察以后，一个面积达200万平方公里的中国西部玉矿资源区已经清晰呈现出来。除了新疆昆仑山以外，作为祁连山余脉的马衔山玉矿，作为天山余脉的马鬃山玉矿，还有青海格尔木的昆仑山玉矿，这些都是20年前国人所不知的美玉资源出处。在地理上串联这些分散的玉矿点之山，是阿尔金山，目前也有美玉的发现。如此看，阿尔金山脚下的敦煌，已经显现为200万平方公里玉矿资源区的中央。一个从中国大传统视角重写敦煌的新时代，刚刚露出它的曙光。具有本土探索者精神的作家，势必成为引领大传统写作的时代先锋。

《淮南子·原道训》云："蘧伯玉年五十而知四十九年非。"这位善于自我批评并与时俱进的蘧伯玉，就是孔圣人赞赏过的卫国大夫，姓蘧，名瑗（玉瑗是相对玉璧而言的玉器名），字伯玉，谐音"帛玉"。一个春秋时代的人名，就这样潜隐着华夏文明的核心价值和原型编码。

以上管见，出于个人心得，抛出来作为冯玉雷书的序言。希望日后的中国作者在书写这条国际文化大通道时，发扬文化自觉与自信精神，能够从新知识的高度俯视李希霍芬、斯坦因、伯希和、斯文·赫定等外国的探路先驱们，写出深埋在戈壁黄沙之下的令外国探险家们也不明所以的"中国故事"。

2016年8月3日草于北京太阳宫